JN068904

社会実験としての農村コミュニティづくり

住民・学生・大学教育との3者統合を目指して

荒樋　豊

筑波書房

まえがき

農村研究に関与するようになり，40 年ほどが過ぎた。農村研究のテーマやアプローチは大きく変化している。農村社会学の勉強を始めたころ，「いえ」と「むら」を研究対象に据えた当時の学会の主要な関心は，経済に規定される農村の変動分析と，農村文化や農法の違いからみる地域個性・地域性の析出であった。

前者は，歴史的な視点から全国各地の「むら」と農業経営のあり様を明らかにすることによって，特に資本主義の日本的な展開過程や封建遺制の解明に逆照射する研究といえよう。後者は，農村社会内部の社会関係の地域的違い（例えば講組結合と同族結合など）や，「むら」的相互扶助慣行，「いえ」的相続慣行などの差異の解明からみえてくる多様性の把握を目指す研究と位置づけられる。

これらの研究テーマへのアプローチは，先学が生み出し磨きをかけてきた，村落共同体・自然村・いえ連合・地域コミュニティ・家父長制・家格・構造分析・農民層分解などの，いかにも難しそうな概念を学ぶことであった。悩まされる毎日であったが，それらの概念から農村の歴史的歩みや戦後日本における高度経済成長期下の農村変動に接近する糸口を得ることができたように思う。

しかし，政策科学・学際研究を謳う研究所（農村生活総合研究センター）で働いてみると，学問と政策との違いを強く感じるようになった。経済的・社会的・政治的な条件によって規定される「現在」を研究の前提として，例えば農業・農村分野でみれば，農業の振興，農家の生活向上，そして農村の暮らしの持続的発展への寄与を目標とする政策と，社会現象の解明・評論を目指す社会科学という学問との間には大きな違いがあることに気づいた。

とはいえ，その後，型に嵌めるような「学問と政策の選択」に拘ることよりも，目の前にある農村の課題群に注目し，そこに暮らす人々の声を基本に置いた研究方法（学問と政策の有効な活用）を重視するようになった。今日の農村実態をみれば，圧倒的多数の農村は過疎化・高齢化・少子化などの難問に見舞われ，条件不利な地域を皮切りに，衰退・消滅の危機が全国的な規模で拡散している。ここで問われることは，農村消滅の阻止であり，新しい農村コミュニティの構築であると考えざるを得ない。

このような考えは，事実をトレースし分析し評論する学問というよりは，時代の価値に支えられた作為といえる政策研究に近いのかも知れない。いずれにせよ，新しい農村コミュニティの創造こそが筆者の関心の的になってきたのである。幸い，秋田という典型的な地方社会に職を得ることができたため，農村の現場に頻繁に出向くことができ，研究テーマに関する情報を得ることができるようになった。そこで，改めて新しい農村コミュニティの再構築・農村活性化の意味内容を考えてみる。

昨今，農村振興，農村計画，農村活性化，あるいは地域活性化，地域づくり，農村地域の元気づくりなど，多様な言葉が飛び交っている。意味するところは同一ないし類似のものであろうから，本書においても適宜それらの言葉を使っている。

さて，農村社会を再構築することはどういうことであろうか。一定量の人口によってその農村社会は維持され，人口が増えれば農村社会は拡大する。しかし，現実はそうはならず，世帯規模が縮小し，農業の担い手が減り，商店等の働き手が減り，そしてむら祭りや共同出役などの実行は困難になり，生産などの経済活動の縮小と生活互助の低下を惹起するという悪循環に陥り，農村社会の衰退が進んでいるのである。

この事態の克服こそが新しい農村コミュニティの再構築である。再構築といっても何もないところから新たにつくりだすということではなく，今まであったものを基盤に置いて，それらが果たしてきた諸役割を補強・強化できるように，人口の維持ないし拡大を図ることである。ただ，これにチャレンジする際，留意すべき点は二つあろう。一つは，宅地開発にみるような，新しい地域社会を造成することではない点である。多くの街場などをみるように，人がある場所に集まるというのは，資本の集積・集中と関係している。よって，政策として資本投下を構想すれば，人口減少を抑え込むことは可能であろう。しかし，ありふれた農村社会に，街場を形成するほどの資本を投下する必然性を国家は見出すことができるのであろうか。

もう一つは，それにもまして重要な点，これまでの農村社会は住民の意思に支えられ，マネジメントされてきたという事実である。地域づくりという実践には住民の主体性が欠かせないのである。行政が，企業が，特定の団体が，研究者がそれぞれ一人頑張ってみてもどうこうなるものではない。

農村活性化を企図し実行するために，住民を核とする「主体」を育成・醸成しなければならない。この主体形成が，地域づくりにおいてもっとも枢要な核心であるとともに，しかしもっとも厄介なネックでもある。農村活性化実践の成否を握っていると言っても過言ではない。そうであるにもかかわらず，学問サイドは苦手とする分野である。管見の限り，農村社会に関する学会や周辺学会をみても，農村活性化における主体形成・そのメカニズムの解明に焦点を当てた研究成果は希薄であるといわざるを得ない。筆者は，この分野こそが農村社会学の開拓すべき新領域であると捉えている。本書では，今後磨くべき視点として次の3つを用意している。

第一に，住民間合意形成である。ついぞ一面的に捉えられがちであるが，そう単純ではない。地域自治会に参加している世帯の代表者，地域に暮らす女性達，若者達，子ども達，そして高齢者達がおり，多様である。さらには，地域づくり活動の必要性を感じる人々，興味を持たない人々が混在している。その中で具体的な実践を進めるためには，これらの方々のすべてとまでは言えないけれど，ある程度の住民間において地域づくりへの意思を固めることが求められる。どのような形で合意形成を図ることができるのであろうか。

第二に，行政，農業団体，研究者，支援者など，さまざまな関係主体との連携如何という点である。これらの関係主体が求める地域づくりの目標と，地域住民のそれとの間にみる距離感を明らかにしなければならない。そうでないと，しばしば脱出困難な誤解の陥穽に迷い込むことになる。相互に相手方を理解しあい，相互に相手方の可能性を信じあう仕組みを打ちたてることが求められる。任せきりにしたり，責任を放棄したり，自分たちのやり方を押しつけたりするような独善的なふるまいは許されない。「住民・学生・大学教育との3者統合を目指して」という本書サブタイトルに意味を持たせたのは，地域の元気づくりにおける実現可能な連携の一つのモデルとして，地方大学とそこに学ぶ学生のポテンシャルを示すためである。

第三に，主体の起動契機という点である。主体を動かし，合意形成を促し，具体的な実践に結び付けるためには，何をすれば良いのであろうか。まず，地域に居住する住民や関係者などを地域の元気づくり実践に巻き込んでいくことのできる条件整備がきわめて重要である。その条件とは，活動財源の保障，実践の内容や規模，期限などを指す。本書タイトルの特徴といえる「社会実験」という言葉には，ある実験としてサンプルを観察し成果・真実を見出すという理系的思考だけでなく，実験という営為の繰り返し（農村計画レベルでのPDCA サイクルなど）の中で参画者自らが鍛錬され成長するという社系的思考も含意されている。一つの実験の遂行が研究費の確保から始まるように，財源を整備することができれば諸主体は関与しやすくなるであろう。そして，達成しやすい身近な目標へのスケジューリングをこなすことができれば諸主体の責務も明確になるであろう。

このような考えに基づいて本書を編んでみた。第Ⅰ編は，学生と教員と地域住民が連携した地域づくりモデルの提示であり，幅広な農学的知見の導入を試みると同時に，子ども達へのワークショップ手法の適用や住民への社会教育の普及を図るものである。第Ⅱ編は，秋田県と連携した「子ども交流」という実践を通して映し出される「農村のもつ教育的機能」への注目である。第Ⅲ編では，「むら」や地域農業を対象とした地域づくりの多様な可能性を見出そうとするものであり，高齢者によるビジネス創造，ハード施設建設への住民参画とそれに連動するソフト活動のあり方，地域資源探索とビジュアルアーツの活用など，事例に即して，既存の学問の枠組みを超えた多様な接近を試みている。第Ⅳ編には，農村，ふるさと，地方社会の元気づくりに関与し貢献できる人材（学生を含む）の育成を目指した，大学サイドの教育体制の整備に関する実践である。地方大学である秋田県立大学において開発した新たな教育方法・教育内容を提示している。

なお本書では，各編の間に「コーヒーブレイク」や「ビューポイント」というコーナーを用意し，周辺のマメ知識や現代農村を解読するための視点を記している。

目　次

第Ⅰ編

住民と学生・教員の連携による農村地域づくり

農村再生プロデュースという社会実験：能代市常盤地区の事例

はじめに

筆者の属する秋田県立大学生物資源科学部アグリビジネス学科では，前身の秋田農業短期大学・秋田県立大学短期大学部の時代から，30余年にわたり，実践的な教育を展開してきている。近年学生の関心や地域ニーズの変化に対応して，地方社会の要請を真摯に受け止め，「プロジェクト方式による実践的農業教育」という新たな教育システムを整えはじめている。

その実践的教育システムの新たな挑戦の一つとして，平成16年度から「農村地域の活性化プロジェクト（農村再生プロデュース）」[1]を開始している。複数の研究室の連携による集団指導体制の下に，地域づくりにチャレンジする，地域密着型の地域貢献活動である。複数名の指導教員が主に関与する。折々には全学的な教員の支援の下に多くの学生がかかわり，小学校区範囲の農村（能代市常盤地区）の活性化に寄与するものである。

毎週のように学生と教員が現地を訪問し，行政の支援を得ながら，住民との語らいの中で，むらづくり手法の学習や新たなイベント等の創造活動の展開を目指している。住民の地域づくり意欲の向上（コミュニティ学習による精神的活性化）と農村的な新ビジネス（農産物商品の開発等による経済的活性化）の具体的な提示という2つのアプローチを駆使し，地域課題の克服に挑戦することが，本プロジェクトの特徴である。

第1ステップとして，地域づくりへの住民による主体的関与を助長するため，ワークショップ手法を多用し，住民各層の関心を引き出すことを目指す社会教育的アプローチであり，精神的活性化の実践と位置づけている。

具体的には，①地域の子供達とそのお母さんによる「親子体感教室」として，記念植樹，田植え体験ワークショップ，生き物探索ワークショップ，稲刈り体験ワークショップの実施，②地域の壮年層と連携して，消費者の関心の高い良質米栽培に関する情報提供，花卉（オーニソガラム）のウイルス・フリー技術の紹介，健康食肉として注目されつつあるダチョウの飼育方法の提供，及び東京への農産物情報の発信，③全住民及び近隣地域を対象とした地域シンポジウムの開催等を，学生が住民と協力しながら展開してきている。

第2ステップは，人口減少や高齢化という農村地域の脆弱化に対処するためには，地域経済の立て直しが求められることから，地域経済の元気づくりへのアプローチが重要であり，経済的活性化の実践と位置づけるものである。地域産業育成の観点から，農村に賦存する地域資源の発掘，そしてそれらの多面的な開発を目指し，例えば既存農産物であるお米の付加価値づけ（減農薬・天日乾燥の良質米づくり）を促すとともに，新規農産物（本学が技術確立している花卉と家畜）の導入，そしてそれらの流通ルート及び販売手法の開拓に取り組むものである。

この経済的活性化の取組は，新たな商品開発のレベルにとどまることなく，販路開拓までも見通すものでなければならない。本実践においては，付加価値づけ「あきたこまち」の海外輸出や新規農産物の販売促進イベントなどをおこなっている。

以上，2つのアプローチを有機的に結び付け，持続的な事業展開を図るために，地域資源の商品開発と販売を担う地域運営会社（例えば，NPO 法人など）を設立し，これら地域ビジネスの持続的な取組を担保する，組織的活動展開を目指している。また，農村の持続可能性を高めるため，グリーン・ツーリズムの受け皿整備も促進するものである。

このような農村コミュニティの再生という取組は，現代社会において極めて重要なテーマであるにもかかわらず，その達成を果たすことは容易でない。経済的支援だけで達成することもできず，専門家派遣や農村計画書の提示のみによって上手くいく訳でもない。新たな農村づくりへの学問的な関心を有する地方大学の学生と，農業・農村の衰退を憂慮する地方大学の教員，そして自らのふるさとの元気づくりに情熱を燃やす地域住民の３者が手を携えて挑戦することが求められているのではないだろうか。

そのような想いを背景に本実践に取り組むことにした。ある時は，学生の若い感性を生かした商品開発などがおこなわれ，ある時は，教員が地域住民と行政機関との橋渡しを果たし，またある時は，地域住民がリーダーシップをとって，学生と教員に農業・農村に関する研究課題を提供するというような繋がり・連携を醸成することができる。農村社会を舞台にして，３者が繋がることで，行政機関や農協組織などを巻き込み，力強い主体を形成することができる。このような新たな農村づくり手法の開発にチャレンジしていきたい。

本取組は，一つ，学生への教育的な効果という面をみても，これまでに充分とはいえなかった人々の活動領域の新規開発にも連動するであろう。例えば，①地域づくり活動及び渉外活動による，学生自身の豊かな応用能力の醸成と発揮，②農村の現状理解と地域社会的ニーズへの学生の気づき，③地域生活者との交流による「生活知」への学生の接近，④協同作業による創造の喜びの共有，⑤各学生が目指す専門分野に対応する課題への専門的知識・技術の具体的適応，などの実践的な能力の向上が指摘できる。

また，専門的な知識・技術の習得という名のもとでのあまりに細分化された従来の大学教育のあり方への一つの対抗案の提示でもある。今日的問題状況の克服方策の模索（農村づくり）を取りあげることを通じて，教員間の協働体制と対象地域及び行政との連携，学生・教員・地域の３者がそれぞれに果たすべき役割を担いつつ，相互に影響を与えあうという新たな教育方法である。

[注]

（1）「農村地域の活性化プロジェクト（農村再生プロデュース）」の取組は，文部科学省「現代的教育ニーズ取組支援プログラム（現代GP）」（平成16年７月～19年３月）に支えられた。本事業の全体像や教育的効果の詳細な分析については，荒樋豊・濱野美夫・神田啓臣「農村再生プロデュース―地域に寄り添う農学教育プログラム―」（中島紀一編『地域と響き合う農業教育の新展開』，筑波書房，2008年）に示されている。本編は，コミュニティづくりの枠組みに重きを置いて書き改めている。

第1章
住民参加型の農村コミュニティづくり

1．農村コミュニティづくりのスタンス

魅力的な農村コミュニティづくりに寄与すべく，秋田県立大学短期大学部の学生･教員と地域住民が連携しながら，小学校区範囲の農村（能代市常盤地区）を対象にして「むらづくり」実践を続けてきているので，その取組を追いながら，地域づくりのポイントを考えてみたい。本取組においては，住民との頻繁な話し合いや活動を通して，現代社会における農村の価値を考察するとともに，克服すべき課題の考察と対処戦略の企画立案をおこない，住民と連携しながら具体的実践を進めることを意図している。

扱うテーマが地域活性化にあることから，次の点が本取組のポイントとなる。

① その担い手育成が鍵になり，主に社会教育的な仕掛けが要請される。

② 各種農村的起業を促し，地域への経済的活性化に関与することが求められる。

すなわち，①に関しては，学生・教員と地域住民のコミュニケーションの促進と住民間の一層の交流を背景にした，住民による各種の学習活動等の構築が想定できる。②に関しては，衰退傾向を深める現状の農業状況を調査分析し，実現可能な農村的な産業育成にチャレンジすることである。例えば，地域に特徴的な農産物を取りあげ，今日的な消費者ニーズに配慮しながら，そのより一層の商品化を検討するとともに，短大が有している技術の積極的普及をおこなう。

具体的な進め方としては，毎週のように学生と教員が現地を訪問し，行政の支援を得ながら，住民との語らいの中で，むらづくり手法の学習や新たなイベント等の創造活動を展開するというものである。住民の地域づくり意欲の向上（コミュニティ学習による精神的活性化）と農村的な新ビジネス（農産物商品の開発等による経済的活性化）の具体案の提示という２つの課題の関連づけが，本実践の特徴といえる。

なお，このような地域住民を巻き込んだ活性化活動を展開するには，1年をタームとする活動では困難であることから，地域との連携の期間を3か年とする。その期間内に，住民との信頼関係を構築しつつ，実現可能な各種企画を展開する。

以上のような目的を遂行するため，初年度目にはワークショップ手法を多用し，住民各層の関心・地域づくり意欲の醸成を促す，いわば社会教育的色彩を強調する。2年度目には社会教育と産業育成の2つの軸のバランスに留意する。3年度目には農村起業的な色彩を強調する。これらを通して，地域住民と学生の手による新たなアグリビジネスの開発と農村資源を活用したグリーン・ツーリズムの受け皿整備が目標となる。

1年度目における活動展開の主な手法であるワークショップは，住民各層の地域づくりへの関心を引き出すことにあることから，小さなグループを組織し，それらグループの属する世代の興味に見合った各種ワークショップを継続的に展開することが求められる。これにより，地域づくりへの問題意識が深まり，住民と学生とのコミュニケーションを促すことになる。なお，そのような社会教育的活動を背景に，地域農業の再構築を目指して，開発可能な農産物探しをおこない，加えて本取組の活動内容や意義について，広く地域住民全体へ知らせるためのシンポジウム等を開催する。

2年度目には，地域住民各層からの興味を総合化するために，引き続き社会教育的な諸活動を継続するとともに，産業育成の観点から既存農産物における可能性の検討と具体化を図る。具体的には，当該地域の主要な農産物であるお米（あきたこまち）について，その付加価値づけ（減農薬・天日乾燥の良質米づくり）を企画する。さらには新規農産物の導入として，本学が技術確立している花卉（オーニソガラムのウイルス・フリー技術の栽培）及び家畜（ダチョウ導入）の農家への普及を図る。これらは農家所得の補填に資することを目的とするものであることから，単なる技術移転ではなく，普及・定着の条件整備として，それらの流通ルートや販売手法の開拓に取り組む。

そして3年度目には，付加価値づけ「あきたこまち」の海外輸出や新規農産物の販売促進イベントの実施による世間への周知を図りつつ，地域資源の商品開発と販売を担うNPO法人（地域運営会社）の設立に向けた住民との検討を進める。また，農村の持続可能性を高めるため，グリーン・ツーリズムの受け皿整備の展開を図る観点から，ツーリスト・オフィスの整備や秋田杉の間伐材を活用した花壇づくり運動を促し，地域の景観形成をも視野に入れる。

学生が主体的に企画し，実践することは容易なことではないが，楽しく，住民自らが暮らす地域社会に関心をもってもらうことをテーマにして，地域の方々との頻繁な話し合いの中で，各種の企画を実施することにした。

以下，平成16年度から18年度までの活動の記録である。

2．活性化実践の地域特性：能代市常盤地区

能代市常盤地区は，米代川の北岸にあり，能代橋より約12kmの所に位置している。常盤地区は，槐（さいかち）や山谷（やまや）などの16の集落からなり，62.93km^{2}の総面積で，能代市の諸地区の中で一番大きな面積を誇る。そのうち，林野率が71％という数字が示すように，相当に緑が多いことがわかる。この常盤地区は，能代市の中で唯一，世界遺産である白神山地に接しており，素晴らしい自然を観察することができる。

能代市役所まちづくり市民課の調査によれば，平成17年現在の常盤地区は，人口2,176人，世帯数650戸，1世帯当たりの平均人口3.35人である。昭和60年の数値と比較してみると，地方小都市である能代市の近郊に位置することから，比較的人口の減少は大きくないが，昭和60年の1世帯当たりの平均人口4.56人に比して，顕著に小さくなっている。

農業就業人口は570人。農家数は374戸で，その内訳は，専業農家が56戸（15.0％），兼業農家が301戸（80.5％），自給農家が17戸（4.5％）である。経営耕地面積は水田850ha，畑136ha，樹園地3haである。稲作中心の農業が展開しているが，地域によっては地域特産のネギやミョウガのほか，生産調整の影響を受けてか，転作作物として大豆も見受けられる。また，地区により違いはあるが，中山間地は小規模の農業が営まれているが，米代川沿いの平場地域は，開拓や最近の圃場整備事業による大区画圃場が整えられ，比較的大規模におこなわれている。

日常の買い物は，常盤地域から車で15分程度の能代市東部地域の郊外型大

毘沙門憩いの森

型店で済ますことが多いが，二ツ井町へ出向くこともある。また，高齢者の通院としては地域内に診療所があり，週１回診療日が設けられる。市内の病院へ移動の際は，自家用車または病院の送迎車，路線バスを利用するのが一般的である。交通手段は，大半が自家用車だが，高齢者は路線バスに依存するものも少なくない。文化施設については，小中学校に併設された地域連携施設が完成し，地域住民の活動の場，交流の場などとして利用されている。

３．農村再生プロデュースという社会実験

１）地域活性化のための諸活動

１年度目は，取組のサブタイトルを「地域活性化に向けた親子体感教室」として，地域に暮らす若いお母さんとその子供たち（主に小学生）に呼びかけ，地域の魅力探しに関する各種のワークショップ適用をメインに据えた活動を展開した。この取組に関心を有する２年生の女子学生６名が参加した。

２年度目は，サブタイトルを「地域資源の開発と起業の勧めⅠ」とし，地域資源の発掘に壮年男女と高齢者の関与を促すとともに，起業への具体化を試みた。その他，新規農産物の試行的な導入，交流イベント及びふるさとづくりシンポジウムを開催した。この取組に関心を有する２年生の女子学生５名が参加した。

３年度目には，「地域資源の開発と起業の勧めⅡ」として，農産物及び農村空間を使った起業的な動きを明確化させるとともに，地場農産物の直販ルート開発及び輸出産業としての可能性を探る活動をおこなった。その他，新規農産物の試行的な導入，交流イベント及びふるさとづくりシンポジウムの開催，グリーン・ツーリズム展開に向けたツーリスト・オフィスの整備，生ゴミコンポスト堆肥を装填した間伐材（秋田杉を使用）プランターの普及による花壇づくり市民運動を企画した。この取組に関心を有する２年生の学生８名（男子３名，女子５名）が参加した。

活動一覧は別表（**表1～表3**）に示す。

2）「常盤の里づくり協議会」

常盤地区を構成する16の集落の中で，小規模なものは統合され，実際には10の自治組織が存在している。これらの自治組織は，地域住民のコミュニケーションづくり（親睦）を図り，明るく住みよい環境づくりを目指している組織である。各自治組織の内部には，自治活動を下支えし，住民間の意思疎通を図るための多様なグループが形成される。たとえば山谷集落における住民グループの数は，15カウントされる。大柄集落は18である。このように日常的な社会的接触が濃密であることによって地縁的な結束が強固なものとなっている。その結果，集落ごとに，自治組織として独自に機能しているといえる。

常盤地区という範域に目をむければ，各集落が持ち備えている直接民主主義的な合意形成機能については，集落の連携にとどまり，一元的「地区としての自治組織」への途上といえよう。ただ，近年，例えば行政への誓願等にみられる地区範囲の課題解決に向けた団体交渉活動の頻度が高まり，常盤という地区を「我がふるさと」と捉える場合が多くなっている。

また，秋田県立大学短大部の地域づくり活動に連動する形で，「常盤の里づくり協議会」という住民組織が設立されている。これは，集落自治会の連合組織である連合自治会組織の管轄範囲に重なるものであり，地域の元気づくりの側面に関して，集落間のパイプ役として働き，集落の枠を超え，地域住民の意見反映の場となるものである。

このことから，集落内の連帯的まとまりという状況から，集落間での繋がりが増し，住民の意見表出や個別的行動も集落の枠を超えて，地域に広がりつつある。そこで，集落や地域の枠に配慮しつつも，住民間の相互信頼を背景に基本的な個人個人の考えやアイデアが自由に表現され，それらが農村再生や地域づくりに結び付くことが望まれる。今後，「常盤の里づくり協議会」が，行政や外部の諸機関に対する協議の主体として，あるいは自ら地区の将来ヴィジョンの自主的策定の主体としての役割を担うことが期待される。

以上にみてきたように，能代市常盤地区は，人口の高齢化が深まり，優良農地を有する地域であるにもかかわらず農家経済の低迷による後継者不足が指摘

表１　１年度目の活動一覧

2004年		4月	5月	6月	7月	8月
経済的活性化	お米		田植えWS			
	ダチョウ			ダチョウ導入		
	花（ベツレヘムの星）					
精神的活性化	体感教室	植樹祭			生き物観察WS	資源観察WS
	グリーン・ツーリズム				学生の現地宿泊	
	シンポジウム					
	地域イベント					
担い手集団	ふるさと協議会	◎発足				
	ときめき隊					

表２　２年度目の活動

2005年		4月	5月	6月	7月	8月
経済的活性化	お米		田植えWS			
	ダチョウ					
	花（ベツレヘムの星）		結婚式場ジャック	押し花教室WS		
	直売イベント		ケヤキ音楽祭での花販売			朝市
精神的活性化	体感教室	開校式			ドジョウとりWS	鮎捕りWS
	グリーン・ツーリズム				学生の現地宿泊	
	シンポジウム					
	地域イベント					
担い手集団	ふるさと協議会					
	炭焼き隊					
	ときめき隊	例会		例会		例会

表３　３年度目の活動

2005年		4月	5月	6月	7月	8月
経済的活性化	お米	作付会議	田植えWS		ハーブ植え付け	
	ダチョウ			ダチョウ導入		
	花（ベツレヘムの星）		結婚式場ジャック			
	直売イベント		ケヤキ音楽祭での花販売		朝市	朝市・アゴラ広場祭り
	海外輸出					
	提携企業					
精神的活性化	体感教室	開校式		ホタル観察WS		水遊びWS
	グリーン・ツーリズム		諸団体との協議		学生の現地宿泊	
	シンポジウム					
	地域イベント					
担い手集団	ふるさと協議会					
	ときめき隊	例会		例会		例会
	炭焼き隊	例会			例会	
新活動の創造	NPO法人					
	花壇づくり運動					

9月	10月	11月	12月	1月	2月	3月
除草 WS	稲刈り WS	東京販売				
			球根導入			
ジャムづくり WS				資源マップづくり		
	毘沙門の森の改善案					
	まちづくりフォーラム		ふるさとシンポ			
	秋祭り			冬祭り		
			活動報告			
						◎発足

9月	10月	11月	12月	1月	2月	3月
除草 WS	稲刈り WS	東京販売				
試食会				試食会		
			球根導入			
	朝市					
	都市・農村交流会					
		炭窯づくり			G.T.オフィスの整備	
			ふるさとシンポ（３地区連携）			
	秋祭り			冬祭り		
			活動報告			
						◎発足
	例会		例会		例会	

9月	10月	11月	12月	1月	2月	3月
稲刈り WS	東京販売					
			球根導入			
	エコタウン祭り					
				フランスに出展		
	日比谷花壇	サークル K サンクス	おにぎり権米衛			
ドジョウとり WS						
				G.T.オフィスの直売機能		
			ふるさとシンポ（広域）			
	秋祭り			冬祭り		
			活動報告			
	例会		例会		例会	
	例会			例会		
			起ち上げ合意			◎発足
				◎発足		

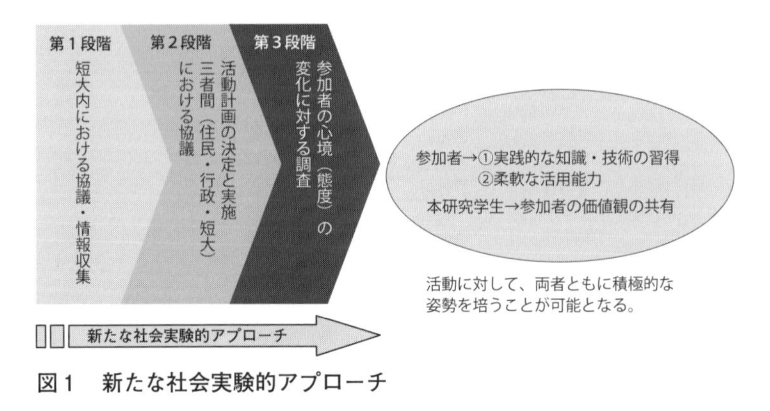

図１　新たな社会実験的アプローチ

されるようになり，旧来的な農村生活様式の弱まりと都市的生活様式の浸透がみられる状況にある。また，自治組織の機能低下により，地域住民間のコミュニケーションの希薄化がうかがえる。このような現状を克服することが，地域づくり活動であり，農村再生プロデュースの目的となる。

３）「親子体感教室」

そこで，「常盤の里づくり協議会」が中核になって，秋田県立大学短大部が協力をして，常盤地区という暮らしの場の持つ価値，ふるさとの良さを住民自らが再発見し，地域の魅力向上に参画する形で地域づくりを進めることとした。また，さらに都市との交流を視野に入れることで，農村地域にとって，経済活動を活発化させるだけではなく，異なる地域文化とのふれあいもでき，新たな魅力の創造に向けて地域社会を刺激することにもなろう。

常盤地区の住民の方々と秋田県立大短大部との協議の結果，地域づくりという取組を多くの住民にわかってもらう手法として，「親子体感教室」という活動を開始した。地元の，小学生の児童を持つ家族の中で，12 組の親子（親 11 人，子供 17 人の合計 28 人）の協力が得られた。

この「親子体感教室」は，地域に暮らす小学生とその親が地域の豊かさを身体で感じることを目的とするものであり，関与する学生によって，副題（呼び名）として「わの里づくり」という言葉を創出した。「わ」とは，常盤という地名の「わ」の音を，人々がつながる「輪」のイメージに重ねたものであり，親子の輪，地域の輪，協力の輪を再び取り戻そうとの願いが込められている。

諸活動の行動範囲は，常盤地区の常盤小中学校の交流センターを拠点にして，特に山谷集落，大柄集落を中心に地域資源の探索の取組を進め，稲作体験のための農地の借用については本郷集落の住民の協力の下に活動を展開している。

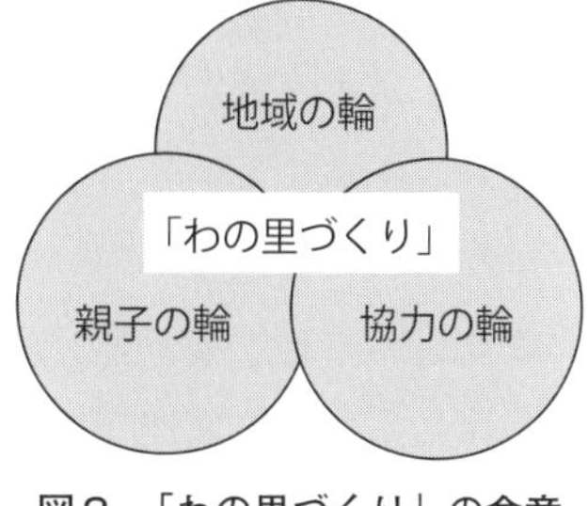

図２　「わの里づくり」の含意

本取組に参加する親子が，自らのふるさとを肯定的に受け止め，地域に暮らすことの誇りを取り戻すことを目指す「親子体感教室」について，住民と学生の間で，以下のような共通理解を図っている。

① この活動を通しながら，“楽しさ”や“喜び”などの記憶を作ることによって，地域資源に対する思いの変化（良い印象へのシフト），また活動から習得できた地域の良さや価値を子ども自身が認識することで，今後地域で暮らす価値を見出していくことができる。

② 親子体感教室に参加する親，特に母親（若い女性）は，感受性豊かであり，かつ環境適応に対し敏感であると考えられる。このことから活動を通し，地元住民では気付くことができない地域に対するアイデンティティの創出を見出せると考えられる。

③ また子供という媒介を通すことで，特に地域に住む高齢者（つまり親の親）が活動に対して興味関心を持ち，活性化に伴う地域づくり活動につながると考えられる。さらに高齢者は，次世代を担う子供たちに自らが代々継いできた地域を誇りと考え，地域文化を継続して欲しいと望む傾向がある。そのため，これらの活動への協力も得やすい。

4．精神的活性化に向けた働きかけ

地域活性化とは，農村地域社会の置かれている状況を地域住民が対自的に捉え，個別的な欲求の充足を図りながら，多様な働きかけをなすことであり，経済水準の向上と同時に個々人の欲求充足を高め，さらに地域連帯のレベルを向上させることであり，住民の自覚的な連帯によって形成される，新たな農村コミュニティを創造していく営為である。これは，地域づくりの企画・実践の担い手は，地域に暮らす住民以外にはないことを意味する。自らが暮らす地域社会を自らの手によって，より良い社会に変えていくという意欲がなければ，豊かな成果は得られない。

このような理解の下で，まず精神的活性化を促すためさまざまな働きかけを３年度にわたって展開してきた。

1）１年目の働きかけ

１年度目の活動内容は，次のようである。すなわち，親子体感教室では，４月に植樹イベントとして開校式をおこない，農村に暮らす生き物観察のワークショップ（７月）やふるさと観察ワークショップ〈常盤川の水質調べ常盤の森での虫や花探し〉（８月），さらにはジャムづくり体験ワークショップを実施し，冬季には親子（小学生８名，母親６名）で公民館に集まり，「常盤の里ときめき物語」と題する地域資源マップを編集・制作した（本編第２節）。地域資源への再認識がこれからのグリーン・ツーリズム展開の基礎的条件となるとの考えによる。また，常盤地区では地域の祭り行事はすでにおこなわれなくなっていたことから，住民との協議を経て，新たな秋祭り（10月：高齢者の手作り品の展示や各種スポーツ大会など）と冬祭り（１月:冬の子供の遊び再現など）を実施することとした。

2）２年目の働きかけ

２年度目における働きかけをみると，昨年から継続している，ドジョウとりワークショップや鮎とりワークショップをおこなった。前者は，農薬の抑制によってドジョウが戻ってくることをシンボライズするものであり，後者は白神山地から流れ出る常盤川の美しさを確認することにつながる共同体験である。

また，この年は，昨年東京での米の販売に際して協力を得たNPO法人のメンバー（５名）を常盤地区に招き，都市・農村交流のイベントを開催した。農業者や子供たちと一緒に減農薬・天日乾燥のお米の稲刈り体験を実施した後，地域の食材を使った昼食交流会をおこない，コミュニケーションの促進を図った。都市消費者は本物の農業に接し，農村の風情を楽しみ，そして味わうことに歓声をあげる。その姿を介して農村サイドの人々は田舎暮らしの素晴らしさを実感する。そのような交流の機会が得られたのである。

その他に，学生の活動報告と地域住民の地域づくりへの意欲に関するふるさとづくりシンポジウムを開催した。また，秋祭り（10月）と冬祭り（1月）も昨年のように実施し,学生と住民が交流する機会を整えた。2月には,グリーン・ツーリズム展開を目指して，常盤地区の玄関口にあたる四日市集落の集会施設にツーリスト・オフィス機能の整備を進めた。

3）3年目の働きかけ

そして，3年度目に至る。3年度目は，経済的な活性化に重点を移してきているが,とはいえ,精神的活性化の活動も着実に実施している。ホタル観察ワークショップ（6月）や水遊び体験（8月),ドジョウとりワークショップ（9月）を実施した。住民との交流を目的とした学生の現地宿泊（7月）や秋祭り（10月)・冬祭りイベント（1月)，グリーン・ツーリズム受け皿整備を住民と連携しながら進めてきた。

また，12月に開催したふるさとづくりシンポジウムでは,「常盤には綺麗な風景や美味しい米があることが世間に知られるようになってきた。注目されている今こそ責任ある姿勢を示さねばならない。一つの案として，生ゴミコンポストを堆肥とする花壇を作って，広く配置し，美しい風景づくりをしてはどうか。プランターは秋田杉の間伐材を使おう。」というアイデアが示されたのである。

そして，2月には，NPO法人のしろ白神ネットワークという街場の組織との連携が話し合われた。3月には秋田県立大学木材高度加工研究所からの技術協力を得て，都市住民と農村住民の混合による間伐材プランター制作のワークショップが計画されている。常盤の間伐材と能代市街地の生ゴミ堆肥とが都市・農村住民の手による市民運動として，花壇づくりという形で連結されつつある。そのほかに，整備を進めているグリーン・ツーリズム・オフィスに直売機能を付加する活動も展開した。

以下に，精神的活性化を目指した諸イベントの風景につき，若干を掲載しておく。

〈親子体感教室〉の開会式

〈親子体感教室〉のブルーベリーの植樹

生き物観察ワークショップ

地域資源マップの作成

なわ綯い体験ワークショップ1

なわ綯い体験ワークショップ2

生き物ワークショップ1

生き物ワークショップ2

子供達の地域マップの作品

田植え体験の作品

朝市の風景

都市住民を迎えた交流会

「常盤の里」冬祭りの風景

整備されたツーリスト・オフィス

5．経済的活性化への挑戦

1）１年目の挑戦

経済的活性化に関する活動につき，１年度目をみると，以下のものを展開している。まず，付加価値づけしたお米の栽培をスタートさせた。既存のお米では消費者の関心を惹きにくいことから，減農薬栽培にチャレンジし，さらには秋の農村のかつての風情を醸し出していた「杭掛け」による天日乾燥の方法を採用した。高品質のお米づくりの選択は，都市消費者との間に信頼関係を再構築する上でも重要な要素であるとともに，農業者自らが職業人としての誇りを取り戻す機会にもなるとの認識に基づいている。

5月には，農家から借りた1反の圃場で親子一緒になって昔ながらの田植え作業を体験ワークショップとして実施し，9月に雑草とりをおこなった。10月の稲刈り体験ワークショップの実施によって，参加した親子は農作業のたいへんさ・面白さを実感することになった。この時に収穫したお米を含めた常盤の付加価値米や新鮮野菜を学生が京王線「笹塚」駅舎内で東京の消費者に直接販売（約400kg）をするほかに，下北沢のNPO法人コスファ[1]の協力を得て，消費者との交流会を実施した。

また，特色ある農産物づくりという観点から新規農産物の導入を試みた。本学が有する栽培飼育技術の普及を目指して，ダチョウと花（ベツレヘムの星：学名はオーニソガラム）の農村への導入である。6月にダチョウ雛3羽を，鹿角市のダチョウ農家から仕入れて，常盤地区の農家（2戸）に飼育を依頼した。その後，11月に9羽を導入した。近所の保育園児が興味深げに出迎えてくれた。花に関しては，次年度の開花を目指して12月に本学から関心を有する農家5戸に50株の球根をトライアルとして提供した。

これら新規農産物の導入は，農村における既存資源のより一層の商品化を促す意味でも，ある種のインパクトを与えることを狙ったものである。

まず，ダチョウについては，オーストリッチの皮の利活用はすでに展開されているが，それに加えて，健康食ブームの日本社会においてダチョウ肉の普及可能性やその卵や羽，骨などの活用可能性もあると見込んだことによる。その他，ダチョウは本学において飼育技術及び化学分析も相当程度進められており，野の草を飼料として利用できる優位性を持っている。

もう一つの花についてであるが，ウイルス・フリー技術を確立しているオーニソガラムの導入がある。これは11月頃に球根を植え付け，冬季に簡易なビニールハウス内で育成し，5月頃に開花させることができる，栽培が比較的容易な花である。本学が有するウイルス除去技術及び市場ニーズ創造の工夫により，新たな花として市場流通の可能性があることから，対象農村への普及が可能になるとの見通しで採用した。

2）2年目の挑戦

２年度目における経済的活性化の活動としては，前年度からの付加価値米の栽培及び販売活動を引き継いでいる。栽培面積を３反に拡大し，５月には親子に加えて地元高齢者女性の手助けを得ながら，田植え体験ワークショップをおこなった。減農薬栽培において不可欠な雑草とり作業（９月）を経て，10月には稲刈り体験ワークショップを実施している。このときは東京から消費者（NPO 法人コスファのメンバー５名）を常盤地区に招いて，一緒に稲刈り体験をおこなっている。また，昨年同様に，刈り取ったお米は高品質米として商品化し，「笹塚」駅舎での直接販売等で約 1,100kg 程度を扱った。なお，この東京販売では，常盤地区の生産者にも参加いただき，米のほかに野菜等の販売にチャレンジした。

ダチョウの普及に関しては，さらに６羽を導入し，地元の子供たちだけでなく，広く観賞してもらえるようにダチョウ牧場の整備に取り組むとともに，低カロリーの健康の良い肉としてダチョウ肉の周知をおこなった。具体的には，能代市内や弘前市の調理人の方々の協力を得て創作料理を作ってもらい，能代市の料理店を借りて，９月にダチョウ肉の試食パーティを開催した。約 150 名の能代市住民の参集を得た。その後，地元農村からも「一度，食べてみたい」との声が高まったことから，１月の冬祭りに改めて試食会を実施した。会場内ではアンケート集計機により，各種評価の回答結果をその場で住民に示すこともおこなった。

また，昨冬に導入したオーニソガラムについてであるが，１本の茎から伸びる花は小さな白い花びらをピラミット状につけ，高さ約 80cm 程で，その清楚さは他にないほど清々しいものである。ほとんど知られていないこの花の魅力をいかにアピールするかを学生と教員との間で考えた。考案されたものは,「結婚式場での紹介作戦」という企画である。能代市の結婚式場と当日の新郎新婦にお願いし，披露宴会場をこの花で飾り，出席者に新郎新婦がこの花をプレゼントするという内容である。当事者から快く受け入れられ，学生が花屋さんでアレンジメント技術を学びながら，５月に実行に移した。

その結果，マスコミから多くの取材を受け，ローカルテレビで何度か放送された。学生は，徐々にこの花が知られることを自覚し，花に名前を付けることを常盤地区に提案し，協議の後，「ベツレヘムの星」と命名した[(2)]。

ところで，短大の学生による経済的な活性化の取組を注目していた地域住民の中から，住民の有志グループである「ときめき隊」（詳細は後述する）の例会の折に，「朝市」をおこないたいとの声があがり，各農家の野菜の販売活動が具体化した（6～10月の野菜生産の盛んな時期に限定)。約10名の農家女性が，常盤地区の中心地に毎週日曜日の朝6時頃から8時頃まで露天で直売の店を開く。短大もこれを支援すべく，月に一回くらいのペースで参加している。

3）3年目の挑戦

3年度目の経済的活性化の活動は，次のようである。まず，お米をみれば，昨年までは，圃場を借りて，学生による栽培を基本としてきたが，今年は常盤地区の農家の方々による栽培を含めて遂行することとした。8戸の地元農家から，「自分の家でもおおよそ1反程度なら，減農薬・天日乾燥のお米づくりをしてみよう」という声があがったのである。短大学生の担う圃場は1反であり，付加価値米の栽培に取り組んでくれる農家はそれぞれに1反程度を担う。学生による米づくりは，5月に親子や地元高齢者女性の手助けを得ながら田植え作業をおこない，7月に害虫を追い払う目的でブラックペパーミントというハーブを畦畔に植え付けた。また，東京販売の実施時期が遅かったことから（天日乾燥をするには圃場での杭かけに2～3週間を要する)，今年は刈り取り時期を早め，9月下旬に稲刈り体験ワークショップを実施した。参加農家もおおよそ同時にバインダーを使って刈り取りを進め，農村的風情をかもしだす，美しい「杭かけ」の風景が圃場に戻った。

この良質米の販売について，販路開拓のための戦略会議を開き，4つの売り込み作戦を立てている。一つは昨年同様，「笹塚」駅舎での直接販売と下北沢の消費者への販売であり，二つは県内コンビニへの販売であり，三つは東京のおにぎり業者への販売である。農家のお米を合わせて，おおよそ5,000kgを取り扱った。

まず一つに，東京への直接販売の総量は1年目の400kgから1,500kgに拡大している。そのうち「笹塚」駅での販売については，開店して２時間の間に農産物の半分が売れてしまうという経験をした。京王電鉄の担当者は「３年目を迎えることから，秋になると秋田からの直売企画を消費者が心待ちにするようになったのではないか」と語っている。

二つに，サークルＫサンクスというコンビニ会社が地産池消をテーマとした農産物キャンペーンを打ち出すとの情報を得て，学生と農家で生産している減農薬・天日乾燥のお米の売込みをおこない，２週間の限定販売としておにぎり商品を扱ってもらうことになった（1,800kg を販売)。秋田のヒーローである「超神ネイガー」と学生が一緒に稲刈りしている姿を大々的にキャンペーンすることになり，学生らは自らが宣伝企画に参画していることを自覚化する契機となった。なお，三つめの販路は，おにぎり権米衛という会社（東京で店舗展開）であったが，供給量の問題があり，頓挫した。

四つめに，減農薬・天日乾燥のお米に関するブランド形成を図るため，食大国であるフランスへの海外輸出にチャレンジした。フランスにおける情報発信機会について調査し，リヨンで開催されるシラ見本市への出展を具体化した。このような活動はマスコミにも取りあげられ，少なくとも県内では「常盤の天日乾燥米」（フランスに対しては“ten'pi”，日本ではときめき米）というブランドが徐々にではあるが根づきはじめている。

次に，「ベツレヘムの星」について記す。昨年の「結婚式場での紹介作戦」が好評であったことから，今年は，秋田市の結婚式場に場所を移して，同様の企画を実施した。新郎新婦の了解の上で披露宴会場を「ベツレヘムの星」で飾るという企画は，秋田県内に比較的広く知られるようになってきている。テレビ局（秋田朝日放送，秋田テレビ，秋田放送など）や新聞（秋田魁新報など）マスコミの取材攻勢を受けることとなった。秋田市内の大手花屋から仕入れの希望などもみられた。また，能代市ケヤキ公園での直接販売も盛況であった。２年目に農家に託したのは 15 戸で計 400 鉢程度であったが，栽培への関心の違いから，開花時の仕上がりにムラを生じさせたとの反省を踏まえて，本年度は「良い花を作ろう」とのスローガンの下に農家を絞り込み（12 戸)，計 500 鉢を扱うことにした。能代市内だけでなく，秋田県内消費者の「ベツレヘムの星」への関心がみられつつある。今後，良質な花の提供が進めば，農家の冬場の副収入として定着する可能性がみえてきた。また，日比谷花壇からの問い合わせを得ている。

ダチョウの普及については，各地にみられる農産物直売所のマスコットにすべく，移動動物園のような活動を企画したのであるが，アクシデントがあり，十分な展開ができなかった。6月に，新たに，雛のダチョウ5羽を仕入れたが，そもそも体が弱く，受け取ってから2週間程度の間にすべて死亡してしまった。孵化技術に加え，幼少期の飼育技術にも課題があることを知る結果となった。とはいえ，配合飼料に頼らず雑草を餌とする畜産経営的な優位性や健康志向の消費者ニーズを背景にダチョウ肉の価値は明確に存在し，またダチョウの卵の珍しさやダチョウの皮や羽に加えて，骨の活用可能性があることは確かであり，商品化の途が閉ざされたわけではない。

さらに，昨年から地元の農家女性の主導で進めている朝市活動も2年目を向かえ，常盤地区に暮らす非農家や高齢者世帯等のほかに，この活動の定着により，一部には能代市街地からも出向いて購入する都市消費者も若干ながら現れてきた。今年は，県や市のイベントへも積極的に参加し，常盤の野菜の直接販売を試みた。自らが生産した農産物が売れていくシーンは生産者のやりがいの醸成に寄与するものである。

以下に，経済的活性化を目指した諸イベントの風景につき，若干を掲載しておく。

田植え体験ワークショップ

田植えの風景

天日乾燥「杭かけ」の風景

販売開拓の戦略会議

宣伝企画：超神ネイガーと稲刈り

直接販売用のお米

販売用米袋のデザイン

東京での直接販売（笹塚駅舎内）

ダチョウと遊ぶ子供

ダチョウの様子

ダチョウ肉の創作料理

ベツレヘムの星の農家への普及

「ベツレヘムの星」の直接販売

ベツレヘムの星の開花

結婚式場への贈り物

結婚式場・高砂席のアレンジ

6．2つの活動軸をつなぐポイント

1）ふるさとシンポジウム

以上のような，精神的活性化と経済的活性化の動きを繋ぐものとして，ふるさとシンポジウムを開催した。12 月に常盤地区の中心地に位置する常盤交流センターにおいて，住民約 100 名の参加のもと，学生による全活動の報告や子

ふるさとシンポジウム１

ふるさとシンポジウム２

供たちの体験発表をおこない，本取組の内容について住民への周知を図った。なお，本取組はテレビ放映された[(3)]。

本学の常盤地区への関わりの当初に，地域サイドでは「常盤の里づくり協議会」という組織が立ち上げられ，コミュニティの活性化を企画していたことから，その動きと連動させることにした。この協議会は自治会長等により構成される情報連絡を主な仕事とする組織である。また，１年度目の最後の３月には，常盤の地域づくり活動を担う組織として，地元の壮年層約 18 名が「ときめき隊」を結成し，活動を始めることになった。ちなみに「ときめき隊」の名称は学生の発案によるものである。

２）地域住民の声

ふるさとシンポジウムにおいて語られた，各種ワークショップや地域づくり実践への住民の声を以下に示す。

これらの発言に加えて，参加者のお母さんから，次のような意見を掲載しておきたい。すなわち，

「ある時，突然に「親子体感教室」というものを「短大の学生さんが始めるそうだ。これに子どもと一緒に参加してほしい」という依頼が，地域のリーダーの方からありました。常盤の元気づくりに貢献できるのであるから，まずは，協力しようと考え，参加しました。

しかし，「何かちょっと違う」との思いが私の中にありました。「自分たちの発案ではない」ということが気になっていたのです。そんな思いを持ちながら

も，毎週のように開催される活動が面白くて，子どもも楽しそうで，積極的な姿勢を示すようになりました。私にとっても本当に良い経験になりました。

そして，3年が経過しました。今，改めて「親子体感教室」への参加について考えてみますと，雨の日にも，体調があまり良くない時も，学生さんたちは常盤にやってきてくれました。そして，子ども達と懸命に遊んでくれました。この学生さんの姿勢に接していると，「他所の人が常盤の元気づくりに対して，こんなに頑張ってくれているのに，常盤に暮らす自分たちが躊躇をしているのはどうなのだろう。自分たちが自分たちのふるさとを守り，元気づくりの担い手にならねばならないのではないか」ということを感じるようになったのです。」

この発言は，地域住民という地域づくりの基本的主体の覚醒，あるいは醸成が一定程度は果たされたことを示している。そして，学生と住民の連携による地域づくりという農村活性化手法の枠組みは，実現可能なものであることの証左であるといえよう。

もちろん，課題は少なくない。地域づくりへの関与に関する住民サイドの成長プロセスの不明確性がその課題の一つである。また，学生サイドをみれば，大学の教育プログラムの中で，本事例のような多くの時間を提供することが一般化できるのか，あるいは農村活性化を専攻するとはいえ，住民への配慮を含めて，地域づくりへの多様な取組を先輩から後輩に引き継いでいくことの難しさ，販路開拓などの活動を担保する経済的な支援を保証することの難しさなど，課題は少なくない。

シンポジウム時の参加者からの発言１

〈田植え体験〉

親Ａ氏：農家の子供でもなかなか田植え作業に田植えすることがありません。今回の体験は子供にとってとても良い経験ができたのではないかと思っています。

親Ｂ氏：水田に足を踏みいれた瞬間，足がしずみ「ぬけない！」と不安気にしていた。しかし，歩き方のコツを覚え，また苗の植え方を覚えると調子よくどんどん植え始めた。そして「お母さん，おくれているね，ここの列の私が植えようか」と一列，自分から手伝ってくれて終わってからも「おもしろい，もっとやりたい」と終わるのをとても残念そうにしていた。田植えの楽しさを味わい，また自信をもったので，「家の田植えも手で植えようよ！」と話していた。

親Ｃ氏：最初は泥がいやだとか汚いとか言っていたのに（小２）楽しそうに作業をしていた。「おもしろかったね」といってくれたので，体験できてよかったと思う。

〈生き物探索〉

親Ｄ氏：体が汚れる遊びをしたがらない長男が友達につられて川に入ったことがとてもうれしかったです。

親Ｅ氏：「楽しかったね」と笑顔でした。「もっと川で遊びたかった」と言っています。近くでこんなにたのしく遊べるとは思わなかったです。山の探索も楽しかったです。

親Ｆ氏：前日のキャンプの疲れで今ひとつ元気がないまま参加したため，本人も一生懸命取り組むことができず，申し訳ありませんでした。一週間くらい前からお魚を捕まえるよと張り切っていたので，川に入ったときは実にいきいきしていました。

〈稲刈り体験〉

親Ｇ氏：カマを使うのも初めてでしたが，前向きに頑張っていた。束ねられた稲を運ぶことも一生懸命やり，元気な子供の様子をとてもうれしく思いました。普段の生活ではみられない生き生きとした姿にびっくりの一日でした。

親Ｈ氏：親も初めてに近い経験のため，ついつい夢中になりすぎ，子供を見ている余裕もないくらいでしたが，一生懸命な姿をみれることは嬉しいことです。

親Ｉ氏：カマを使っての刈り取りはとても頑張っていました。「コンバインを使わないで全部刈るのは大変だな」といいながらもできるだけたくさん刈り取ろうとする意欲が見られました。袋つめされたものを一輪車に積んで軽トラックにかついで運ぶ姿を見て，たくましくなったものだなと思う反面，果たして将来農業をやるだろうかという思いだった。

シンポジウムにおける参加者からの発言２

〈地域間交流〉

親Ａ氏：私は始め，この「親子体感教室」のお話を聞いた時，子供たちが１年間にわたる活動に嫌がらずに参加できるか，心配でした。春の頃，なれない活動に消極的な時もありましたが，回を重ねるにしたがって，子どもの方から「次はなに？」と聞いてくるようになりました。・・・今回は 11 組の親子の参加でしたが，もっともっと多くの親子や地域の方々にこの教室の体験をさせてあげたいと思いました。

この教室の活動に参加して，日常忘れている地域の自然の豊かさを改めて感じとることができた気がします。常盤に住むもっと多くの人々が常盤の魅力に気づいてくれることを願っています。そして，子どもたちに今回の体験を忘れず，大人になってからもこの体験を思い出して，自分の子どもたちに常盤のすばらしさを語れるようになってほしいと願っています。

親Ｂ氏：・・・私の家は農家ですし，子どもに田植え等を手伝わせようと思えば，出来ない訳ではありません。しかし，「実際は無理だろう」と思ってさせていませんでした。このようなことから，今までしたことがない田植えが果たしてうまくできるのか不安でした。しかし，子どもたちは田植えを楽しみながらとても上手にやり遂げていたことには驚きました。午後からは，体験した様子を絵にする作業や体験の替え歌づくりに取り組みました。

子どもたちはクレヨンを使いながら，楽しそうでしたが，親の方は，絵を描くなんてことを相当の期間したことがなかったので，戸惑ってしまいました。しかし，子どもと母親が混じったチームの仲間に助けられて，それなりの絵を描くことができました。これらの活動を通して「子どもはやれば何でもできる！」，さらに「手伝いはさせることは大事なんだ！」ということを学んで気がします。そして私たち母親自身も「仲間と一緒ならば，いろいろなことが出来る！」という自信を得たように思います。・・・子どもも私も，みんなとの共同作業に慣れてきて，この教室が目指している「常盤の豊かさ」を探してみようという気持ちになっています。・・・

3）「常盤ときめき隊」という実行部隊

常盤ときめき隊は，「常盤の里づくり協議会」の第3部会内部のグループとして，平成16年7月20日に設立された。この組織の特徴は，第3部会メンバーのうち，実践的に活動できる（比較的若い壮年世代）壮年世代が集まり，「常盤地区の農産物を用い，産業の活性化を目指す」を掲げ，設立されたことである（常盤ときめき隊会長によるヒアリングから）。現在，会員は23名（うち女性5名）で構成されている。従事職種は，ほぼ全体の6割を農業従事者が占めている。設立当初は産業部会の一部ということもあり，常盤地区で栽培されている農産物の販路を中心に協議されていたが，これまでの活動では地区外部の人々の交流の受け入れを実施している。それゆえ，常盤地区の新たな地域づくり活動を担っている組織といっても過言ではない。

また，「常盤ときめき隊」は，短大が実施した「わの里づくり　親子体感教室」の活動に比較的深く関与した組織といっても良い。その一つの事例として，平成16年11月27日～29日に短大との連携をとりつつ，東京都世田谷区下北沢NPO団体にて常盤減農薬米等の農産物販売に同行し，今後の農産物販路の拡大に前進した。さらにこのことを契機に下北沢NPOの農村体験交流事業に繋がっている。また，常盤地区内（山谷分館を中心）でモニターツアー（県の外郭団体である秋田花まるっグリーン・ツーリズム推進協議会の事業）を展開し，これまでに，映画撮影隊（映画「ブリュレ」スタッフ）や日本映画学校の学生の受け入れをおこない，訪問者から多くの良い反響を受け，今後展開するグリーン・ツーリズムの体制づくりに良い成果をあげた。今後は，常盤ブランドの確立（安全・安心・健康のイメージ）を目指し，自主運営を進めながら現在試行段階の活動から本格的実践の時期に入っているといえる。

4）住民参加型の地域づくり

このような実践活動を通し，住民参加型地域づくりの有意な意義を見出すことができる。今後の課題の一つは，地域住民による地域づくりの意欲の継続であると考えられる。これは，地域住民自身が各個別的な欲求を満たし，より良い地域社会を形成していくことを目的としていくのであれば，地域住民の地域づくりに対する欲求に際限がないといえる。地域住民が，日々地域づくりに向け，主体性に活動を継続していくことに意義があるからである。しかしながら，実態は必ずしもそうとは限らない。住民といっても，置かれた状況は個々に異なり，ふるさとの地域づくりといっても無条件に協力が得られるものではない。

そこで，ここでは特に短大が実施してきた「親子体感教室」及び経済的活性化の活動の経験からみえる，地域活動の方向について述べていきたい。今後，社会教育的効果だけではなく，目で成果を確認できる経済的効果の活性化も求められてくると考えられる。この教育的効果は，いくつかの機能を持ち備えている。本取組の導入により，希薄化していた地域住民間のコミュニケーションを触発し，多くの協議が短大と地域，そして地域住民同士で頻繁にコミュニケーションが持たれるようになった。このことで地域づくりへの関心は高まってきている。また地域住民との連携活動から地区外部出身の学生自身にも，地域住民の有する生活文化・技術を学び取れるという局面を持っている。さらに，短大の関与により大学の専門的な知識や技術・情報処理能力を地域に提供してい

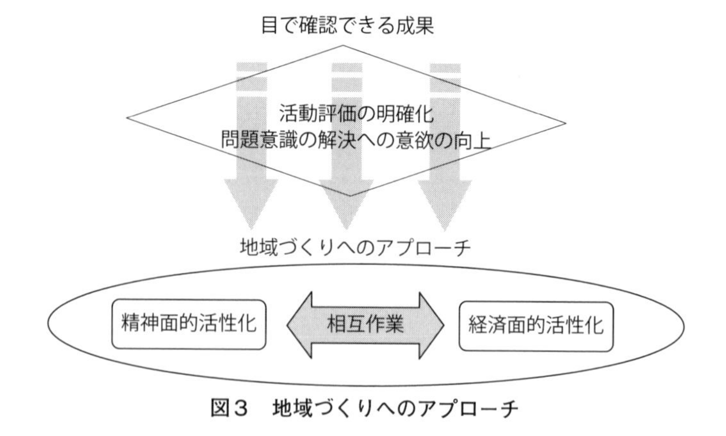

図３　地域づくりへのアプローチ

る。このように他の地域ではみられない専門的なアドバイザーの支援が，地域住民にとってより活動への自信とつながってきているようにみえる。

だが，ここで指摘したいことは，目で確認できる成果である。目で確認できる成果があることは，自らが地域づくりに対してどんな活動をしてきたか評価しやすく，また新たな問題意識の解決に向け努力する傾向になりやすいと考えられる。そして，経済的効果は農村で暮らすことの不安要因を緩和できると考えられる。現在，農村では，過疎化（人口流出）によって，農村資源の維持管理の限界が生じている。追い討ちをかけるように地域生活保全機能の低下が報告されている。

さらに，コミュニティ活動の停滞化は，地域の人々の付き合いの希薄化を強め，地域社会の連帯関係を弱めつつある。これらを打破するためには，農村に暮らすことの価値を見出すことと生活を営むためのある程度の所得が必要である。よって両作用の効果が今後求められる必要である。

7．農村再生プロデュースの可能性

本取組は，大学教育において従来にない社会的効果と教育的効果の発現を期待した実践である。当初想定した社会的効果としては次の諸点を考えていた。

①　地域ニーズに即応したアカデミック情報の活用
②　住民と学生との学習機会の創設による住民参加型の地域づくり手法の確立
③　地域・大学・行政・産業界の連携による農村的な地域産業の育成
④　潜在的商品の発掘・商品開発力の育成
⑤　都市農村交流による相互理解と農村それ自体への再認識

である。

これらの効果は，うえの活動実績にみる通り，相当程度果たされた。とりわけ，短大の多面的な取組は，地域住民の諸グループの発足という結果を招いた。1年目の終わり頃には「ときめき隊」(4)が組織され，2年目の冬には「炭焼き隊」(5)が結成されている。これらのグループは，学生による本取組をサポートしつつ，自ら自発的活動を展開してきている。

さらに，住民との協議の中で，NPO法人の起ち上げが具体化した。この法人の内実は，地域づくり会社であり，地域運営についての諸々のボランティア活動を担うほかに，付加価値米等の農産物の販売や都市消費者との交流，グリーン・ツーリズム促進の役割を担うものである。1月には定款を作成し，県の認可を受けている。加えて，環境に優しい農村の暮らしをテーマに生ゴミのコンポスト堆肥と間伐材のプランターを住民が作成し，自らが暮らす地域及びより広域の能代市域を対象にした景観形成にも関与する姿勢がみられるようになってきたのである。これらは，学生を主体とする本取組が，ボトムアップ型の地域づくりに大きな成果を挙げたことを物語るものといえよう

本取組から導き出せる魅力的な地域づくりの要点として以下5点が指摘できる。すなわち，1）地域住民が地域課題を認識し行動すること，2）忘れていた地域のもつ資源を再発見すること，3）これからの地域を担う子供たちへその良さを継承すること，4）住民同士や行政が一体化した連帯体制を図ること，5）農村資源の見直しと農村らしさを重視した発展的な地域づくりを模索すること，としてまとめることができる。

さて最後に，本取組の経験を「農村づくりモデル」として示すとすれば，おおよそ以下のステップを踏んできたといえよう。

すなわち，第Ⅰのフェーズとして，過疎化，高齢化，経済停滞などの深まりのなかで，10年後の「ふるさと」をどう展望するのかに関する住民間の真剣な協議・検討である。「自分の家族や近所の家族が，10年後，何人になるか？」という問いの住民への投げかけである。世帯の移動などに関する地元情報は相当に正確であり，結果として，集落人口がどのように変わり，どのような人口構成を示すかが，実感として認識することができるであろう。

第Ⅱのフェーズとしては，〈やればできる〉ことの確認作業といえよう。ここでは，以下のステップを用意する。

ステップ1の段階として，ふるさとの将来像の展望である。例えば，何を残したいのかといった事項が考えられる。

次のステップ2の段階として，多面的なワークショップの実施である。本事例では，地域の子ども達を巻き込んだ「親子体感教室」の下で「ふるさと資源探し，川遊び，小径探検」などを展開したが，高齢者を対象としたもの，女性を対象としたもの，若者を対象としたものなど，さまざまなワークショップが

考えられる。わが故郷を舞台とした住民間の直接的な触れあいが，新たな合意形成の基礎になると考えられるのである。

そして，ステップ3の段階として，具体的なテーマに即した実践である。本事例では，地域イベントづくり（冬祭りの再生等）や既存農産物の洗練化を目指したお米（減農薬・天日乾燥米→ TEN'PI）の生産と販売である。また，新規農産物としての「ベツレヘムの星」の栽培と販売やダチョウの飼育と加工（料理試食会）である。その他に，景観形成と資源利活用「間伐材プランターづくり」もおこなった。

ステップ4の段階として，住民シンポジウムの開催を用意している。住民による学生評価，住民による自己評価（反省）を深めながら，課題の克服のための取組であることを地域へ浸透させる必要がある。

最後にステップ5の段階として，諸活動をマネージメントし，活動の継続性を確保するために，NPO 法人づくりを進めてきた。

このような形で，地域住民と学生や教員が連携して，農村のコミュニティ再生に取り組むことは，一つの重要な手法であると考えられる。

[注]

（1）NPO法人コスファとは，下北沢周辺の住民有志と生活クラブ生協の有志により，個々人のライフスタイルを尊重し，それぞれの能力にみあった社会貢献的諸活動（一時保育，貸しギャラリー，給食サービス，パソコン教室等）を展開していたCOS下北沢の活動を，2003年7月にNPO法人として再構成した組織である（12月認証・登記）。

（2）この花は10年ほど前に男鹿地域の花農家から「葉に汚れがあり，病気ではないか」との要請で，短大に持ち込まれたものである。分析の結果，ウイルスに罹っていることが判明し，そのウイルスの除去方法を本学で確立していたのであるが，市場出荷は考えられていなかった。現在，オーニソガラムという花は，市場で若干流通しているがそれらのほとんどはウイルスに罹っており，本学の有するオーニソガラムとは大きさや美しさにおいて異なるものである。よって，農村再生プロデュースにおいて，その花の農家への普及と商品化を企画したのである。

（3）この年度の活動は，秋田テレビの取材によって，「おんな6人，やるべ！むらおこし」という1時間のドキュメンタリー番組となり，平成17年11月にフジテレビ系で全国放送された。

（4）「ときめき隊」は，常盤の里づくり協議会の下部組織である産業育成部会のメンバー有志が，農産物開発等に関して実践的に動ける集団が必要であると考え，協議会に寄り添いつつ，短大の取組にも積極的に関与できるグループとして立ち上げたものである。

（5）「炭焼き隊」というグループは２年目の終わり頃に，常盤独自の経済的活動として，かつておこなわれていた「炭焼き」を再現させることを目的に，有志10名で発足させたものである。平成17年の12月には80歳の高齢者を先頭に，炭焼き窯を自力で制作し，平成18年３月から白炭生産を始めている。木炭として販売するほかに，粉砕炭の圃場への還元も試行されている。

第2章
常盤地区の農村資源マップづくり

はじめに

今日の農山村地域は、過疎化・高齢化の波に晒され、地域経済の停滞化が進んできているとともに、地域づきあいも希薄化してきています。わたし達の常盤地区もそのような傾向の中にあります。どのようにすれば、常盤地区が元気になり、地域の一人ひとりが生き甲斐をもって生活できるのでしょうか。この問いかけへの回答は簡単なものではないでしょう。しかし、何もしなければ、現状が良くなるはずもありません。常盤をより一層素晴らしい「ふるさと」にするため、わたし達住民は話し合いをし、行動を起こさねばならないと思います。

平成１６年の春に「常盤の里づくり協議会」という組織が発足しました。この協議会は、基本的には常盤に暮らす各家すべてが参加して、常盤地区の活性化を考える組織です。わたし達は、現状を打開する組織を手に入れました。また、能代市役所も平成の合併を見通して、小・中学校区範囲での地域づくりに強い関心を寄せてくれています。さらには、この同じ年に秋田県立大学短期大学部では、地域貢献をテーマとした教育プログラムを立ち上げてくれています。学生と教師が何度となく、常盤を訪れ、わたし達住民と一緒になって地域活性化を考えてくれています。今こそ、わたし達が自らの暮らす常盤という地域に目を向け、より良い「ふるさと」を創り上げる好機でないかと思います。

わたし達は、短期大学部農村活性化プロジェクト研究室との話し合いのなかで、平成１６年度いっぱいをかけて、「わの里づくり・親子体感教室」という取り組みをすることを決めました。この取り組みは、地域に暮らす小学生とその親が、地域の豊かさを身体で感じることを目指して、常盤地区の自然や社会・文化等にふれながら、親子で各種の共同作業を行うものです。タイトルにある「わの里づくり」の「わ」とは、わたし達の地域では「私」を方言で「わ」と言いますので、人々が繋がる「輪」とイメージを重ねて、親子の輪、地域の輪、協力の輪を再び取り戻そうとの願いを込めて使いました。

この取り組みの一つの成果として、この冊子「常盤の里　ときめき物語」を作製しました。親子体感教室に参加した１１組の親子が、田植えや稲刈り等の作業をして感じたことを絵に描いたり、常盤の生き物を探し歩き、捕獲してスケッチした成果を６名の女子学生がまとめてくれました。この冊子のテーマは、「日常の生活にかまけてついつい忘れかけていた常盤の地域資源を改めて直視してみると、あんがい素敵なもの・大切なものが発見できたり、再確認できる」ということです。わたし達のふるさと「常盤」には、自慢できる各種の資源が眠っているということを、地域の皆様にわかってもらおうとの想いから、この冊子を作りました。この「常盤の里　ときめき物語」は、文章を操ることの苦手なわたし達の初めての作業でしたから、不備なところも少なくないと思います。しかし、この小さな冊子によって、常盤には素敵な宝物があることに気づいていただき、将来的にはより充実した「常盤の里　ときめき物語」が皆様の手によって制作させることを願っています。

平成１６年１２月２３日

「わの里づくり・親子体感教室」のメンバー一同

1 常盤地区の現状

能代市常盤地区は、米代川の北岸にあり、能代橋より約1kmの所に位置しています。常盤地区は、13の集落からなり、現在の人口は、2,113名（平成15年現在）、世帯数は、558戸（平成12年現在）となっています。現在の世帯数は、常盤地区が能代市に合併した昭和15年の522戸よりも増加しているものの、人口としては、当時の3,216人からみると、約34%減となっており、各世帯の家族員数が小さくなっているといえます。

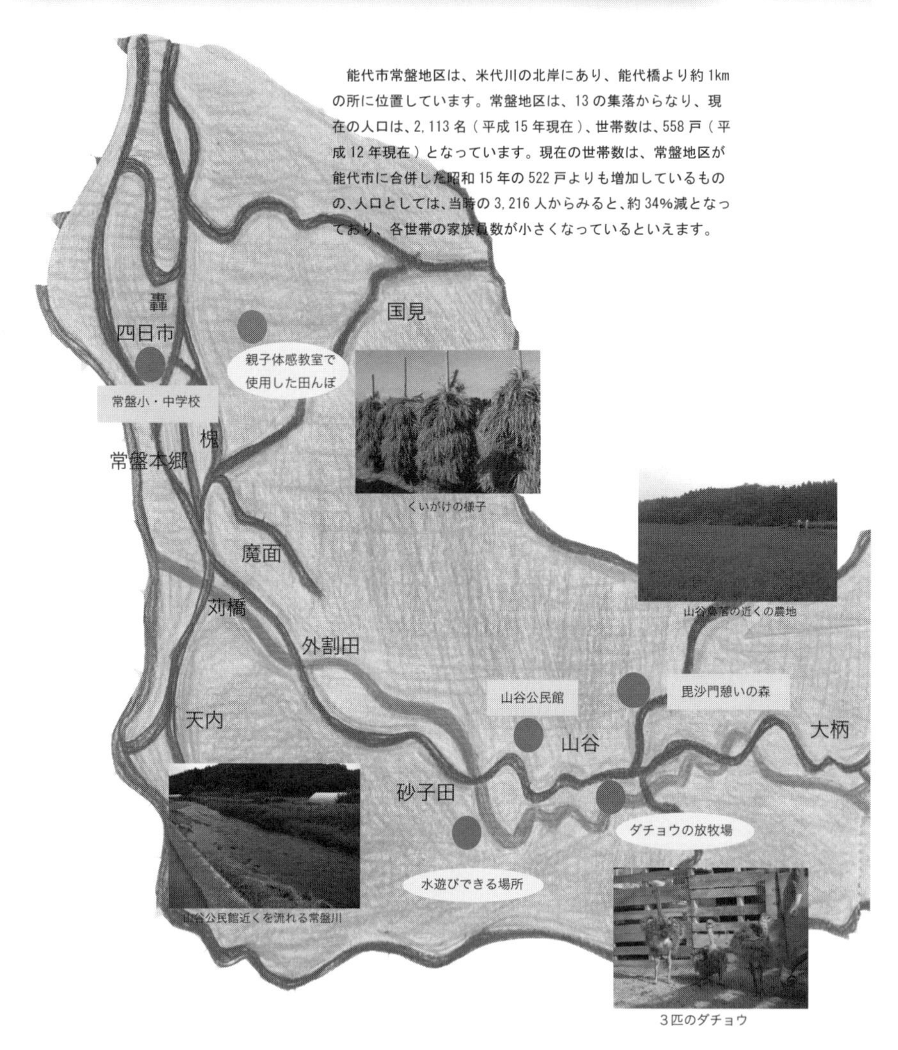

常盤地区は、62.93ｋ㎡の総面積をもち、能代市の諸地区の中で一番大きな面積を誇ります。そのうち林野率71%という数字が示すように、豊かな自然に囲まれたところです。常盤川の両岸や近くの里山では、ほとんどがスギの人工林となっていますが、山深く入るに従ってマツやカエデなどの雑木林が広がっています。また、その常盤川の最上流部には、ブナなどの天然林をみることができます。この常盤地区は、能代市のなかで唯一世界遺産である白神山地の一部を含むことから、白神山地の素晴らしい自然を観察することができます。

 常盤地区の歩み

歴史

わたし達の住む能代市常盤地区は、どのように形成されてきたのでしょうか。少し歴史をみてみましょう。

考古学の調査によれば、縄文時代には広大な東雲台地の東部（わたし達の住む地域）は、原野と山林によって占められていましたが、常盤川、久喜沢川、天内川に沿って各集落が形成されており、米代川河川の平野部にも形成されています。この地域には縄文時代からの古代の遺跡（29ヵ所）が残っています。参考までに下にすべての遺跡名をあげました。

行政の末端機構としての村の形成は、1500年代以前に米代川沿いに支郷諸村が位置づけられ、常盤川沿いにも人々が住み着き、集落を形成するようになったことが始まりとされています。残されている文献によると、常盤地区内で初めて開村されたのは、天内村とされています。この村は、能代山本郡内で最も歴史がある郷里とみられ、1336～1340年頃に現合川町から移住してきた人々にとって開村されたといわれています。

遺跡一覧表

	時代区分	遺跡名	場所	区分	備考
	旧石器時代	館下Ⅰ遺跡	久喜沢字館下	旧石、縄中	今から約一万前まで
縄文時代	縄文・早期	久喜沢神社遺跡	久喜沢字大林	縄中、縄前、古代	約5千～9千年前
		大内坂Ⅰ遺跡	久喜沢字大内坂	縄前、縄後	
		大内坂Ⅱ遺跡	久喜沢字大内坂	縄前、縄後、続俗	
	縄文・前期	館下Ⅱ遺跡	久喜沢字館下	縄前	約5千～6千年前
		中野Ⅰ遺跡	常盤字二見沢	縄前、縄後、古代	
		天内上野遺跡	天内字上野	縄前、縄後	
	縄文・中期	下上野Ⅱ遺跡	常盤字下上野	縄中、続弥	約4千～5千年前
		大内坂Ⅲ遺跡	久喜沢字大内坂	縄後	約3千～4千年前
	縄文・後期	ユズリ葉遺跡	久喜沢字小坂下	縄後、古代	
		新明岱遺跡	常盤字新明岱	縄後	
		上響野遺跡	常盤字上響野	縄文	
	縄文時期不明	下響野（A・B・C・D）遺跡	常盤字下響野	縄文、古代、近世	
		下寂野Ⅱ（A・B・C）遺跡	常盤字上寂野	縄文	
		大岱遺跡	常盤字大岱	縄文	
		四日市神社遺跡	槐字槐台	古代	
		槐台Ⅰ遺跡	槐字槐台	古代	8世紀～11世紀
		槐台Ⅱ遺跡	槐字槐台	古代	
	古代	槐台Ⅲ遺跡	槐字槐台	古代	今から約800年～
		槐台Ⅳ遺跡	槐字戸板野	古代	1300年前
		中野Ⅱ遺跡	常盤字松木岱	古代	
		下上野Ⅰ遺跡	常盤字下上野	古代、中世	
		太平岱遺跡	常盤字太平岱・大館台	中世	12世紀末～15世紀後
		宅地遺跡	外割田字宅地	中世	
		下上野館跡	常盤字下上野	中世	今から約500年～
	中世	上寂野館跡	常盤字上寂野	中世	800年前
		白岩前館遺跡	天内字白岩前・鳥屋沢	中世	
		白岩館跡	天内字白岩前	中世	
		大柄館跡	常盤字館ノ下	中世	

15世紀には、当時の領主（桧山城主）により、現常盤地区に含まれる集落が「独立村」として認知されました。この時の独立村として制度化された集落は、常盤村（トキワムラ）、砂子沢村（スナコザワムラ）、外割田村（トワリダムラ）、床岩村（トコイワムラ）、天内村（アマナイムラ）、そして久喜沢村（クキザワムラ）などです。独立村とは、納税の単位として、認められた年貢を納めていた集落をいいます。

現代に近づき、明治5年には、大区小区制という制度により、能代山本郡内は８つの小区に分けられました。明治21年に市町村制が施行され、翌年22年に、常盤村、天内村、外割田村、槐村（サイカチムラ）と久喜沢村の５つの村が合併し、新制常盤村として発足されました。この自治的な制度の制定によって、現在の常盤地区の社会的まとまりの基盤が形成されたと考えられます。

天内青年団試作畑の様子（明治40年代頃）

明治期には、ムラの青年が良いお米や野菜をつくることを目標にして、地域農業の復興にチャレンジしていました。

左の写真は、ムラが共有地などを借りうけて、農作物づくりに意欲をみせる天内青年団です。

なお、昭和22年には北海道からの開拓入植により開村した豊栄地域（17戸）が新制常盤村に新たに加わっています。全国的に展開された昭和の町村合併を機に昭和30年4月、常盤村は能代市と合併し、現在の能代市常盤地区となりました。

また、常盤地区は、多数の神社が祭られており、有名な紀行家の菅江真澄が訪れた地でもあります。

常盤中学校校舎（昭和２５年頃）

常盤地区の人々の暮らし

行事

常盤地区は、数多くの集落によって構成されているため、各集落毎に地域行事があり、地区全体としても多くの行事がありました。しかし、現在では人々の生活スタイルが変わったことによって、従来から行われてきた共同活動が少なくなり、現在実施されなくなった行事も数多くあります。

現在、地域的な年中行事の衰退に危機感をもつ人々によって、伝統的な行事の復活やさらには新たな交流活動の企画・実践が、動きつつあります。この動きは多くの住民の協力によって拡大してきています。下に昔の行事と今の行事をまとめています。

常盤地区の主な行事

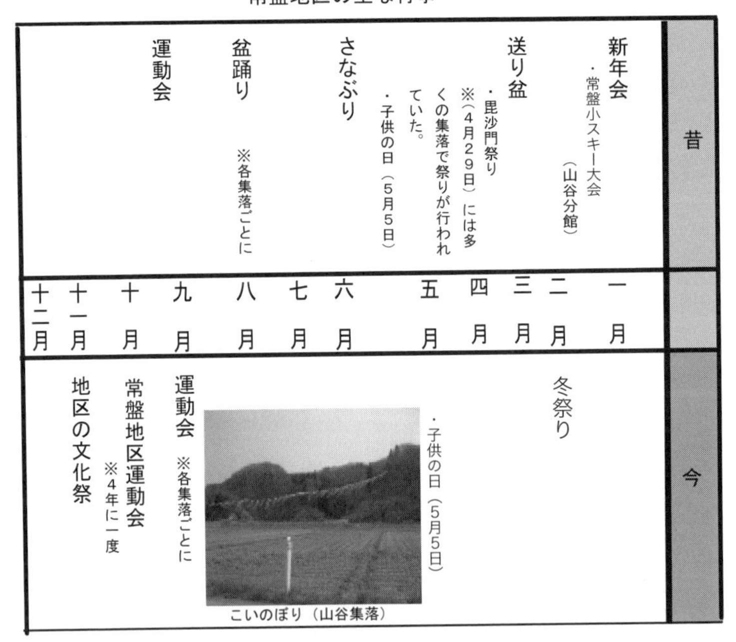

月	昔	今
一月	新年会 ・常盤小スキー大会（山谷分館）	
二月		冬祭り
三月	送り盆	
四月	・毘沙門祭り ※（4月29日）には多くの集落で祭りが行われていた。	
五月	・子供の日（5月5日）	・子供の日（5月5日）
六月	さなぶり	
七月		
八月	盆踊り ※各集落ごとに	
九月	運動会	運動会 ※各集落ごとに
十月		常盤地区運動会 ※4年に一度
十一月		地区の文化祭
十二月		

こいのぼり（山谷集落）

遊び

昔の子供たちは、常盤地区の豊かな自然の中で遊んでいました。四季折々の、あるいは昔の様々な遊びを紹介していきます。案外、現在の子供たちにとっては、新鮮な遊びであるかも知れません。

冬の遊びは、次のようなものがあげられます。竹スキー・竹ソリ・竹スケートなどが有名です。外での遊びとして、地元の竹を子供たちが加工して、スキーやソリ遊びをしていました。

夏の遊びは、次のようなものがあげられます。低学年の子供たちは米代川の支流で泳ぎ、高学年になると、米代川まで行き、泳ぎました。ある人のお話では、常盤の子供たちは飛根を探検するために米代川を通り、逆に飛根の子供たちは常盤まで来ていたそうです。

また家の中や庭先などでは、コマやスグリなどを回して遊んでいました。その他にも、野球やチャンバラごっこ、おはじき、お手玉などをして遊んでいました。それらの遊びは、子供たち自身が自らの手で遊ぶ道具を作っていたことが特徴といえそうです。

四季の食事

常盤地区では、季節に応じて様々な山や川の幸、自然の恵みを受けて食生活の彩りがみられました。たとえば、春には山菜を用いて「味噌あえ」や「煮付け」にします。それらは、現代社会にあって、温かいおふくろの味としての懐かしさを与えてくれるものです。現在の常盤地区にみられる特徴的な食事について、地域の方々のお話を参考に紹介していきます。

〜伝統的な食事〜

でんぶ（おでん）、笹もち、つゆっこ餅、
保存食：干し餅、干し柿、味噌、
漬物（山菜・野菜）：塩漬け、味噌漬け、酢漬け、ぬか漬け

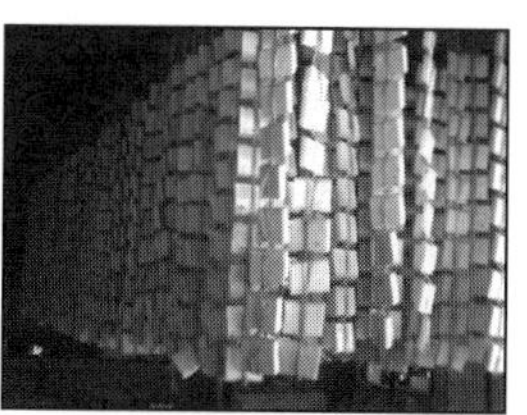

干し餅を乾燥させている様子

方言

『だんぶり』という言葉を聞いてみなさんは何を思い浮かべるでしょうか。その言葉の意味は、トンボです。このように常盤地区には、昔から話されている方言があります。その方言の一部を紹介します。

子供たち–わらしど	小魚–じゃこ
お父さん–おど	車–ぶーぶ
お母さん–あば	ウシ–べこ
水泳–水あぶり	カエル–びっき

 常盤地区の豊かな資源

常盤地区には、豊かな資源が多く存在します。今回はその一部を紹介していきます。

①常盤地区の施設と名所

◎常盤小・中学校

常盤小・中学校が新たに完成しました。この学校は、先進的なものです。従来の教育機関の枠を超えて、学校の機能のほかに、コミュニティの核としての機能をも備えた、今までにはない新しい学校です。

そもそもこの地区の小学校である常盤小学校は、明治8年6月7日に創立し、常盤村玉鳳院堂内を教場としていました。そして、常盤地区が合併した昭和22年4月の新学制により、常盤村立常盤小学校と称し、常盤中学校併設されました。その後、昭和27年3月に常盤中学校が新校舎へ移転しました。

今日、このような歴史をもつ常盤地区の小学校と中学校が新たなステージを迎えています。平成16年4月に、小・中学校を併設した「市立常盤小・中学校」となったのです。

また新校舎は常盤財産区から寄贈された77年生の秋田杉が使われています。秋田杉がふんだんに使われた校舎は、木のぬくもりを醸し出し、児童・生徒の学びの拠点であるとともに、子供たちを温かく見守る地域の人々との融合の場となっています。

このように常盤小・中学校は、木都のまちと呼ばれる能代市に相応しい学校なのです。

旧常盤小学校

常盤小中学校

◎常盤公民館　（旧常盤小学校　山谷分館）

常盤公民館山谷分館は、そもそも常盤小学校の分館として昭和25年に建築されましたが、昭和45年に、子供たちの人数が減少したこと理由に廃校となりました。しかし、その施設は、その後、山谷集落をはじめ、常盤地区内外の方々に「地域連携施設」として、地域交流の重要な場として利用されています。施設の規模としては、木造2階建て一部平屋建ての延べ床面積1，028平方メートルとなっています。

山谷分館

◎毘沙門憩いの森

毘沙門憩の森のある地所は、古くから常盤地区、特に山谷集落で牧草地として使用されていた場所です。また、毘沙門沼は農業用水として用いられていました。昭和63年から山谷集落の自治会と能代市役所が連携して、公園整備（アスレッチ広場や焼肉ハウス、多目的広場など）を進めました。今では能代市民の憩いの場として利用されています。

毘沙門の森

◎常盤川

常盤地区に暮らすわたし達にとって、一つの重要なシンボルは常盤川ではないでしょうか。常盤川が古くから人々の営みを支えてきたのです。白神山系に源をもつ常盤川の流路延長は、12,120mです。大昔から飲み水としても利用されてきました。現在、常盤地区の農業は、米代川の支流である常盤川に大きく依存しています。地域の自然もこの川の恵みを受けているのです。

常盤川は、生活用水や農業用水として用いています。近年では、レクリエーションの場としても活用し、新しく川遊び場の整備が行われています。このように、わたし達の生活のなかで広く用いられてきている常盤川をさらに美しく、大切に保全していきたいものです。

常盤川で遊んでいる様子

常盤川

◎大柄の滝

大柄の滝は毘沙門憩の森から常盤川を3km上ったところ（車で約10分）にあります。「男滝」と「女滝」の二つをまとめて「大柄の滝」といいます。

また、大柄の滝は、秋田30景にも選ばれた素晴らしい観光名所でもあります。

大柄の滝

②毘沙門の森に暮らす生き物

常盤地区では、さまざまな生き物に出会うことができます。常盤地区には、一面に広がる自然や人々の暮らしを支えた農業があります。多くの生き物の多様性と豊かさを知ることのできる地域なのです。平成16年8月、常盤地区に住む親子１１組は、毘沙門憩いの森に暮らす生き物を探索し、それらをスケッチしてみました。

植物編

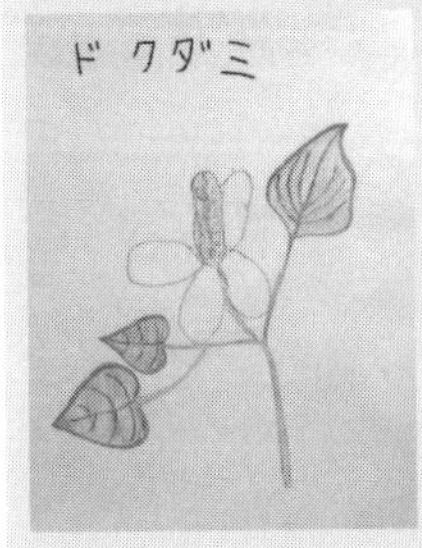

①ドクダミ

木の下や日陰になった場所、軒下などに群れをなして咲いています。万病に効く薬草として、『日本薬局方』にも記載されています。お茶にして飲むと風邪に効く効果があるといわれています。

②クズ

クズは秋の七草の一つです。クズは盛夏になると一日に１m伸びることもあり、不用意に刈り取ると残った草から再生し、かえって個数を増やしてしまうことがあります。

あるお母さんが『抜いても抜いても生えてくる憎たらしい雑草だと思っていたけど、名前があって綺麗な花が咲くのね』とお話されるように、８月下旬から９月にかけて紫色の房状の花を咲かせるのが特徴です。またクズは根にデンプンを貯蔵しており、そのデンプンはくず粉として和菓子や薬などに用いられます。

③オカトラノオ

花穂の先がトラの尻尾のように弓なりに曲がっていることから、このような名前がつけられました。

田畑や毘沙門憩いの森の管理塔の周りなど、日当たりのよい場所に生息しています。

④キツネノボタン

野原や道端によく見られます。葉が牡丹の葉に似ていて、狐に騙されたように感じることから『狐の牡丹』と呼ばれています。

実を観察すると、先が針金のように曲がっていることが特徴的です。この植物は毒を持っているので注意しましょう。

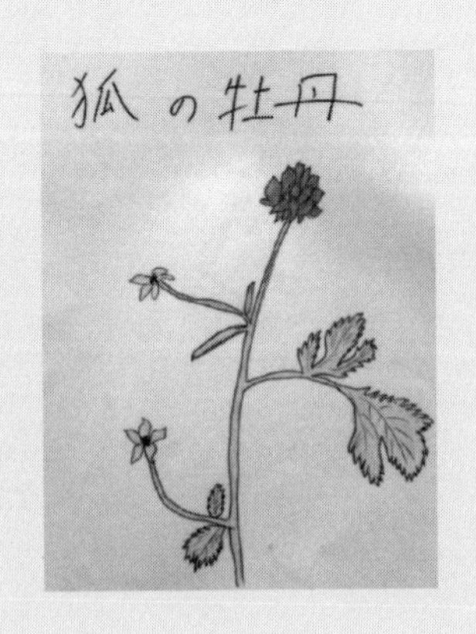

水生動物編

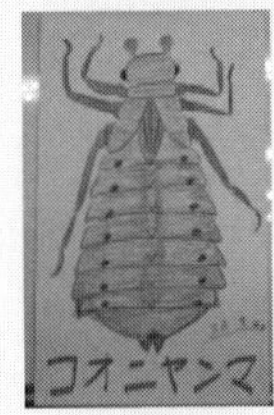

①コオニヤンマの幼虫

木の葉のように平べったい形をした幼虫です。この幼虫は湖やため池などの流れのない場所に生息しています。

成虫になると、オニヤンマが林道などで発見されるのに対して、コオニヤンマは小川や川でよく見られます。成虫は、黄色に黒い斑紋が特徴的です。

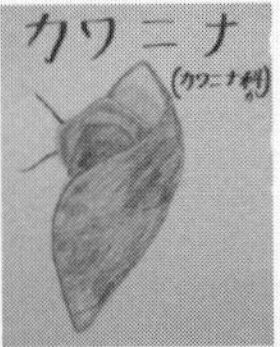

②カワニナ

水深が浅く、緩やかな流れの水のきれいな川に生息します。水中のエサを食べるだけでなく、キャベツや白菜、メロンの皮なども食べます。それらを水中に置くと集まってきます。

ホタルの減少を抑えるためにも、ホタルのエサであるカワニナを守る必要があります。

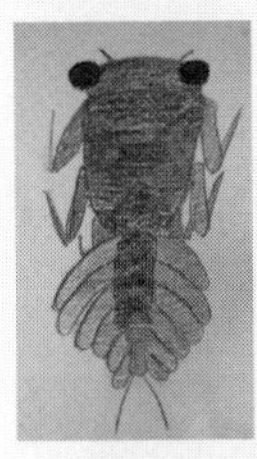

③ヒラタカゲロウの幼虫

山地の渓流などの川の流れの速い場所や、平瀬など水がきれいであれば下流域まで広く生息しています。

常盤川にある石を少し持ち上げてみると、石の表面をエラを使って滑りながら移動する姿を観察することができます。

④アユ

天然のアユは臭みがなく、スイカのような甘い香りがするため、『香魚』とも呼ばれています。アユは春の遡上から秋の産卵と、わずか１年でその生涯を終えるため、年魚という別名もあります。

アユはきれいな川でしか生息できません。アユの命の源であるきれいな常盤川を守っていきましょう！！

⑤トゲウオ（トミオ・淡水型）

秋田県版レッドデータブックに絶滅危惧種Ⅱ類と分類されおり、県内では、２ヵ所にしか生息されていないと報告されています。特に毘沙門のように湖水で発見されることは珍しいことのようです。このように常盤地区には豊かな自然があることがわかります。今度もこの素晴らしい自然と豊かな生き物を残していきたいものです。

昆虫編

①オニヤンマ

初夏から秋口かけてよく見られる、日本最大のトンボです。体長が10ｃｍほどあり、黒地に黄色の斑紋があります。

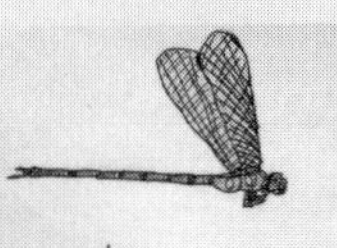

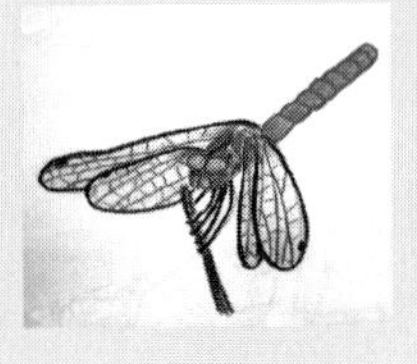

②ハッチョウトンボ

体長２センチメートルほどの日本では最も小さいトンボです。平成８年に、常盤川に接する河川敷の湿地に生息していることが明らかになりました。放置していると絶滅の危険があると言われている希少生物です。

5 新しい仲間たち〜常盤地区の新たな挑戦〜

平成 16（2004）年度に、秋田県立大学短期大学部と連携し、新規導入農産資源として、ダチョウとブルーベリーが常盤地区に導入されました。これらの農産資源について紹介します。

ダチョウ　ostriches

常盤地区におけるダチョウの飼い方

ダチョウの小屋の様子（雛の時）

基本的に雛の場合、体温調節機能があまり発達していないため、ダチョウの雛も冬の寒さ対策として、ミョウガやウドを育てていたハウスを改造し、小屋として利用しました。そのハウスそのものの広さでは、雛が走りすぎてしまい致命傷となる足の怪我を防ぐために、廃材を使いハウスを区切りました。

今回、ダチョウを受け入れて下さった佐々木弘さんのお宅では、以前から牛の放牧を予定していた土地の隅に、ダチョウの放牧場をつくりしました。ダチョウは基本的に大きな音などに反応して驚いてしまいますが、のんびりした牛の性格とは相性がいいようです。

また、とても人になつくので観光資源としても注目されています。

子供が描いたダチョウの絵

子供とふれあうダチョウ

ダチョウの魅力

ポイント1　成長したダチョウは、暑さや寒さに強い！！

日本全国、北海道〜沖縄まで飼育されており、どんな環境にも対応できることが知られています。

ポイント2　粗食でよく育つ！！

牧草の利用だけではなく、野菜くずなど、未利用資源により飼育できます。

ポイント3　産肉能力、繁殖能力が高い！！

雌のダチョウは、２歳ごろから産卵を始めます。また、孵化して１キロほどの雛は１年間で１００倍に成長します。

ポイント4　観光資源となり、農村に人を集める！！

眺めているだけでも心を和ませてくれるダチョウは、農村に人を集める力となります。

ブルーベリー　ｂｌｕｅｂｅｒｒｙ

常盤地区へのブルーベリーの導入

植樹の時の様子

常盤地区では親子体感教室の開校記念として、常盤地区のシンボルである毘沙門の森に植樹しました。ハイブッシュブルーベリーの中でも大玉品種のヌイ、甘みが強く豊産性のブルーレカ、大玉品種で甘酸っぱいダローの３品種を導入しました。

ハイブッシュブルーベリーの特性

ポイント１　耐寒性に強い！！

北関東以北から北海道南部、中部地方の高冷地はリンゴの産地となっていますが、この地域は耐寒性のハイブッシュ系が適していると言われています。

ポイント２　強酸性土壌（ｐH4.3〜4.8）を好む！！

ブルーベリーに適した土地に改良するため、酸性を矯正していないピートモスを毎年施し　て土壌を改良します。また、ピートモスと同量の肥料を施すことにより、保水性、通気性、保肥性に富んだ土壌になります。

ダチョウとブルーベリーの産業化を目指して

全国でオーストリッチビジネスが将来の有望産業として注目されています。今後１８年度までに、ダチョウ飼育農家の組織化や販路の開拓などを模索していき、起業化に向けた取り組みを行っていく予定です。

ブルーベリーは健康食品として注目されています。現在、およそ３０本ほどのブルーベリーが植樹されていますが、今後植樹本数を増やしていき、ジャムやジュースなどの加工品、また生食用としても注目し、販売を手掛けていく予定です。

秋田県立大学短期大学部
農村活性化プロジェクト研究室の
計画書から

6 親子体感教室の活動

地域に住む人達に自分の地域に関心を持ってもらい、さらに好きになってもらいたい。そこで、能代市常盤地区の親子を対象に「親子体感教室」を開校し、さまざまな常盤の魅力さがしをしました。

４月　親子体感教室　開校式
土が固いちゃんと
育つかな？
５月　田植え体験
腰痛い・・・。
ガンバロ・・・。
８月　生き物探索
おたまじゃくしいないかな〜？？
９月　見学会
みんな大きくなったね！！
もっと大きくな〜れ！！
９月　ジャムづくり
やっぱりお母さんは
上手だな〜。
１０月　稲刈り体験
重い・・・。

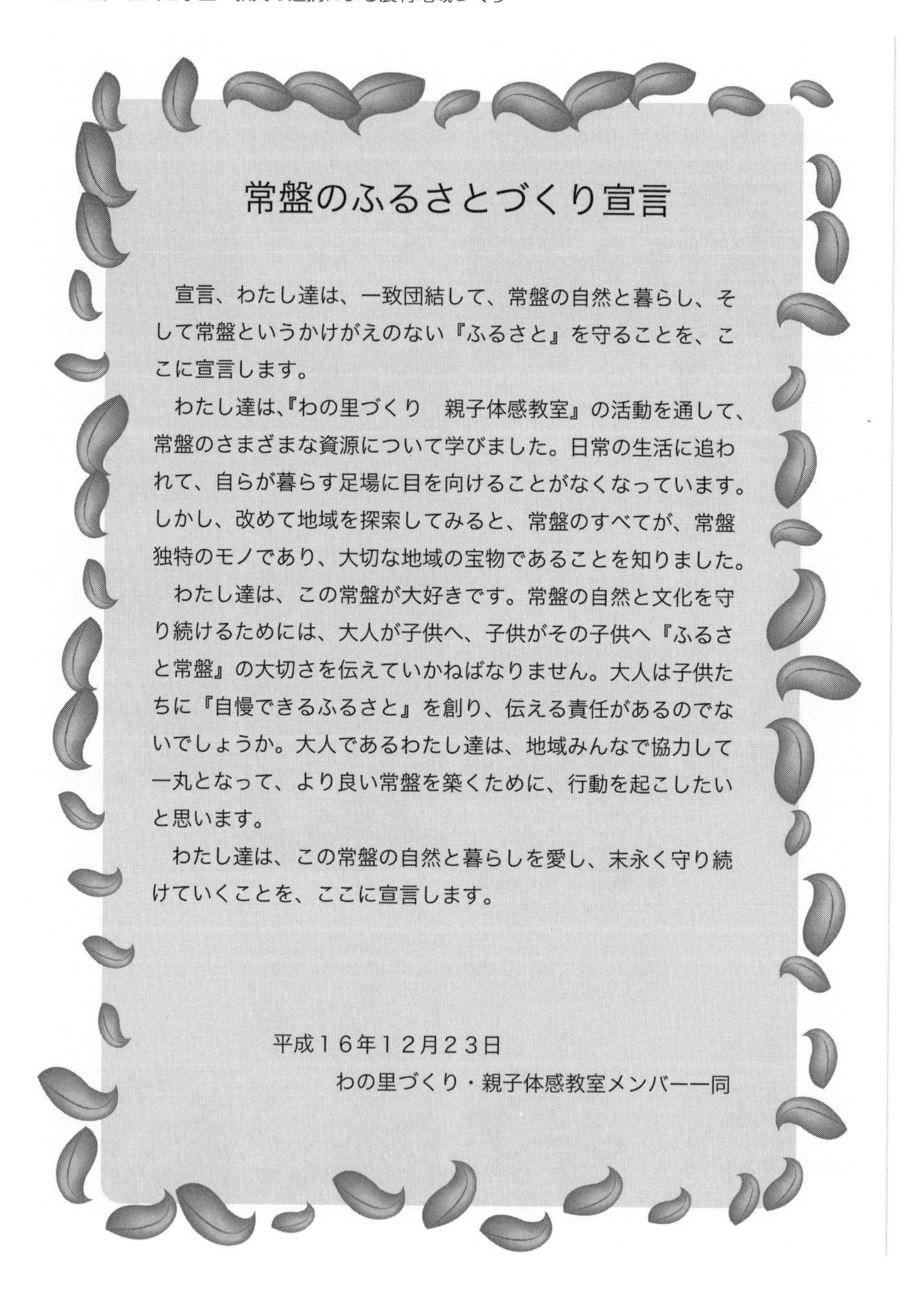

常盤のふるさとづくり宣言

宣言、わたし達は、一致団結して、常盤の自然と暮らし、そして常盤というかけがえのない『ふるさと』を守ることを、ここに宣言します。

わたし達は、『わの里づくり　親子体感教室』の活動を通して、常盤のさまざまな資源について学びました。日常の生活に追われて、自らが暮らす足場に目を向けることがなくなっています。しかし、改めて地域を探索してみると、常盤のすべてが、常盤独特のモノであり、大切な地域の宝物であることを知りました。

わたし達は、この常盤が大好きです。常盤の自然と文化を守り続けるためには、大人が子供へ、子供がその子供へ『ふるさと常盤』の大切さを伝えていかねばなりません。大人は子供たちに『自慢できるふるさと』を創り、伝える責任があるのでないでしょうか。大人であるわたし達は、地域みんなで協力して一丸となって、より良い常盤を築くために、行動を起こしたいと思います。

わたし達は、この常盤の自然と暮らしを愛し、末永く守り続けていくことを、ここに宣言します。

平成１６年１２月２３日

わの里づくり・親子体感教室メンバー一同

制作者紹介

◎『親子体感教室』

佐藤　薫
　　　駿　伍（小5）

大柄　久　子
　　　陽　平（小6）

佐藤　美由紀
　　　陽　一（小6）
　　　映　美（小4）

幸坂　いづみ
　　　万　智（小6）
　　　智　宏（小3）
　　　雄　大（小1）

青羽　和　子
　　　美　結（小5）

須合　良　子
　　　　　望（小5）
　　　健　太（小2）

佐藤　照　子
　　　美沙都（小4）

畠山　陸　子
　　　愛　香（小5）

野村　久美子
　　　俊　浩（小4）
　　　夏　紀（小2）

佐藤　素　子
　　　雄　司（小6）
　　　豪　司（小3）

工藤　常　子
　　　香　織（小6）

以上11組

情報提供

常盤歴史を語る会

常盤の里づくり協議会

常盤ときめき隊

◎秋田県立大学　短期大学部
農村活性化プロジェクト

〈学生〉
富川　奈　央　　公田　美　佳　　川崎　晶　子
和知　紀　子　　春山　　　愛　　志村　　　緑

〈教員〉
荒樋　　豊　　神田　啓　臣　　濱野　美　夫　　今西　弘　幸

おわりに

上記のような形で，能代市常盤地区を舞台とした「農村再生プロデュース」という，住民と学生の連携による取組を展開してきた。地域づくりに関する社会実験である。その特徴は多面的である。まず，地域住民と学生との協働による常盤の地区の元気づくりという点である。また，地元大学が持つ知的資源（例えば，お米の栽培，ダチョウの飼育技術，花卉の栽培技術など）の地域への普及という点も指摘できる。さらには，地域の賦存する資源のワイズユースな利活用により，魅力的な地域創造を目指して，地域の大人と子ども達が学生と一緒になって地域資源マップを制作している点も特徴といえよう。

一般的な枠組みとして，農村における地域づくりを進めていくためには，「既存農村地域における農村資源の発掘」，「都市農村交流への気運づくり」，「地域資源商品の具体化」，「交流活動を運営する住民組織づくりの調査検討」が必要である。これらの諸課題に挑戦する社会実験が求められているのである。

以下に，これらの諸課題に対して，本取組によって得られた知見を要約し，まとめとする。

第1に指摘すべき点は，次のようである。すなわち，農村の元気づくり，魅力的な農村創造を目指すとき，企画を行政などに任せて制作された地域づくりプランを対象地域に提示するという，しばしばみられるやり方ではないことが重要である。地域住民が主体的に活動実践をなすための意欲醸成という主体形成を最大の追求テーマとして，地域密着的で，継続的な関与・働きかけが，今日の農村活性化にとって何よりも求められることを明らかにすることができたことである。

地域を元気づけるための多種多様な企画等を遂行してきているが，個々の取り組みに関与する地域住民の理解なくして，実施することはできなかったのであり，地域づくりへの関心を有する有志の結集と着実な取り組みが時間の経過をまって，地域全体を動かす力となってきたことを明らかにしている。

例えば，「ときめき隊」という有志集団が学生とのふれあいを通して，「親子体感教室」という取組を担い，秋祭りや冬祭りイベントの再興をなしたのである。また,この集団での話し合いの中から,比較的若い世代の青壮年層から「昔,この地でおこなわれていた炭焼きを再興しよう」との住民提案が出されるようになり,新たなグループ「炭焼き隊」の結成につながった。高齢女性からは「自家用に栽培している野菜等の農産物を販売する機会をつくりたい」との意見が出され,行政に頼らず,自らの力で「常盤ときめき朝市」を開催するようになっている。高齢者による朝市は,消費者として能代市内の街場住民との連携を求めるようになり,NPO 法人のしろ白神ネットワークとの連携ができるようになり,「間伐材利用の木製プランターと生ゴミ堆肥によるプランター用土壌」という取組を介して,能代市の景観形成に向けた花壇づくりの市民運動を進める担い手にもなりつつあるのである。

第2に,「既存農村地域における農村資源の発掘(体験交流への活用性のあるもの)」についてみれば,常盤地区の場合,従来から観光資源としての可能性が指摘されていたにもかかわらず,その活用について住民からの主体的な関与がなかった「毘沙門,憩いの森」や「旧山谷公民館」への住民のまなざしの変化を指摘すべきであろう。「毘沙門の森」において生物探索等をおこなってきたが,この農村公園の手入れ如何によって,多くの訪問者を受け入れる拠点となりうることの自覚化である。また,「旧山谷公民館」は古く,地域の小学校として活用されていたものであるが,常盤小中学校への統合により,ほとんど利用されないままであった。しかし,住民による建物チェックのワークショップの結果から,今なお充分に利活用可能であることが確認された。

このような事実を受けて,東京からの映画の撮影隊やロケット研究グループ等からの宿泊や利用ニーズが生まれ,現在は重要な受け入れ拠点となっている。ボイラーの整備など課題も存するが,住民によるマネージメントと行政のよりきめ細やかな支援により,多くの課題克服が可能となり,魅力的な施設整備が果たされるのではないだろうか。

さらには,多様な地域の持っている多様な資源について,第2章で取りあげた「常盤の里　ときめき物語—地域資源マップ」の形で,子供と大人による主体的調査・探索の結果をまとめ,日常の何気ない暮らしの空間の中にも,魅力や不思議のあることが自覚化できたといえよう。この成果の製本化によって,常盤地区の全住民に知らせることにもなったのである。

第３に,「交流への都市住民と農村住民の気運づくり」に関しては，次のようである。本取組において，東京への付加価値米の販売及び野菜など農産物の販売をおこなってきた。また，能代市の街場住民への朝市活動も展開してきた。これらの活動は，交流相手の存在に関する気づきの機会を与えることになったのである。外部者からのまなざし，訪問者の存在は，地域経済への刺激だけでなく，見られることによる「自らの地域のたたずまい」への配慮を促すことになるのである。

地域イベントの充実，花壇づくりなど景観形成における住民間の合意形成に多くの時間をあてるようになってきている。また,「親子体感教室」等，子供と大人との協働による地域づくり活動は，その実施過程や成果を伝える相手を求めるようになり，交流への気運形成に寄与するという結果が本事例から明らかである。

第４に,「地域資源商品の具体化」について言及しておこう。本取組において，農村の商品化として，第１章にみるように，魅力的な農産物づくりに関与した。一つは，地域の基幹作目であるお米の付加価値づけである。これは，当該地域において古くからおこなわれていた「杭かけ」という天日乾燥の方法の見直しである。現在は，コンバインによる稲の刈り取りと機械乾燥が一般的となっているが，ひと昔前の栽培方法の採用によって，付加価値づけをおこなおうとするものである。このようなチャレンジは，稲作労働の加重という課題を背負うことになる。しかし，その負担（大変さ）について消費者に伝え，理解を得るというプロセスを構築することから販売価格の高位が図れると考えたのである。「あきたこまち」の通常の生産者価格（当時）は約11,000円程度/60kgであるが，この付加価値づけのお米は30,000円/60kgであった。生産した約5,000kgは，すべてこの価格で売り切ることができたのである。お米における高品質の維持は，都市消費者の農業への信頼の確保に繋がるものであることを肝に据えるべきであろう。

また,「ベツレヘムの星」という新しい花の導入や珍しいダチョウの導入をおこなってきた。商品化に至るにはもう少しの時間を要するであろうが，例えば「ベツレヘムの星」という花はたびたび新聞やテレビなどで取りあげられ，秋田県民の多くがその情報を得るまでに至っている。

第５に，「交流活動を運営する住民組織づくりの調査検討」についてみれば，地域づくり会社「NPO 法人常盤ときめき隊」を起ち上げたことが指摘できよう。住民との協議の中で，具体的な組織として，NPO 法人を選択し，すでに定款の制作や活動計画について素案を検討し，その実現を果たした。農村地域における住民組織といえば，自治会内部での機能集団の形成が一般的であったが，暮らしの舞台である農村をそれ自体一つの事業体として運営していくためには，さらには外部からのまなざしに応えていくためには，任意グループでは限界がある。法人格を持つことにより，地域づくりという活動をマネージメントすることが可能になるのである。

ただ，注意すべきは，日常の生産及び生活を保全するコミュニティのマネージメントと一体的に捉えてはならない点である。人々が地域社会にながく定住するには多くの課題が立ちはだかり，さまざまなしがらみに巻き込まれることとなる。この定住における人々の論理は必ずしも合理的なものだけではないのである。しかし，地域づくりという一つの事業を果たすためには，確かな合理性が求められる。そこで，コミュニティ全体を対象とするのではなく，地域づくりという一つの局面を対象とした，地域組織体として，法人が選択されるのである。

◉【ビューポイント　①】
グリーン・ツーリズムで楽しむ田舎の魅力

グリーン・ツーリズムという言葉をよく見かけるようになってきた。グリーンは「緑」，ツーリズムは「旅行行動」を指すことから，みどり溢れる，ありふれた農山漁村を楽しむアクティビティというのがその意味内容である。農作業体験や農村の暮らし体験等が中核となる。名所・旧跡，特別な景勝地を訪ねて歩く従来的な旅行とは色合いを変え，ふるさとのような身近な農村を訪ねて地元の人々と交流し，田舎暮らしの知恵に触れ，地元の食を味わう新しい旅の姿である。人間関係のストレスを脱し，世間の喧騒を逃れようとする現代人のニーズに対応する一つの旅行形態といえよう。

このグリーン・ツーリズムの動きが本格化するのは，1992年の農林水産省『新しい食料・農業・農村政策の方向』において，グリーン・ツーリズムが政策課題として取り上げられたことを契機としている。その後，都市と農村の交流展開のなかで，農村サイドの受け入れ体制の整備が進められた。農家民宿，農家レストラン，農産物直売活動，農業体験の提供施設などが全国各地にうまれ，多くの人々が農村での余暇を楽しむ機会が拡充してきている。

近年では，子どもたちの成長・発達に関する問題意識と農業・農村体験を結びつける取組として，総務省・文部科学省・農林水産省の３省連携による「子ども農山漁村交流プロジェクト」が実施されてきた。秋田県における事業結果をみると，「学校での話を家庭内であまり語らなかったわが子が，今回の旅行から帰った瞬間に，堰を切ったようにさまざまな出来事を語るようになった」や「家族内でのコミュニケーションが高まった」という親の報告が多数みられ，また同行したある親から「農家での野菜パーティの席で，野菜嫌いであったはずのわが子が，採れたて野菜を頬張るのをみて，驚いた」との意見が聞かれ，さらには同行の先生からのアンケート結果では，「訪問先への事前学習と実際の訪問を経験して，事後のとりまとめ作業に積極的に関与するようになり，体験について話す姿がいきいきしているように感じる」というような教育的効果が指摘されている。

それぞれの地方自治体には，地域的なグリーン・ツーリズムの活動を支える協議会のようなものがおおむね組織されている。例えば，筆者の居住する秋田県をみれば，「NPO法人秋田花まるっグリーン・ツーリズム推進協議会」が組織化され，県内に点在する約40戸の農家民宿，約25軒の農村レストラン，約19件の体験提供グループ等との間で連絡調整やインターネットによる情報発信，そして各種研修会（外国人訪問者への対応を含む）などを担っている。この組織にアクセスすることで，秋田の自然に抱かれて，農家のお母さんの手料理を味わい，笑顔の素敵なお婆ちゃんやお爺ちゃんと語らう時間を，都市の人々は獲得できる状況が生まれているのである。
　訪問先において，昼間には，農作業の手伝いをしてみたり，缶蹴りなどの遊びに興じてみたり，そして夜には，庭先の芝生に寝転がって，満天の星々を仰ぎみるということも，仕事に追われ，ゆとりを失いがちな現代人には大切な時間になるのではないだろうか。特にお勧めなのが，親子での農村体験である。子どもたちが幼児の時には，一緒に遊園地に行ったり，時には東京ディズニーランドにも出かけることも親子一緒の時間は少なくない。しかし，小学生くらいになれば，学校等にお任せしてしまい，直接的なコミュニケーション・ふれあいを持つ機会を失いがちなのが今の親子なのではないだろうか。子どもは親の振る舞いにこそ興味を向けているのに。そこで，お母さんと楽しむ自然スケッチなど，何かの作業を一緒におこない，一緒に汗をかき，一緒に笑い，一緒に語らう時間が何よりも必要となる。
　このような必要に対応するものの一つとして，農村体験を挙げることができる。農家民宿に宿泊し，春には山菜採りや野菜の植え付け，夏には小川での魚とりや山歩き，秋には稲刈りやイモ掘りなどの農作業体験を，そして冬には雪遊びもできる。親子で一緒になって，石釜を使ったピザづくりやオジャミ遊び等にチャレンジできる。土の暖かさを手で触れて確認し，緑の香りを味わうこともできる。旬の農産物でつくられた料理を子どもたちと一緒に味わってみてはどうだろうか。季節毎の楽しみにふれることのできる１泊２日の魔法の時間，農家のお母さんが，お婆ちゃんが子どもを温かく見守り，必要に応じて体験指導をしてくれる。
　なお，旅行事業者等がグリーン・ツーリズムに関与する場合，留意すべきポイントは，体験内容に柔軟性を持たせることである。当該旅行の魅力と趣旨を，すなわち受け入れ農家のお母さんやお父さんとの交流にこそ味わいがあることを利用者に丁寧に説明することが大切である。単なる特定体験の販売に矮小化することは適当でない。芋掘り体験も雨が降っては実現しない。利用者のお目当てが天候によって左右されたとしても，熟練の受け入れ農家は別の楽しみを用意しているものである。

◉【ビューポイント　②】
高齢化集落への支援のあり方

秋田に移って，十余年が経過した。敬愛する故山崎光博先生の後任として，大潟村の地で学生教育にあたっている。とはいえ，山崎先生が教育・研究・地域連携の各方面にバランス良く，貢献されていたことを思い出すと，自らの知識・能力の浅薄さを感じるとともに，未だに彼から行動エネルギーを貰っている次第である。

さて，昭和50・60年代，農村における高齢化の問題は西日本で顕在化していたのであるが，平成20年代，その問題は東日本農村の大問題となっている。過疎化・高齢化の荒波に抗して農山村社会を守らなければならない。持続的な展開と住民の暮らしを守る観点から，地元住民と訪問者とのふれあいを意味するグリーン・ツーリズムの定着が不可欠であると考えてきた。そして実態は，農村の想いに応える都市生活者も徐々に拡大し，都市農村の交流が大きな潮流になってきた。

しかし，超高齢化してしまった農山村をみると，新たな農業やニュービジネスの担い手をすでに失ってしまったところも少なくない。そこでは，次世代に向けたコミュニティの保全といった重い課題を立てるのではなく，現在生活されている高齢者自らが楽しめるちょっとした企画の提供や暮らしに彩りを添える協働が重要になっていることを痛感する。今を生きる人々に笑顔を届けることが農村づくりのポイントである。

農山村社会の維持・保全に向けた，従来から指摘されたテーマをみれば，農山村資源の発掘・開発，多様な販売ルートの開拓と都市消費者との連携，農村的ライフスタイルの魅力発信，訪問者との交流，高齢者に適した小さな農業などが指摘されてきた。これらは各地域での普及活動等を通して具体化が進みつつも，なお課題のままのケースもある。高齢化が急速に深まる秋田の農山村をみていると，これらのテーマに加え，援農等の市民ボランティアや助け合い精神の再構築，集落間連携ないし地域自治力の形成に向けたアクションを起こさねばならないと感じている。

生活普及に育てられた筆者としては，研究対象を眺め，観察し，考察するという一般的な学的アプローチにはあまり興味はない。農村暮らしの現実態に触れ，共鳴・共感し，仲間となって実践するという普及論的なアプローチが，今こそ強く要請されているのではないだろうか。農山村の高齢者の方々と語らい，個別的な生活課題を抽出し，そして一緒になって考え行動するという方法論を有する日本農村生活学会の存在意義は現代社会においてその重要性をますます強めているのである。

現場に入って感じることは，愚痴を言ったり卑下したりせず，前向きに楽しいことの実践を住民とサポーターが協働して企画・立案することの大切さである。高齢者が増えたから・仕事が忙しいから何もできないと考えがちかも知れないが，そうではなく，一人ではできなくても仲間とだったらできる事柄を考え出し，集落での日々の暮らしに楽しさを探してみてはどうだろうか。高齢者が生涯現役として地域に貢献しやりがいを見つけ出すことが，生きる意欲に繋がるのである。

外部者の貢献も重要である。日本人のふるさとである農山村には魅力的なものがいっぱいあることへの気づきのチャンスは増大している。おばあちゃんの経営する農家民宿に泊まれば，曲がったキュウリを美味しく食すことも，懐かしい手料理を味わうこともできる。星の降る夜を経験することもできる。子ども達に小川での魚とりや土いじりを体験させることもできる。早朝の凜とした静謐にふれることも大きな魅力である。静かな農山村に身を置くことにより，現代の追われる暮らしを相対化させることができるのである。

高齢化集落への行政サイドの支援として，やるべき施策は少なくない。ただ，留意すべきは，従来の行政施策についぞみられた，集落の住民・高齢者を強いるようなことは慎まねばならない。住民の想いに寄り添いながら，今ある暮らしを守るというスタンスが求められるとともに，確かな生業づくりへの支援は欠かせない。

◉【ビューポイント　③】
農村振興（村おこし・地域活性化）

戦後日本の農村は大きな変動の波にさらされてきた。急速な農家兼業化の全国的な広がりは，都市的生活様式の進展を加速化し，農村における従来的なつながりを変化させた。しかしこれ以上の激変が，農村から都市への若い世代を中心とした人口流出である。1960年代から約20年間に及ぶ急激な農村人口の流出は，中山間地域において過疎社会問題を顕在化させたが，それにとどまらず広く農村社会全般の人口構成を偏在化させることになった。

今日，日本農村社会は，「むら」を構成してきた「いえ」の継承さえままならない，少子化・高齢化の深まったコミュニティとなり，部分的には限界集落が出現する事態を迎えている。基幹産業である農業の衰退により地域経済は停滞化し，総じて，「ふるさと」の衰えとでも指摘できそうな状況に立ちいたっている。

●農村振興（村おこし・地域活性化）の推移

人口流出や地域経済の衰退に悩む現実の日本農村に目を向ければ，これまでに農村振興（村おこし・地域活性化）への挑戦が多様な形で企てられてきた。その推移は，およそ次のようである。

初期の農村振興の動きとして指摘できるのは，1970年代後半にみられた「過疎を逆手にとる会」や大山町農協による特産品づくり等の，住民主導の内発的な取り組みである（指田 1984，矢幡 1988）。人口減少という不安に住民が立ち向かう，住民や農協等による，集落や地区を対象とする地域調査データに基づく実践であったが，点的な動きにとどまった。

その後，補助金などの後ろ盾を得つつ，村おこしの取り組みが全国的な広がりをみせるのは，1980年代からである。水先案内の役を果したのは大分県の「一村一品運動」であろう。行政に主導され，農産物の差別化を図り，地域経済振興を目指すものであった。これに連動して，市場開拓的な要素（宅配便による都市への直接販売）を加える形が広がっていく（安達編 1992）。

1980年代後半期に入って，国等による補助事業は都市農村交流イベントにシフトする。全国各地で多様な交流イベントが企図されるこの時期は，全体社会の発展を背景にしたシミュレーション調査などによる自治体範囲の振興策が打ち出されるものであった。

ところが，この頃，内需拡大政策と連動させた形でリゾート法が1987（昭和62）年に成立し，農村はリゾート開発の波に飲み込まれた。しかし，その後のバブル経済の破綻によって，ほとんどが頓挫した。大型リゾートの嵐が去って，1990年後半期から草の根的な地域活性化手法が求められ，地域住民の主導による村おこし活動が目立ってくる。

この期に至って，今日の村おこしの特徴が見出せる。すなわち，生活の場に賦存する地域資源の活用を基本にした，住民の手によるわがコミュニティの再生実践である。地域農産物などの直接販売や，農村体験・農村の癒やし機能を都市住民に提供する，いわゆるグリーン・ツーリズムが徐々に展開されている。ここでは，地域資源発掘調査と都市消費者ニーズ調査などが試みられる。

●村おこしの主体：農村女性・農村高齢者

住民主体による村おこしの取り組みは，行政などを巻き込んだ事業規模の大きな地域開発とは異なり，極端に地域社会を変化させるものではないけれど，住民有志による小さな実践が地域に定着し，蓄積されてきている。主なものとして，農産物の直売や加工活動，そしてグリーン・ツーリズムが指摘できよう。

多くの直売所は農家女性グループ等によって無人直売所からスタートし，その後は一部「道の駅事業」と重なり，今日的な多様な形の直売所にいたっている。これらは新たな販路開拓を意味しており，農産物加工も，ある農産物の裾もの処理とともにその新たな価値づけとみなせる。農家民宿や農家レストラン等のグリーン・ツーリズム的活動は，交流空間としての農村の価値を再確認・再評価を伴い，訪問者という新たなパートナーを増やしながら，徐々に定着してきている。

これらの実践を支えているのは，農村の女性たちであり，農村高齢者も積極的に関わっている。女性や高齢者が村おこしを担う背景を探れば，第一に停滞化している農家経済にあって新たな部門創造，新たな販路開拓，新たな付加価値づけなどを模索せざるを得ない立場に農家女性が置かれていること，第二に旧来的な「いえや夫に従属する女」から抜け出し，自分らしさの追求，いわば個人レベルでの自己実現や自立要求の高まりの顕在化が指摘できる（荒樋 2004，佐藤 2007）。

●農村計画学会の発足

農村振興・村おこしという地域住民による取り組みは，学術・研究領域からもサポートされている。その代表的な一つが農村計画学会（1982（昭和57）年発足）である。

農村計画ないし農村工学という新領域において，住民意向をつかむ社会調査を活用しながら，一方で生活環境整備のような地域空間計画法の開発に挑戦し，他方で住民の自発性を醸成するための集落点検ワークショップや集落ビジョン作成などの研究が拡大しつつある。

［参考文献］
指田志恵子（1984）『過疎を逆手にとる』あけび書房。
矢幡治美（1988）『農協は地域になにができるか』家の光協会。
安達生恒編（1992）『奥会津・山村の選択』ぎょうせい。
荒樋豊（2004）『農村変動と地域活性化』創造社。
佐藤利明（2007）『地域社会形成の社会学』南窓社。

❖【コーヒーブレイク　①】
農村生活普及手法の再評価

〜〜〜

農山村の地域づくりを色鮮やかなものにしているのは，農村女性である。その女性たちの取組をみれば，地域毎に濃淡はあるが，農業改良普及センターの関与が少なくない。生活改良普及員と地元女性たちとの充実した交流が今日の実践の基盤形成に寄与している。

しかし，今日，地域づくりの実践において，第一世代の高齢化が叫ばれ，第二世代の育成が強く求められるにも拘わらず，次世代育成に成功している事例は必ずしも多くない。第一世代を育てた，普及センターにおける生活普及部門は全国的に急速に縮小され，次世代の育成を担うことが困難になっている。今こそ，第一世代を育ててきた生活普及手法というものを改めて見直す必要があるのではないだろうか。次世代を創り出すために。

その手法とは次のようなものである。個々の農家を訪ね歩き，頻繁な交流を介して良き相談相手となり，地域課題に即したグループづくりを図る。そして，多様なアプローチにより農家女性の抱えている諸問題を整理し，学習意欲を高め，目標を設定し，その実践段階でのきめ細やかなアドバイスの提供である。ここで注意を要するのは，この手法の特徴が単なる情報の提供ではなく，相手に寄り添うという行政の姿勢であったことを見落としてはならない。

第Ⅱ編

「子ども双方向交流プロジェクト」の実践

秋田を舞台とした「子ども交流」の可能性を探る

はじめに

1．活動の目的

今日，人口減少や高齢化などにより，農村は衰退の危機に置かれている。農村は，日本国民への食糧供給基地としての役割は継続的に担っており，重要な意義を有している。にもかかわらず，若者は都市へ流出し，農業を支える人口は減少し，高齢化して，脆弱化を深めている。このような現状にあって，農村の意義につき，新たなアプローチがみられつつある。山村留学にみるような教育的機能の評価は，その一つである。都市的生活様式の中に置かれている子ども達にとって，自然豊かな農村を体感し，協同的農作業に関与し，農家民宿などを介した地域住民との直接的ふれあいを経験することは，テキストによる知識の詰め込みではない選択肢として，重要な教育的意義を提供するものではないかとの視点である。

この視点を具体化するために，国及び地方公共団体は動き始めている。平成20年度，秋田県は「秋田発・子ども双方向交流プロジェクト」を独自に立ち上げることにより，国の「子ども農山漁村交流プロジェクト」による農山漁村体験と，農山漁村に住む秋田の子どもたちが都会に出かけ様々な都市体験との両者の遂行を可能とした。

この双方向型の子ども交流は，都市と地方でそれぞれ不足している体験活動を補い合うとともに，異なる環境に暮らす子どもたちの出会いや体験を通した交流により，子どもたちの人間性や社会性の育成，都市と地方の相互理解などをねらいとしている。また，このような取組を経験する中で，体験活動を一丸となって支える学校関係者や地域住民が，交流を通じて自らの地域のよさを再発見し，これらを活かしていこうという気運も高まっていることから，地域の元気づくりへとつなげることを目的とする。

2．活動の主な特徴

「秋田発・子ども双方向交流プロジェクト」のもっとも大きな特徴は，秋田の小学校と首都圏の小学校がペアを組み，子どもたちが互いの地域を行き来し，農村体験や都市体験をする，学校間の双方向交流という点である。それを効果的に実施するために，それぞれの小学校間の調整，それぞれの地域社会の協議等の役割を担うものとして「子どもの輝き応援団」が位置づけられている。

以下に，この「子どもの輝き応援団」がコーディネートした，特徴的な事例を２つ紹介する。それぞれの交流事例については，各行程の詳細を第２章と第３章に，参加者へのアンケート結果を第４章に掲載しているため，ここでは概略を示すにとどめる。

①　秋田県美郷町立千屋小学校と東京都港区立御田小学校の交流

双方向の一つ目は，秋田での交流として，御田小学校の児童が千屋小学校を２泊３日で訪問するものである。活動内容をみれば，雄大な仙北平野を見渡せる大台山での登山やせせらぎ水路での魚のつかみ取り，昆虫採集，農作業体験，地域ボランティアの協力による環境学習（千屋地域の湧水に棲息する絶滅危惧種「イバラトミヨ」の保全活動）や両校の児童が考えた創作花火の打ち上げ，秋田の方言による昔語り体験等が用意されている。多様な体験の中で両校の子どもたちは楽しさや感動を共有しあった。

また，御田小児童が３～４人のグループに分かれて千屋小児童宅16軒に民泊し，本当の家族の一員のようにおじいちゃんおばあちゃんと語り合ったり，受入宅の裏山で泥んこになって遊んだり，自宅の畑での野菜を収穫しそれを丸かじりしたりと農村の生活ありのままを体験した。

双方向のもう一つは，東京での交流として，千屋小児童の２泊３日の東京の御田小学校を訪問するものである。この訪問体験では，御田小周辺地域の散策（御田小児童・保護者の案内），東京で暮らす千屋小出身の大先輩による「ようこそ後輩，講演会」，御田小の屋上プール（秋田では到底考えられない）での子ども交流，増上寺での宿泊や早朝の座禅等，秋田ではできない貴重な体験をおこなった。ホームステイ先の高層マンションの屋上から見る東京の夜景に秋田の子どもたちは歓声を上げ，ホームステイ先の家族との交流では，秋田ではほとんど見られなくなった銭湯に出かけるなど，都会の生活を体験した。体験前後のアンケートによると，体験前は秋田の子どもたちにとって「都会は便利で楽しいところ」というイメージが大半であったが，体験後には「東京の生活の苦労や大変さがわかった」「秋田のいいところがわかった」など，相互で活動することによって「比較の目」が養われるとともに，自分の暮らすふるさとへの新たな気づきもみられた。

ちなみに，この千屋小学校と御田小学校の交流はそれぞれのPTAのバックアップによって33年間も継続されているのであるが，今回の「子どもの輝き応援団」との連携により，参加児童数の拡大や体験メニューの拡充が図られていた。

② 秋田県鹿角市の３小学校連合と東京都葛飾区四ツ木小学校の交流

四ツ木小学校の児童を夏季に鹿角市に受け入れ，秋田の自然を活用した，秋田らしい体験活動をおこなった。受け入れをするのは，大湯小学校と草木小学校，そして平元小学校である。児童規模の関係から，３校連合の形をとった。

四ツ木小の秋田訪問では，迎える会，農家のお母さんらとの顔合わせ，農家民宿の体験，各種野菜類に関する農作業体験，花輪ばやしという伝統行事への参画，小規模な秋田の小学校紹介などがメニューとして用意されている。子どもたちにとって初めての体験ばかりで忘れられない思い出となったようだ。また，地域の代表的な伝統食である「きりたんぽ」づくり体験では，作業場の各所で黄色い声が上がり，楽しい時間を持つことができた。この３日間を通じて，訪問者の東京の児童とホスト役を担う秋田の児童がチームになって交流を進め，最終日のお別れ会では，涙で再会を誓う姿がみられた。

もう一方の交流である，秋田から東京への訪問は，11月に実施されている。主なメニューは，ごはんミュージアム見学，キッザニアでの職業体験，フジテレビ見学，先輩訪問という形でのNHK訪問などである。鹿角の３つの小学校の児童は，夏の秋田訪問で友人となった四ツ木小の児童に再会し，さまざまな体験を一緒におこなっている。

本東京訪問の特徴の一つは，先輩訪問という形で地元出身のアナウンサーと出会い，職業などについて学ぶ点であった。これに連動する形で，キッザニアの各種の職業体験が位置づけられていた。さらには，都会に張り巡らされている地下鉄を含む電車網への挑戦（パスモなどの使用体験）もあった。

この２つの事例報告で紹介した，両地域でのホームステイによる生活体験や農作物の追跡体験は，両校の学校関係者のみならず地域の関係者のサポートがなければ成り立たない。「子どもの輝き応援団」が裏方の役を果たし，各学校のサポーター組織・グループとの調整を図ることにより，上にみたような取組が遂行されたのである。ちなみに，千屋小学校では地域で交流を支え，盛り上げようと平成21年に地元有志により「松並木の会」が設立された。東京サイドでは，御田小学校のPTA的存在である交流促進グループが形成されており，もう一つの鹿角と四ツ木小学校との間でも持続的交流を支える保護者グループづくりが検討されている。

３．本取組から導き出される効果

双方向型の子ども交流の成果及び波及効果を押さえておく。以下の第２章・第３章・第４章・第５章に示した分析を通して，大きく分けて，次の６つが成果及び波及効果として挙げられる。第１は子ども達に与える教育的効果の確かさである。第２は双方向交流を支える学校教師・保護者・地域住民に及ぼす効果である。第３は交流の受入れ先である地域への効果であり，第４は首都圏在住の秋田県出身者に与えるふるさとの再認識に関する効果である。第５は県内の大学生や高校生に対する効果であり，第６は経済効果である。

以下に箇条書きであるが整理してみる。

① 子ども達に与える効果

・豊かな人間性や社会性の育成とともに，地方の子どもたちに不足気味な積極性やコミュニケーション能力を向上させる
・家族の絆や，高齢者の持つ知恵や技術の豊かさが再確認できる
・食の安全や大切さ，働くことの尊さや充実感を体得できる

・都市と農村の役割やつながりを実感，自分の暮らす地域を見直すきっかけとなる

② 学校教師・保護者・地域住民に及ぼす効果

・先生，保護者，地域住民の一体感が生まれ，地域全体で子どもを育てる意識醸成が促進される

・子どもの交流が，学校間交流，地域間交流に発展

※「子どもの輝き応援団」や秋田の小学校校長などが首都圏校に呼びかけ，独自に双方向交流を実現させた事例が生まれている。そしてその交流が縁で，都内の地域の秋まつりで，秋田県鳥海地域の物産展が開催され，体験交流のパネル紹介や秋田農産物の直接販売などの形で反響を呼んでいる。

③ 交流の受入地域に関する効果

・農林漁業の価値や農村の持つ教育力の高さを再認識できる

・高齢者のやりがいや生きがいにつながる

・将来的なグリーン・ツーリズムへの発展の可能性が生まれる（農家民宿開業者の増加，交流後に子どもの家族が再び来県するケースも）

・失われつつある地域固有の伝統文化や知恵を守り続けていく気運の高まりがみられる

④ 首都圏在住の秋田県出身者に関する効果

・県出身者の豊富な経験やネットワークにより，体験プログラムがより充実するようサポートが促される（秋田出身のアナウンサー，科学者，新聞社社員，スポーツ関係者等の協力）

・ふるさと秋田にエールをおくる機会，ふるさとのつながりを再び深めるきっかけが生まれる

※首都圏に住む秋田県出身の若者が，前述の物産展の手伝いや，都市体験の案内役のサポーターとして活躍してくれた事例もある。

⑤ 県内の大学生や高校生に対する効果

・県内の大学生や高校生の，交流活動への連携（各種体験のサポート役としての関与）

・学生・生徒にとっては，秋田の農業・農村についての理解の促進，そして子ども達を指導する経験の機会が生まれる

⑥　経済的な効果

・秋田県産の農作物への着目とニーズの向上，新たな物流チャネルが創出される

※交流が縁で，都内小学校の学校給食に秋田米を使用しているケースや保護者が交流先の農家からまとまってお米を購入するケースもある。

「子どもの輝き応援団」による子ども交流の推進により，平成22年度は全県市町村の約半数に当たる12市町村において首都圏校の受入を検討するなど，取組が全県に広がりつつある。子どもたちの都市と農村の双方向交流を通して，農山村に暮らす子どもたちが，都会に住む子どもたちに，農村の持つ豊かでかけがいのない自然環境や伝統文化，知恵や技術などを自ら発信すること，そしてお互いの子どもたちが絆を深めながら「都市と農村がつながっていること」を実感しあうことの重要性を確認することができるのである。

第1章
子ども交流プロジェクトの概要と意義

第1節　国と秋田県の「子ども農山漁村交流プロジェクト」

1．国による「子ども農山漁村交流プロジェクト」の特徴

「子ども農山漁村交流プロジェクト」は，平成19年6月に「都市と農山漁村の共生・対流に関するプロジェクトチーム」が打ち出した新たな政策であり，農林水産省，総務省，文部科学省の3省連携によるプロジェクトである。平成20年度から5年間にわたって先行的なモデルを作り，試行するものである。その後，全国の小学校に適用・普及することが目指される。小学校の1学年程度の児童を対象にした農山漁村での1週間程度の長期宿泊体験活動の推進を内容（その後，期間は短くなっている）としている。

このプロジェクトの特徴は，児童が滞在期間中に，農林漁家での生活・宿泊を体験することであり，児童は少人数で農林漁家に宿泊し，“ふるさと”のような雰囲気のなかで，農林漁家の人々と話したり，教えていただいたりしながら，さまざまな体験活動をおこなう点にある。参加する児童が我が家から離れ，自然豊かな農山漁村に宿泊し，団体行動や農林漁村の人々との交流や農林漁家での生活体験や自然体験等を経験することは，児童にとって，ものの見方や考え方，感じ方を深め，学ぶ意欲や自立心，思いやりの心，規範意識などを育むといった力強い成長を促すものとなることが期待される。

このプロジェクトの推進に向けて，総務省においては，受入地域の体制整備，小学校活動，都道府県協議会活動を支援する特別交付税の交付等を担い，文部科学省においては，全国約2万3千校（1学年の約120万人）の学校（児童）の参加を目指して，小学校を対象にした農山漁村・長期宿泊体験活動の普及をおこない，そして農林水産省においては，児童に魅力的な体験が提供できるように受入サイドである農山漁村地域の育成に努めるという形で，それぞれが役割を担う。

具体的な取組方針として，次の6つを挙げている。

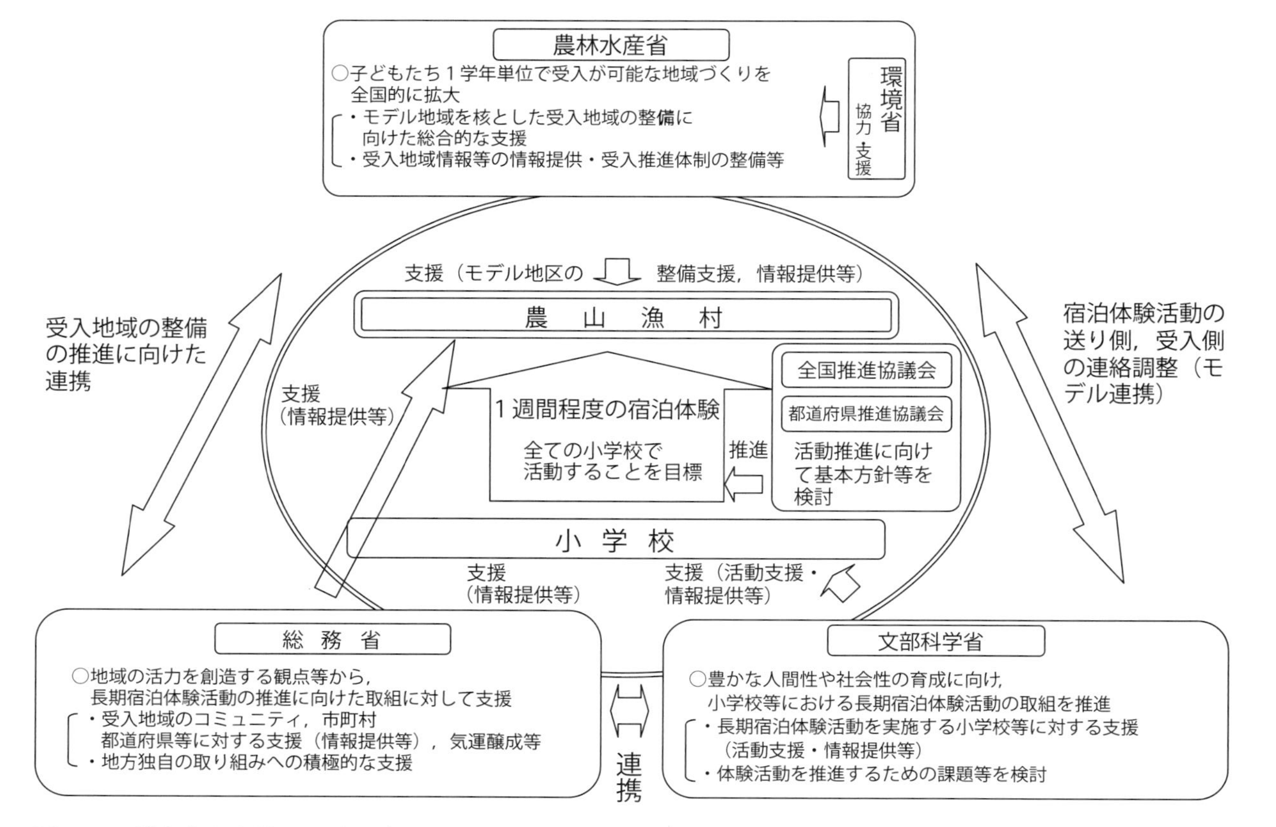

図１　子ども農山漁村交流プロジェクト

第一に，受入モデル地域と連携し，小学生の農山漁村での長期宿泊体験活動をモデル的に実施する（文部科学省）。これを契機に，豊かな人間性や社会性の育成に向けて，小学校における長期宿泊体験活動の取組を進める。

第二に，各都道府県の受入モデル地域を設定し，これらモデル地域でのノウハウの活用等により，全国的に受入地域の拡大を図る（農林水産省）。農林水産省としては，小学校の１学年単位での受入可能な農山漁村の地域づくりを全国に拡大し，受入地域の整備への総合的な支援をおこなう。

第三に，全国推進協議会を設立し，体験活動の推進に向けた基本方針，受入マニュアル等を検討する（農林水産省，文部科学省，総務省）。

第四に，モデル実施で蓄積されたノウハウや受入地域情報等を関係機関に提供し，情報の共有化を図る（農林水産省，文部科学省，総務省）。

第五に，地方セミナーの開催等により，情報提供及び国民各層を通じた気運醸成を図るとともに，地域リーダーの養成を図る（農林水産省，総務省）。

第六に，活動体験の推進に向けた都道府県，市町村独自の取組に対して積極的な支援をおこなう（総務省）。総務省として，地域の活力を創造するとの観点にたって，長期宿泊体験活動の推進を支援する。

モデル地域の選定基準としては，次の６つである。①宿泊体験の受入をおこなう農林漁家をはじめ，地域の市町村，農林漁業関係団体，NPO 法人等によって受入地域協議会が設立，又は設立が見込まれ，多くの機関・人材の参加により地域一体となって子ども達の受入が可能であること。②地域として１週間程度（後に，数泊でも OK）の小学校１学年規模での長期宿泊体験活動の受入が可能であり，事業期間中に具体的な受入活動の実施が見込まれること。③農林漁家や農林漁家民宿に１泊以上宿泊し，農林漁家の生活を体験することが小学校１学年規模で実施可能であること。④学校との連絡調整の窓口機関（事務局，地域コーディネーター等）を有し，年間（概ね６ヶ月以上）を通じて，必要数のインストラクター等が確保され，複数の小学校の長期宿泊体験活動の受入が可能であること。⑤安全管理に関するマニュアルを作成し，研修を行うとともに，緊急連絡体制の整備や各種賠償責任保険への加入など長期宿泊体験活動を実施する上で十分な安全対策が講じられること。⑥都道府県における受入体制整備の核になると見込まれる地域として各都道府県から推薦があること。

以上が挙げられている。

２．秋田県による「秋田発・双方向子ども交流プロジェクト」の特徴

国による「子ども農山漁村交流プロジェクト」のモデル地域を選定するための要件として，１週間程度（原則４泊５日以上）の受入が可能であり，宿泊には，最低１泊は農林漁家（民泊）あるいは農林漁家民宿を含むものであり，文部科学省・農林水産省の補助金等による支援が用意されている。

これを受けて，国の「農山漁村子ども交流」をより充実させるとともに，秋田という地方社会で育つ子ども達にも有益な刺激を与えるために，秋田県独自の取組，すなわち「秋田発・子ども双方向交流プロジェクト」を起ちあげ，その推進を図ることにした。

この「秋田発・子ども双方向交流プロジェクト」の目的は，「都市や農山漁村での多様な体験活動や学校間交流等をおこない，子ども達の豊かな人間性や社会性を育むとともに，地域の魅力の再発見等により元気な秋田づくりを進める」というものである。小学生児童への体験の提供という意味では基本的に国の事業と重なるものであるが，しかし特徴的な違いも同時に指摘できる。それは，第一に，農山漁村への体験に必ずしも限らず，子ども達の都市体験を視野

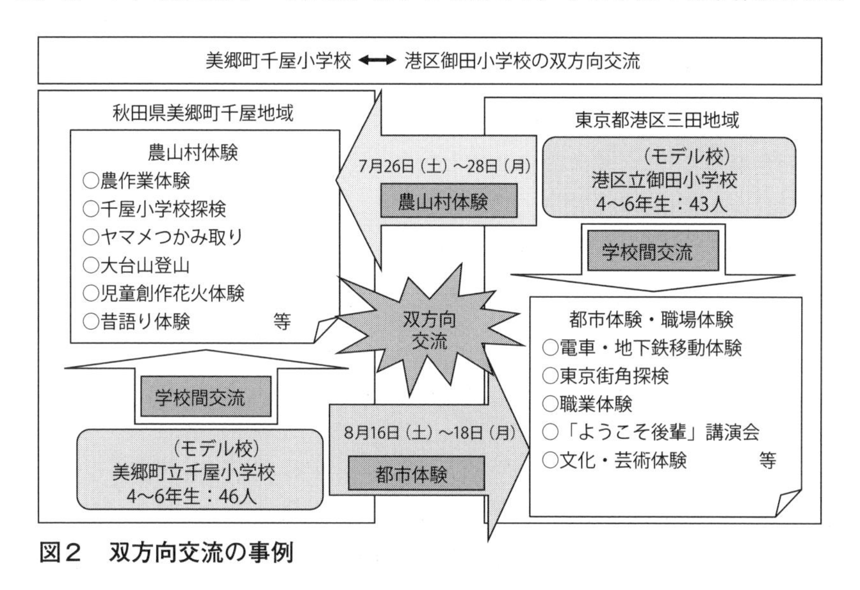

図２　双方向交流の事例

にいれていること，いわば非日常的な異質空間での体験に重点を置いていることであり，第二に，タイトルにみるように「双方向」という小学校間の相互関係に配慮していることである。

「秋田発・子ども双方向交流プロジェクト」には，いくつかの事例が存する。その一つにつき，概要を前頁に図示している。

第2節　「体験」の教育的意義と体験メニューの枠組み

「秋田発·子ども双方向交流プロジェクト」を正確に把握するため，そのバックボーンとして位置づけられる「体験」の教育的意義や体験メニューの枠組みを押さえておきたい。

今日の小・中学校において，「『人間力』の向上を図る」という教育目標が掲げられ，「言葉や体験などの学習や生活の基礎づくりの重視」が指摘されている(1)。ここに示された「人間力」とは，従来から続けられてきた，机上での知識の詰め込みに対する一定の反省を背景にしている。児童・生徒が実生活において多面的に感じとる感受性等の能力の育成を前提にして，体系的な知識・情報が活きてくるとの認識が生まれているのである。

1．活用型教育・探究型教育

学校現場において，習得型教育から活用型教育や探求型教育が求められている。習得型教育とは，いわば基礎的な知識・技能の育成を意味するものであり，活用型教育や探究型教育とは，自らが学び自らが考える力の育成といえる(2)。これを具体化するには，学習内容を児童の実生活と意識的に関係づけるために，発達段階に応じた自然・社会・文化体験等の機会を設定することである。

一つには，年齢や成長に即して子ども達の感じとりやすい体験を提供することである。動植物とのふれあいを通した自然の不思議を感じる体験，生活場面での科学技術の普及が便利さを提供していることの再確認という体験，さらには現代の子ども達にとって意外に希薄化しつつある他者との社会関係の面白さ・あたたかさの体験などは，適合的なものといえよう。

二つには，児童・生徒への体験の提供が単に体験の場の提供を意味するものではないという点に関わるポイントである。体験によって子ども達が感じとる実感を増幅させながら，その意義や意味を言葉によってある場合には解説し，ある場合には見守りながら子ども達の納得に導くことが実は何よりも重要である。

体験学習は，子ども達自身が感じとるものであることから，評価に関係するような，いわゆる「見える学力としての形式知」を確認することは容易でない。形式的な理解に対して，体験という教育方法は，多様な知識・技能などの身体的な理解を追究しようとするものであり，さまざまな知識・技能の身体化や子ども達が感じとった感性や想像力を言葉や歌・絵・身体等によって表現することが重要となる。

２．教育にとっての体験

児童にとって，教室での勉強とは異なる「体験」はどのような形で受け止められるのかについて考えてみたい。体験といっても多様なものが想定できるが，ここでは自然体験，社会体験，職場体験，文化体験，そして異空間体験を想定しておきたい。これらのうち，ある一つの体験を受け取る児童にとって，児童毎にその受け止め方は個性的であり，多様である。また，体験というのは人々の生活の一断面であることから，生活と密着しており，親近感があり現実的である。加えて，情緒的でもあり，全人格的である。このような特性を持つ体験に児童が接するということは，子ども達が自らの諸感覚を使って体験の世界に自らを投げ込み，諸感覚を揺り動かすことを意味している。そして，子ども自らが今経験している体験内容に固有の意味を発見することである。

教育にとっての体験の提供は，その体験内容を自分なりの学習としての価値や意味，そしてかかわり方を見いだすという学びのプロセスに子ども達を導けるかどうかがポイントとなる。体験学習には，特定の体験内容それ自体を学ぶということもあるが，多くの場合特定の体験を契機として，その内容に対して子ども達が心の中で，何かを感じ，何かを気づき，何らかの疑問を抱き，それに問いかけることが重要である。この内在的な実感や疑問に対して，ある時には仲間と一緒に，ある時には一人でそれを客観的に観察し，仲間との話し合いや発表等の一連のプロセスを介して，それを顕在化させ，何を知ることになったのかを整理することである。体験内容の社会的・文化的な意味や意義を自覚化するだけでなく，子ども達の心の中に自分にとって固有の意味を発見し，自分にとって固有の意味を明確にしていく過程が，体験学習のもつ特有な意味であり，いわゆる「人間力」を体得することに繋がると考えられる。

3．体験が導く「自己を見る眼」，「社会を見る眼」

文部科学省が提唱している「人間力」は，児島邦宏(3)によれば，３つの側面を持つものとして理解されている。すなわち，第１に，現実に生きている大人の世界を見つつ，「主体性・自律性」といった世の中と関わっている人に焦点をあてた側面であり，第２に，「自己と他者との関係」といった人と人との関わり方や人間関係の形成に焦点をあてた側面であり，そして第３に，「個人と社会との関係」といった広く個人が社会とどう関わり生きていくかという側面である。

このような認識に基づけば，第１からは「自己を見る眼」，第２と第３からは「社会を見る眼」を育てることの重要性が浮かび上がる。双方向交流体験の場面において，どのようにこれらの方向に導くかが枢要点といえよう。

4．双方向交流が目指すテーマ

双方向子ども交流を企画立案，そして実施するとき，さまざまな体験を通して子ども達が「自己を見る眼」を養い，「社会を見る眼」を育むために，どのような具体的テーマを掲げるべきであろうか。

表１にみるように，６つのテーマと１つの受け入れ手法を示したい。社会を見る眼の育成の観点から，交流活動に参加する児童が各種の体験をする中で，それが「知的関心の向上」に繋がり，時には「生活感覚の体得」や「社会性の醸成」，あるいは「行動力の向上」を図るというねらいを持って企画することが大切であろう。

また，上にもみたように，体験学習は感性を育むことに特徴のある学習であることを踏まえ，自己を見る眼を育むという観点から，「人間性の醸成」「感覚の洗練化」をも視野に入れることが求められる。なお，これらのテーマの児童の心の中への定着は，指導者による教育方法に加え，生活体験に内在化してい

表1　双方向交流の目指すテーマ

1．知的関心の向上			
・好奇心	・学ぶ意欲	・発見	・植物の不思議
・動物の不思議	・自然への畏敬	・森の不思議	・比較の眼（相対化力）
・人間の営みの不思議	・事物の歴史性	・都市の魅力	・機能性
・効率性	・利便性	・唯一性	
2．人間性の醸成			
・自立心	・思いやりの心	・優しさ	・慈しみ（惻隠の情）
・協調性	・責任感	・感謝の心	・ふるさとへの愛着
3．社会性の醸成			
・相互理解能力	・コミュニケーション能力	・社会規範の遵守	
4．行動力の向上			
・活動への主体性	・奉仕の大切さ	・個性の表出	・目標の自己設定
・挑戦する心			
5．感覚の洗練化			
・味覚の先鋭化	・五感の先鋭化	・感動する心	
6．生活感覚の体得			
・食の生活技術	・暮らしの知恵	・勤労の大切さ	・産業への理解
・職業への興味	・熟練者の技術	・食の大切さ（命を食する）	
7．癒しの享受（各種のアイスブレーキング手法）			
・農家のおばさんとの対話	・ゴツゴツした手による指導	・語り（昔話等）と交流	
・湯気の立つ夕餉	・食の好き嫌いを許さない生活指導	・親切なもてなし	

る各種の「癒し」に触れることにより促されると考えられる。

5．双方向交流にみる体験のパーツ

教育的意義，目指すべきテーマを構想した後，具体的な交流活動の企画立案，実施を視野に置いて，各種の体験のパーツ（メニューを構成する部分）を想定しなければならない。双方向交流の場合，都市サイドの子ども達の農村受け入れにおける各種活動内容の特定とあわせて，農村サイドの子ども達の都市訪問における体験メニューを検討することになる。一つの事例として，**表2**にそれらを示している。

農村での体験においては，農作業にかかわる活動がまず想定される。「田植えや米の収穫」，「各種野菜の植付けや収穫」である。また，自然豊かな環境の中での「川遊び（魚とり，水遊び）」や「山登り（花の観察など）」，「道端での遊び」，「社寺境内での遊び」，「春の山菜採り」，「秋の果実とり」が考えられよう。農作業に欠かせない「軽トラの荷台乗車」も子どもにとって経験できない貴重な体験である（もちろん公道での乗車は禁止されているが）。その他に，「庭先

表２ 体験パーツのいろいろ

①農村体験	◇具体的なパーツ		
	1．田植えや米の収穫	2．各種野菜の植付や収穫	3．川遊び（魚とり，水遊び）
	4．山登り（花の観察）	5．道端での遊び	6．社寺境内での遊び
	7．春の山菜採り	8．秋の果実とり	9．軽トラの荷台乗車
	10．庭先バーベキュー	11．地域伝統行事への参加	12．地域のお祭りへの参加
	13．農家の家族行事	14．田舎の運動会への参加	15．ナベッコ遠足
	16．ババヘラアイス	17．大曲花火大会	18．ホタル狩り
	19．サイクリング	20．伝統料理づくり	21．酒・醤油・味噌
	22．地域ふるさと教育	23．夜空・星座の鑑賞会	
	◇意味づけの例示		
	○風景	→美しい空気・綺麗な水	
	○多種多様な田舎の遊び	→創造性	
	○旬の食べ物	→自然の恵み	
	○地域行事の多さ	→地域文化の集積	
②都市体験	◇具体的なパーツ		
	1．都市景観	2．商店街（繁華街）	3．地下鉄　4．地下街
	5．デパートの屋上緑地	6．学生街	7．満員電車　8．スイカで乗車
	9．宣伝・公告パネル	10．国会議事堂　11．諸大使館	12．臨海部コンビナート
	13．町工場	14．銭湯（お風呂屋さん）	15．意外に小さい小学校
	16．ポケモンセンター	17．ディズニーランド	18．太田市場（農産物）
	19．築地市場（海産物）	20．総合大学	21．ファッション基地：原宿
	22．摩天楼：新都心	23．高層マンション	
	◇意味づけの例示		
	○夜の風景	→休まない街	
	○交通網の充実	→便利なところ	
	○唯一の施設	→大切なところ	
	○人間の多さ	→会社の集中	

でのバーベキュー」，「地域伝統行事への参加」，「地域のお祭りへの参加」，「農家の家族行事」，「田舎の運動会への参加」，「学校行事：ナベッコ遠足」（秋田の小学生が必ず経験する遠足），「ババヘラアイス」（秋田県内で一般的な道路脇でのアイスキャンディの露天販売），「大曲の花火大会」（毎年夏に開催される，有名な花火の全国大会），「ホタル狩り」，「サイクリング」，「伝統料理づくり」，「酒蔵・醤油屋・味噌屋」，「地域ふるさと教育」，「夜空・星座の鑑賞会」などが挙げられる。

これらの体験を通して，子ども達は自由に何かを感じとることができればそれで良いのであるが，学習であることから，体験の意味づけを示すことも重要である。農村の風景は，美しい空気・綺麗な水との結びつきが考えられる。多種多様な田舎の遊びは子ども達に創造への興味を，旬の食べ物は自然の恵みへの感謝の念に，それぞれ導くだろう。さらに，地域行事の多様さは地域文化の集積を確認することに繋がる。

他方，都会体験の体験内容は**表２**のようである。すなわち「都市景観」，「商店街（繁華街）」，「地下鉄」，「地下街」，「デパートの屋上緑地」，「学生街」，「満員電車」などがイメージされる。改札口での「スイカ（IC 乗車券）」を利用した電車体験は，農村サイドの子どもにとって異文化体験である。街に溢れる「宣伝・公告パネル」もある。首都圏の特徴的な建物として「国会議事堂」，「諸大使館」，「臨海部コンビナート」，「町工場」がある。最近は減少傾向にあるが，「銭湯（お風呂屋さん）」も興味の対象となろう。「意外に小さい小学校」に子どもは驚く。「ポケモンセンター」，「ディズニーランド」，「太田市場（農産物）」，「築地市場（海産物）」，「総合大学」，「ファッション基地：原宿」，「摩天楼：新都心」，「高層マンション」なども挙げられる。

これらへの意味づけもあらかじめ想定しておく必要がある。都会の夜の風景はネオンなどによって光り輝き，「休まない街」を象徴している。交通網の充実は便利さの一指標であり，唯一の施設の存在は都市の意義を示すことになる。人間の多さに触れ，会社の集中を感じることもできよう。

[注]

（１）中央教育審議会教育課程部会（2006）「審議会経過報告」平成18年２月13日
（２）中央教育審議会答申（2005）「新しい時代の義務教育を創造する」平成17年10月
（３）児島邦宏（2007）「人間力と「体験」」佐藤真編『体験学習・体験活動の効果的な進め方』教育開発研究所

第2章
双方向交流：千屋小学校と御田小学校の実践

第1節　港区立御田小の児童による秋田農村体験

日　　時：7月26日（土）～7月28日（月）

参加児童：御田小学校児童43人，千屋小学校児童33人

日にち	日程　　　　＊は両校合同での活動	
7月26日（土）	○迎える会	＊
	○ヤマメのつかみ取り	
	○ブルーベリーの摘み取り	
	○秋田の昔っこを聞く会	
7月27日（日）	○大台山登山	＊
	○農作業体験	＊
	○自然環境学習	＊
	○伝統文化体験（児童創作花火の打ち上げ）	＊
	○ボンファイヤー・きもだめし・線香花火	＊
7月28日（月）	○千屋小学校探索	＊
	○虫取り	＊
	○野菜収穫パーティー	＊
	○お別れの会	＊

1．美郷町訪問の初日

1）迎える会

御田小学校の受け入れが始まる。両校との関係は，本プロジェクトで組織されたものではない。両校のPTAを担い手として，32年前から進められた交流であり，その取組に今回のその交流を重ねたものである。今回は，児童，先生，保護者約130名の参加のもと，この長期の交流の節目に創作された交流の歌「絆」を全員で歌うことから，迎える会がスタートした。

千屋小の児童代表が「豊かな自然を満喫し，楽しんでいってください」とあいさつで始まった。初めは緊張気味だった両校児童も，その場でチームを編成

秋田の千屋小学校にバス到着

迎える会（千屋小学校にて）

緊張しながらの名刺交換

受入農家と対面１

受入農家と対面２

し，ゲームや名刺交換（事前に自分の名前や趣味を記した手作り名刺）で，徐々に打ち解けてきた。

２）ヤマメつかみ取り

千屋小学校からバスで10分ほどの場所にある「せせらぎ水路」まで移動し，第一弾の体験交流として，ヤマメやイワナのつかみ取りに挑戦した。御田小児童のほとんどは，生きた魚にさわるのは初めてとあって，最初は少しコワゴワしい感じであったが，直ぐに慣れてきた様子で，水しぶきをあげながら何回もつかみ取りに挑戦していた。捕獲のたびに，歓声が上がっている。

３）ブルーベリーの摘み取り体験

次には，せせらぎ水路から車で移動し，ブルーベリー園に到着した。2 ha

学校近くの河原で，魚とり体験

獲れたよ！

規模の農園である。「自由に収穫して良い，穫れたベリーを食べて良い」との案内を受け，摘み取りを心待ちにしていた何人かの児童は，ブルーベリーの木に向かってダッシュ。児童の大半は，自分で摘み取って食べるのは初めてとのこと。「ゲキウマイ」と歓声を上げる児童も。

ブルーベリーを食べちゃおう

4）民話語り部体験（“秋田の昔っこ”を聞く会）

夕方になり，宿泊場所の町温泉施設「サンアール」に到着した。東京からの児童に対して，訪問先の情報提供の意味もあって，美郷町のPRビデオの鑑賞をする。PTAの方の解説を交えながらの町PRビデオの鑑賞では，雪景色やうさぎとのふれあいの場面に児童から歓声があがった。

そして，地元の「美郷民話の会」の語り部の方から“秋田の昔っこ”を聞いた。秋田弁による“昔っこ”を聞いた児童は，「最初は何を言っているのかさっぱりわからなかったけど，だんだんわかるようになってきた」「聞いていると気持ちがよかった」等の感想が聞かれた。

秋田の昔っこ

２．美郷町訪問の２日目

１）大台山登山

宿泊施設から15分程度の移動で「大台山」に到着。トレッキング体験である。晴天で気温も高く，「しんどい，疲れた」と言う児童も少なくなかったが，全

大台山からの展望

※千屋小学校探訪

昼食後には、登山の疲れをものともせず、御田小学校のラバー校庭の10倍ある校庭に感激しながら元気に遊ぶ御田小児童の姿が印象的であった。

四つ葉のクローバー探しに熱中

草原を走り回る

貝山頂まで登ることができた。登りながら見下ろしてみると，仙北平野の田園風景が広がっている。児童，保護者，先生とも感動している様子が展開する。

登山道の脇の草原でトンボやバッタを追いかける男の子や，道路わきで木イチゴをつみ取る女の子もいた。登山には，秋田大学と秋田県立大学の７人の学生が，体験交流サポーターとして参加し，子どもたちを励ましたり，一緒に遊んだりと活躍した。

その後，千屋小学校に戻る。千屋小学校は，秋田県の小学校の中で最も広い敷地を持っている。小学校の中を探索するだけでも，豊かな自然を体感することができる。

トウモロコシの収穫だ

プルーンの収穫

２）農作業体験

両校児童が８人～10人ずつの５グループに分かれ，町内の８戸の農家で農作業体験を行った。枝豆，とうもろこし，スイカ，ジャガイモ，トマトなどの野菜の収穫や，プルーンの摘み取り作業，枝豆の選別作業などを体験した。

訪問した体験受入農家では，スイカ，トマト，プルーン，トウモロコシ等の収穫体験をおこなっている。体験受入農家の一人である熊谷さんは，「都会の子どもたちに，少しでも田舎のことや環境のことがわかるきっかけになってほしい」と話していた。

なお，農作業体験の受入については，是非やってみたいという農家の方が多いとの

キノコの栽培

スイカの収穫

こと。農作業体験活動を担当したPTAの方は，「子どもたちに色々な種類の農作物の収穫を体験してほしい。そして，より多くの農家に体験に関わってほしい」と話していた。

私の獲ったスイートコーンは絶品

3）自然環境学習

美郷町は，奥羽山脈の伏流水の影響で湧水の豊富な地域である。「シズ」と呼ばれる清水が町のあちこちに湧いている。そのような湧水地帯にしか棲息しないのが，町の魚“イバラトミヨ”である。イバラトミヨは環境省の絶滅危惧種にも指定されており，美郷町では，湧水やイバラトミヨの保全活動を積極的におこなっていることから，まずはそれの観察をしてみた。

採れたてのエダマメは格別の味

今回は，その保全活動が行われている湧水池を訪れ，ボランティアの方に「交流自然体験学習」と称し，自然環境の保全活動について教わった。

貴重なイバラトミオに触ってみた

御田小の児童は，配られたパンフレットを見ながら真剣にボランティアの方の話を聞いていた。また，直接，湧水に手を入れてその冷たさを感じたり，あらかじめボランティアの方が捕まえていてくれたイバラトミヨを何回も手にとって珍しそうに観察していた。

イベラトミヨの棲む清水（シズ）探検

4）伝統文化体験

仙北地域を代表する伝統文化の一つが

美しさを味わう

子ども達がデザインした花火

「花火」。夕食後には，宿泊地に隣接するため池で，両校の児童が参加し花火体験やきもだめしが行われた。千屋小児童が，様々な花火の種類を説明した後，両校児童のカウントダウンにより実際にその花火が打ち上げられた。

また，最後には，両校児童が考えた創作花火が，スライドに映し出された後，打ち上げられた。創作花火は，「こんな花火があったらいいな」という発想のもと，両校の児童数名が10種類ほどの創作花火を事前に描き，地元の花火師さんに相談し制作されたものであった。「今まで見た中で一番感動した花火だった」と話してくれた児童も多かった。

打ち上げ花火を見た後は，班に分かれ，きもだめしや線香花火をおこなった。「以前は夏休み中に大人数で花火などの行事を楽しんだものだが，この頃はこれほどの人数での行事開催も珍しくなった」と，昔を懐かしむ保護者の声も聞かれた。

3．美郷町訪問の最終日

1）虫とり体験

カブトムシ獲り

雨模様の天気だったが，晴れ間をみて千屋小の校庭でカブトムシ採集をおこなった。3日目ということもあって，訪問者の御田小学校の児童が，千屋小学校に馴染めるようになっていた。

御田と千屋の児童がチームになって，虫取りに挑戦。特に男の子には人気で，

アキタコマチのおにぎりづくり

豪華な「野菜パーティ」

一人で何匹も捕まえる子もいた。初めてカブトムシにさわった女の子もいたが，「意外にかわいい」との歓声も聞こえた。

2）野菜パーティー

千屋小学校では，野菜パーティーという，野菜を囲む食事会がしばしば開催される。今回の体験の一つにこの野菜パーティーを取り上げている。枝豆，スイカ，トウモロコシ，アスパラ，シイタケ，ジャガイモなど，昨日の農作業体験で自分で収穫した野菜や保護者の皆さんが持ち寄ってくれた野菜が盛りだくさん。

「子どもたちは，例年よりたくさん食べていたように見えた」と昨年も参加した先生が話していた。「野菜の本来の味があじわえた」との保護者の声も。特に注目されたのは，「うちの子は野菜が苦手で，ほとんど食べたことがない。それなのに，ここでの野菜パーティーでは，平気で，喜んで食べているわが子をみて，驚いた。新鮮さが決め手であったのかも」という東京から同伴してきた母親の言葉であった。

3）お別れの会

お昼が過ぎ，お別れの時がやってきた。御田小児童代表のお別れのあいさつでは，「感動がいっぱいあった」「たくさんの人にふれあえた」「この経験を東京でも活かしたい」という声が聞こえた。また，「千

お別れのご挨拶

屋の友達も８月に東京でいろんなことを知ってほしい。きずなをもっと深めたい」など，しっかりとした感想を述べていた。

千屋小学校の玄関前の見送りでは，バスの窓から出発直前まで握手をする子どもたちの姿が印象的であった。御田小学校の子ども達は，角館駅から新幹線で帰路についた。

帰りのバスをお見送り

第２節　美郷町立千屋小の児童による東京都市体験

日　　時：８月16日（土）～８月18日（月）
参加児童：千屋小学校児童46人，御田小学校児童43人

日にち	日程	＊は両校合同での活動
８月16日（土）	○迎える会	＊
	○ようこそ後輩	＊
	「千屋小学校昭和26年卒　前文京区長　煙山力氏の講演会」	
	○交流会	＊
	○東京地域探訪（５グループ）	＊
	・高層ビル街，大使館街など	
８月17日（日）	○増上寺　早朝座禅体験	＊
	○グループ別体験（５グループ）IC乗車券での移動体験	＊
	・テレビ局，キッザニア，ジブリ美術館，レストラン船など	
８月18日（月）	○御田小学校屋上プール交流	＊
	○お別れの会	＊
	○県アンテナショップ訪問	

1．港区訪問の初日

1）迎える会

迎える会(御田小にて)

7月の秋田での交流と同様，両校の児童，先生，保護者，地域の方々約130名の参加のもと東京都港区の御田小学校において，迎える会がおこなわれた。両校の校長とPTA会長，御田小の代表児童があいさつした。

2）「ようこそ後輩」講演会

「迎える会」に引き続き，千屋小学校を昭和26年に卒業した前文京区長の煙山力さんを講師に，「ようこそ後輩」講演会がおこなわれた。

その後，30年以上の歴史をもつ千屋・御田交流を始めるきっかけをつくった煙山さん（美郷町出身，東京都文京区の元区長）があいさつ。煙山さんは，千屋の出身で，港区に居住した後，自分の子どもたちにふるさと秋田を体験させたいという思いからこの交流を始めたのであった。

煙山さんの講演の要旨

・56年前の千屋小の木造校舎での思い出は絶対忘れない。
・上京当時は，標準語にカルチャーショックを受けた。昔，都市と地方には，言葉の大きな格差があった。
・しかし，今の格差というか，今の違いは「自然や生活環境」の差である。
・今は，豊かな自然やおいしい空気が求められる時代であり，美郷町のすばらしい自然を守っていくことが大事。「自然がいっぱいあるから何もしなくてもいい」のではない。今こそ，自然を守ることが大事。

煙山さん（文京区の元区長）のお話し

・御田小の子どもたちも，千屋のことを“ふるさと”だと思ってほしい。
・北京五輪の金メダルの北島康介さんは，（煙山さんが以前区長をしていた）文京区の小中学校を卒業。北島選手は，小学校の文集に自分はオリンピックで金メダルをとりたいと書いたそうだ。
・自分の希望を持って努力することを忘れないでほしい。
・千屋小の児童も千屋から世界をめざしてほしい。

再会の時間（自己紹介）

３）両校の交流会

グループに分かれ，自己紹介の後，港区の三田地域の三田台町会の方々から，三田名物のだんごと大福のおやつをいただきながら，三田地域に関する話を聞いた。

４）東京街角探訪（三田地域めぐり）

その後，小学校を離れ，近隣の都市住宅地の散策をチーム毎に実施した。通学路を歩いてみたりしている中で，坂道の名称に注目する場面もあった。なんと，幽霊坂という名称に秋田の子ども達は驚いていた。ビルの立ち並ぶ都市環境の中にあって，屋上の緑化施設が整備されていることも説明を受けた。

三田地域めぐり・幽霊坂

御田と千屋の交流ポスター

５）御田小学校の様子

御田小学校の自然環境は，秋田の小学校に比べると決して恵まれたものとは言えないが，小さなスペースや自然エネルギーを活用するなど，環境に関する様々な工夫が感じられた。また，千屋小学校や秋田とのつながりや，都市と農村の交流についてしっかりと学習し，機会あるごとに意識するように心がけていることが感じられた。

宿泊先となった増上寺

2．港区訪問の2日目

1）増上寺宿泊体験

今回の東京での宿泊は，グループ別に半分に分かれ，増上寺とホテルの分宿であった。増上寺は，東京タワーのすぐ近くにある浄土宗の大本山で，徳川家の菩提寺である。

増上寺で座禅

増上寺での宿泊の面白さの一つに，座禅の修行があった。御田小児童も合流し，宿泊の児童たちは，朝6時から本堂で「朝のお勤め」に参加したのである。30分以上の正座は児童たちには結構こたえたようであったが，まったくの未経験は強い思い出になったようだ。最後に，お坊さんから体験に関するお話があった。

レインボーブリッジを歩いてみた

増上寺のお坊さんからのお話

・増上寺の中で何か一つでもいいから自分自身の力で発見してほしい。

・五感をフルに働かせてほしい。すると第六感のようなものが芽生えてくる。

切符の購入

2）地下鉄・電車での移動体験

2日目のメイン・イベントは，東京の主要施設見学である。まず，宿泊先から出発し，電車移動を経験する。東京都内の電車や地下鉄移動には，IC乗車カード「パスモ」を使った。最初は慣れないカードでの自動改札に戸惑っている児童もいたが，2，3回するとすっかり慣れ，カードを使っての乗車券の購入もスムースになっていた。

翌日の18日(月)の朝は，休日明けの月曜とあって，少しラッシュ気味の地下鉄に乗車することになった。車内では余裕の表情だった児童も，乗り降りする時のホームでの混雑には，少し圧倒されていた。

3）グループ別体験

御田小の児童や先生，保護者が，千屋小の児童に体験してほしい5つのコースを設定してくれていた。千屋小学校の児童が，それらから希望のコースを選択するのであるが，この各コースに御田小学校の児童が案内役を担うものであった。事前に両校の参加児童に希望コースを決めてもらい，グループ別に体験をおこなった。

千屋小の児童は，御田小の児童の案内によって都市体験を味わった。人気のあったフジテレビやルミネ the よしもとでは，両校の児童が芸能人さがしに夢中

パスモを使って改札を通過

駅ではエスカレータを利用

電車の乗り継ぎ地下通路

人気のフジテレビ

であった。

コース１：日本科学未来館・フジテレビ・お台場

コース２：レインボーブリッジのウォーキング・レストラン船・お台場

コース３：キッザニア東京・お台場

コース４：ジブリの森美術館・ルミネ the よしもと

コース５：八景島シーパラダイス

自由行動だよ

３．港区訪問の最終日

１）御田小学校屋上プール交流

最終日は，御田小学校に集まり，お別れイベントが開催される。まずは，御田小学校の特徴といえるかもしれない，屋上プール体験である。東京タワーや高層ビル群が一望できる。親しくなった御田小の友たちと一緒になって，千屋小の児童は水浴び体験を楽しんだ。

屋上にプールがあるのは，港区でも２校くらいとのこと。狭いスペースをカバーする工夫もここまでくると圧巻。御田小に到着するまでは疲れた表情だった千屋小児童も，都会を一望できる屋上プールで楽しそうに交流していた。

２）お別れ会

児童代表のあいさつでは，「東京の印象は大変暑く，とても混んでいたこと」

小学校校舎の屋上にあるプール

親しくなった両校の児童たち：水かけっこ

お別れの会（御田小の校長先生）

お別れの会（御田小にて）

「キッザニアで新聞記者の体験をしたのがうれしかった」「東京と秋田の違いを見つけた」などの発言があった。

ホスト校である御田小学校と秋田の千屋小学校とのお別れ会が終わってからも，両校の児童は連絡先のメモの交換などをしばらく続けていた。学校の門を出てからも，御田小の児童は途中まで追いかけて来てくれて，最後まで手を振ってくれた。その姿が千屋小学校の児童の心に刻まれた。

お別れカードの交換：また手紙書くね！

3）秋田県アンテナショップ訪問

東京駅に向かう途中，有楽町の東京交通会館１階にある県アンテナショップ「秋田ふるさと館」を訪問した。

アンテナショップに立ち寄って

秋田商品の陳列

農産物が並ぶ

帰路の新幹線のなか

秋田ふるさと館の担当者から，どのような物が売られているかなどの説明を受けた後，店内を見て回った。美郷町名産の「仁手古サイダー」や「おはよう納豆」が売られているのには子ども達もビックリ。また，美郷町隣の大仙市産の新鮮野菜やお米も売られており，それにも驚いている様子だった。ある児童は，「東京の人って地方に出かけなくても全国の色々なものが買えていいなあ」と笑いながら話していた。

第３章
双方向交流：鹿角市の小学校と四ツ木小学校の実践

第１節　葛飾区立四ツ木小の児童による秋田農村体験

日　　時：８月17日（日）～20日（水）
参加児童：四ツ木小学校（４～６年生）：39人，大湯小学校：23名，草木小学校：３名，平元小学校：20名

日にち	活動内容
８月17日（日）	○乗馬体験 ○開会式（受入農家との顔合わせ） ○農家民泊体験
８月18日（月）	○農業体験等（各受入農家で） ○農家民泊体験
８月19日（火）	○スイートコーン収穫体験 ○べこセンター見学 ○きりたんぽ手作り体験 ○花輪ばやし
８月20日（水）	○学校交流 ○閉会式

本交流活動は，東京の葛飾区立四ツ木小学校39名を秋田に迎える実践である。受け入れ先である秋田県鹿角市は，過疎高齢化が顕著に進む地域であることから，一つの小学校をパートナーにすることを避け，市内の３つの小規模小学校の合同チーム（大湯小学校：23名，草木小学校：３名，平元小学校：20名）として受け入れをおこなった事例である。

１．鹿角市訪問の初日

１）乗馬体験

秋田県の鹿角市内で活動している「鹿角に馬を呼ぶ会」が開催している乗馬

体験に参加させてもらった。東京からの児童の中には，近くで見たり，乗馬したことがある子どもは半数ほどあると言っていたが，全体的にびくびくしながら，馬にさわることができた。

馬に乗った感想は，ほとんどが「面白い」と笑顔で語っていた。馬を引く体験もさせていたが，これは地元の小学６年生（受入農家の一つの家の孫）が補助に付いてくれた。

ポニー牧場

ポニーの乗馬体験

宿泊農家でのバーベキュー体験

２）農家民泊体験

秋田での宿泊先は，12戸の農家の協力を得て，２泊の農家民宿体験の形で実施された。受け入れ人数には違いがあり，例えば，６年生男子４人が一つの農家に宿泊するものもあった。食事については，共通性を図った。夕食はバーベキューである。夕食に使う野菜の一部を子どもたちが畑に取りに行くこともあった。

農家民宿の役を担った農家には，小学校６年生の子どもを持つ農家もあり，ある男の子（孫）の場合，夕食の頃には，何年来もの友達に見えるくらい仲良くなっていた。

２．鹿角市訪問の２日目

１）農業体験等（各々民泊先で）

生まれて初めての農家民宿体験は，農家のお父さんお母さんとの交流を促すとともに，農業との接触を強化することになる。

子どもの声を聴いてみると，「普段と違って，朝早く自然に目覚めた」という子ども。「少し緊張があったけれど，前日の移動の疲れもあって，すぐに寝れたよ」という子どももいた。

それぞれの農家の違いもあって，ブドウの枝の整理，リンゴの葉取り，モモの袋外し，ウシのエサやり，菜種の種まきなどの農業体験を経験する。また，自分たちの食事に供する野菜を畑からとってきたりもしていた。農作業体験の前に，その作業をする意味などを教えてもらい，理解して取り組んでいた。

また，自然の素材を使った手作りの遊び道具（パチンコ）等を教えてもらっているところや，自然の遊び体験（川や十和田湖）のようなことをしているところもあった。1泊した翌日ということもあり，家の人，家の子どもとは打ち解けているようだった。

3．鹿角市訪問の3日目

1）スイートコーン収穫体験，枝豆の莢(サヤ)もぎ

昨日の農家体験に続き，本日も農業体験が継続する。「子どもたちには少しきついのかな」と思っていたが，いえいえそうではない。雨の後でカッパ等を着てぬれながらの作業だったが，やはり収穫は面白いようである。

収穫適期のスイートコーンは，子どもが隠れてしまう程の草丈である。みんな，カゴいっぱいに収穫し，「カゴが重い！」という顔は嬉しそう。また，枝豆もぎでは，体験の提供者（JA 青年部）が，ゲーム性を持たせるなどいろいろ工夫してくれて，子どもたちは飽きることなく作業していた。

2）べこセンター見学

鹿角市にある「べこセンター」の見学。施設管理者から施設の使用目的など（このウシが食用になるという話もあり）の説明後，可愛いウシに乾草を食べさせた。施設に入ると，まず第一声は，「くさいっ！」。ところが，民泊で，酪農家に宿泊していた子どもたちは，「僕はもう慣れちゃったよ」と言っていた。ほかの子ども達も，少しすると，「気にならなくなった」ようで，ほとんどの子どもが牛舎から出たりせずに，ウシに乾草をあげたり，眺めたりしていた。

酪農家に民泊した子どもたちの中には，ウシを初めて目にして，「ウシ怖い

から触らない」と言っていたが，「あの後，触れたよ」とウシに寄り添い，可愛がる姿が見られた。

３）きりたんぽ手作り体験

「秋田の食」といえば，おそらく第一番目に挙げられる料理は，「きりたんぽ」であろう。秋田訪問の子ども達にも，この自慢の郷土料理に接近してもらった。

まずは，作ろう。一人１本ずつの作るための道具がスタンバイ。見た目は，粘土細工でも作るかのよう。指導の人からは，作業を進めながらポイントが説明された。お米を炊いて，こね，そして棒に絡めつける。「手に水を付けすぎるとダメよ」「芯にした木の棒が，隠れるように均等にご飯をつけてね」。子どもたちはそれを聞きながら，初めての作業を楽しんでいる。

お米のくっついた棒を火で焼く。炭火で色がこんがり付くまでは，けっこう時間がかかった。少しずつ転がしたりする必要があるので，離れられず，少し暑い思いをしながらも頑張って作業をしていた。その甲斐があり，きれいに焼き上がると，みんな満足そうな顔。達成感があるようだ。

作ったからには，食すことが大切。お昼は各自の「きりたんぽ」を鍋にした。

４）花輪ばやし

本日の最後の体験イベントは，鹿角市の郷土芸能への接近である。「秋田県３大お祭り」の一つである「花輪ばやし」が長く継承されている。この祭りへの参加であった。お囃子と踊りに分かれて練習をした。

お囃子を受け持つ者は10人。お囃子は鹿角市役所でお囃子をやっている方々に太鼓を教わった。その他の子ども達は全員，踊り手の役を担うことになり，地元の大人から指導を受ける。踊りはやや難しそうに思えたが，子ども達の技の吸収が早く，短時間のわりにはよくできていた。

以上の事前練習を経て，夜には，本番の花輪ばやしに出演した。

４．鹿角市訪問の最終日

１）学校交流会

本会の秋田訪問は，鹿角市の３つの小学校の児童がホスト役を務め，東京の四ツ木小学校の児童をもてなす取組であった。最終日には，大湯小学校の玄関で四ツ木小児童を迎え，交流会の会場である体育館へ移動。

交流会がスタートし，最初は互いの学校紹介と校歌斉唱。それぞれ，マイクを使わなくても体育館に響く，大きい声で発表していた。最終日ということもあって，各種の体験を通じて，都市の子どもと地方の子どもの心は相当に繋がっていた。ドッチボールの試合をやってみる。チームは各校混合。試合が始まると，初顔合わせのチームでも，コンビネーションバッチリ。楽しい，子ども達だけの時間を過ごすことができた。

2）お別れ会

充実したひとときの後，閉会式を迎える。これまでの秋田の田舎体験，農業体験，鹿角の小学校のエスコートが思い浮かび，四ツ木小学校の児童たちが涙ぐむ。その姿を見て，今度は秋田の子ども達が涙する。別のグループでは，次の鹿角への遊び体験の算段をしている子もいた。

このお別れ式には，受け入れをしてくれた農家民宿のお父さんやお母さん，そして，地元案内をしてくれた大人の方々，多くが駆けつけてくれた。「面倒をかけてくれた子どもはなんとも可愛くて，会いに来たよ」「私の担当した子どもの中には，ちょっと内気な子がいたので，心配になり，やってきました」といった声が聞こえた。

バスが出発すると，お互い見えなくなるまで手を振っていた。

今回は，学校間交流の時間は少なかったものの，入口の飾りつけ等の準備で，歓迎されている事を感じられたのではないか。それぞれ学校紹介などの練習を重ねてきた事も，会う時の期待を高まらせたと想像できる。

また，民宿体験は2日もあり，その他の体験でも地元の関係機関が加わり，地域の大人と触れ合う時間は大きかったと思われる。暑かったり雨が降ったり，天候の変化もあったが，外での仕事は天気に左右される事も感じられたのではないか。

第２節　鹿角市立大湯・草木・平元小の児童による東京都市体験

日　　時：11 月 18 日（火）～ 20 日（木）
参加児童：大湯小学校 23 名，草木小学校３名，平元小学校 20 名
四ツ木小学校　４～６年生（120 名程度）

日にち	活動内容
11 月 18 日（火）	○学校交流 ○ごはんミュージアム訪問
11 月 19 日（水）	○職業体験（キッザニア東京） ○フジテレビ見学 ○夜景見学（東京タワー）
11 月 20 日（木）	○先輩訪問（NHK） ○NHK スタジオパーク訪問

１．葛飾区訪問の初日

１）四ツ木駅～四ツ木小学校（徒歩で移動）

四ツ木小学校の PTA の方が，四ツ木駅で出迎えをしていただき，そこから小学校まで周辺の案内や地域の説明をしてくださった。途中，商店街入り口あたりで写真を見せながら，数日前に鹿角から送られてきた農産物を販売しに来た様子を話してくれた（鹿角市の市役所の事業として毎年 11 月頃に販売に来ている）。

東京到着．IC カード（パスモ）で自動改札を通過

学校の近くにある町工場（世界各国の長大橋で採用されているボルトメー

迎えていただいた四ツ木小 PTA の方による街の説明

東京の世話人の方が最寄り駅で迎えてくれた

小学校到着前に下町工場を見学

工場の機械類

カー）にも寄り，社長の案内で中を見せていただいた。葛飾区にはこういった町工場が多いとのこと。自分たちの生活に関係する様々なものが東京の下町の地元で作られていることを肌で感じられた。

2）四ツ木小学校での交流

四ツ木小学校に到着すると，体育館で，想定外のお出迎えのイベント。相手のお出迎え（マーチングバンド，フラワーアーチ）に，鹿角の子ども達は驚き，気持ちが高揚した様子がうかがえる。交流会は２部構成であった。

第１部は，体育館において四ツ木小４～６年生が参加。四ツ木小児童から，四ツ木小に関するクイズや，鹿角での農業体験に関するクイズなどが出題された。鹿角を訪問していない子も鹿角での農業体験に対して，興味を抱いたようであった。

他方，鹿角の３つの小学校からは，それぞれ工夫を凝らした学校紹介がなさ

小学校の紹介

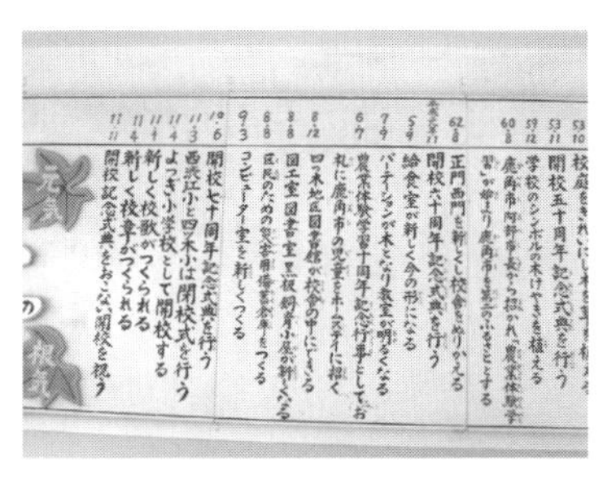

四ツ木小の歩み

鹿角の小学校は組体操を披露

四ツ木小の内部案内

れた。パワーポイントを使用したり，地域オリジナルの歌を披露したり，組み体操を披露したり。３校の子どもも堂々とした態度で発表していた。

そして，参加者全員で「ビリーブ」を合唱。四ツ木小児童から，鹿角の児童へ記念品として，葛飾区四ツ木にある町工場（北星鉛筆）の鉛筆を贈呈。鹿角からは，平元小学校で児童が栽培したリンゴを贈呈した。

第２部は，四ツ木小の児童による秋田の子ども達へのエスコートである。鹿角の児童２人にコーディネータ２名（四ツ木小の児童）のグループを組み，校内を紹介してくれた。校内を歩いていると，いくつかの掲示板や手づくりポスターが貼りだされている。四ツ木小学校の年表には，鹿角での農業体験の経験がしっかり記され，四ツ木小学校の歴史となっていることを，秋田の子ども達は感じ取った。

3）ごはんミュージアム訪問

その後，ごはんミュージアムという施設を訪問した。2グループに分かれ，交代でワークショップ（マナー編）と館内見学をおこなった。ワークショップでは，ハシの持ち方を勉強。その後，ハシでお皿のコルクを移すゲームは，グループ対抗でみんな白熱。館内見学は，箸を使ったゲームやタッチパネルのゲーム，お米ができるまでや世界の食糧事情の展示など，食育につながる内容がたくさんあった。

ごはんミュージアム館の見学

ごはんミュージアムでパネル操作

一連の活動が終了し，ごはんミュージアムから宿舎に向かう途中，皇居外苑から皇居を望遠した。皇居と反対方向に見える大きいビル群の明かりにも，子どもたちは感動したようだ。

2．葛飾区訪問の2日目

食事のマナー

1）職業体験（キッザニア東京）

2日目は，子ども達の楽しみにしている東京での施設訪問が用意されている。キッザニア東京への訪問である。ここでは，各種多様な職業体験を経験することができる。疑似通貨「キッゾ」を得るパビリオンもあれば,「キッゾ」を支払って，サービスをうけるパビリオンもある。

どの職業コーナーも30分～1時間待ちであった。やりたいものにたどり着くには根気が必要であった。自らが作ったものを自分で食べられることからか，食品関係の店が大人気のゆえんである。時間が足りない！　という子どもが多かった。

キッザニアで職業体験

ファーストフード

ハンバーグづくり

旅行代理店

2）フジテレビ見学

もう一つのメインの訪問先は，お台場のフジテレビである。一般に公開されている見学スペースやお土産売り場などを自由行動で，子ども達は目を輝かして，そこここを探索する。見慣れたテレビのキャラクターなどを見つけ出して，リラックスしている児童も少なくない。

大きなビルのテレビ局

フジテレビを見て回ろう

馴染みのあるテレビ番組

エスカレータ

3）東京タワーからの夜景見学

フジテレビの見学を終え，宿所への帰路につく途中，東京タワーに立ち寄った。高い塔から眺める東京の夜景は美しく，大方の子ども達は東京の眺めを楽しんでいた。児童のなかには高い所が苦手な子どもも数名いたが，広い展望台でしばらくすると，外の景色に興味を抱いていた。遠くまで見渡すことができ，大都会の様子と鹿角の街並みとの違いが実感できたのではないだろうか。

東京タワーを登る

都会の夜のジャンクション

3．葛飾区訪問の最終日

1）先輩の職場見学（NHK 谷地アナウンサーからのお話）

最終日の訪問先は，NHK である。大湯小学校出身の谷地健吾アナウンサーに会いに行く。事前に質問を送り，それに答える形でお話しいただいた。ニュースができるまでの流れ，アナウンサーの仕事内容，普段気をつけていることや裏話などとてもわかりやすく，楽しく教えて下さった。子どもたちは，テレビの裏側で働く人々についても知ることができた。

児童へのメッセージを頂いた。『とにかく一生懸命やったことは，将来何かにつながるので，今やっていることを諦めないで続けること。辛いときは仲間に頼り，大事な物は離さない。そうすると，いつか叶うときが来るかもしれないよ』という言葉が印象に残った。

「NHK スタジオパーク訪問」というテレビ番組を見学した。NHK 番組などの展示のほか，アテレコ体験，映像の合成体験などあり，アナウンサー体験のコーナーでは代表１名が挑戦することができた。

本ケースはスケジュールの面でややきつかった所はあるが，児童達にとっては興奮のうちに過ぎ去った２泊３日であった。四ツ木小学校との交流も短い時間ではあったが，大人数の前での発表，初めて会う同年代の人とのコミュニケーションなど，刺激を受けたのではないか。どの児童も積極的に体験に取り組む姿が見られ，もしかしたら普段の学校生活と違う面をお互いに見つけたのではないかと推察される。

第4章
2つの事例にみる交流体験の意義と特徴

秋田県の千屋小学校と東京都御田小学校の交流事例と，秋田県鹿角市の小学校と東京都の四ツ木小学校の交流事例との二つを踏まえ，それらのアンケートデータを整理しながら，双方向交流の特徴を押さえておきたい。

なお，子ども交流に関するアンケートとして，①「児童（事後調査）」，②「引率者（事前調査）」，③「引率者（事後調査）」，④「保護者（事後調査）」の4種類を実施している。以下のデータは，サンプル数が大きくないことから実数表示とする。

秋田訪問については，御田小学校（港区）→千屋小学校（美郷町）と，四ツ木小学校（葛飾区）→鹿角小学校（鹿角市）の事例の2つである。東京訪問は，逆に，千屋小学校→御田小学校，鹿角小学校→四ツ木小学校である。

第1節　都会の子ども達の農村への訪問

1．児童アンケートにみる児童の感想

東京の港区にある御田小学校の児童の圧倒的多数が，秋田の千屋小学校訪問を「楽しかった」と回答し，もう一つの東京の小学校である四ツ木小学校の児童も，鹿角小学校訪問を同様に評価している（**表1**）。

次に，都会の児童が経験した体験メニューを**表2**からみれば，以下の通りである。

御田小学校の児童から「楽しかった」としたものは，「児童創作花火の打ち

表1　秋田の小学校（千屋小，鹿角小）訪問は楽しかったか

S. A.

	御田小学校（n=43）	四ツ木小学校（n=39）
ア　とても楽しかった	38人	37人
イ　少し楽しかった	4人	2人
ウ　あまり楽しくなかった	0人	0人
エ　ぜんぜん楽しくない	0人	0人

表２　楽しかった体験メニューは何でしたか

M. A.

御田小学校（n=43）〈千屋小学校にて〉		四ツ木小学校（n=39）〈鹿角小学校にて〉	
ア　ブルーベリーのつみとり	29	ア　乗馬体験	31
イ　ヤマメ・イワナのつかみどり	25	イ　地元農家での農作業体験	34
ウ　美郷町の歴史と昔語り	15	ウ　地元農家での宿泊	29
エ　大台山の登山体験	20	エ　スイートコーン収穫体験	26
オ　地元農家での農作業体験	30	オ　べこセンター見学	17
カ　児童創作花火の打ち上げ	33	カ　きりたんぽ作り体験	27
キ　きもだめしや線香花火	26	キ　花輪ばやし体験（練習・本番）	30
ク　千屋小学校での学校探検	13	ク　鹿角の小学校との交流	27
ケ　野菜パーティー	21		
コ　カブトムシとり	21		

表３　体験メニュー以外で心に残ったことは何でしたか

M. A.

	御田小学校（n=43）	四ツ木小学校（n=39）
ア　行き帰りの電車から見たけしき	24人	20人
イ　クラスの友達と一緒に寝たこと	31人	22人
ウ　広がる田んぼの風景	21人	21人
エ　秋田のおばさん，おじさんと仲良くなれたこと	8人	29人
オ　ふだんは苦手な食べ物をおいしく食べられたこと	3人	19人
カ　虫やカエルの声がたくさん聞こえたこと	17人	20人
キ　いつもよりたくさんごはんを食べられたこと	9人	14人
ク　相手の小学校のお友達と仲良くなれたこと	38人	22人
ケ　相手の小学校がとても広いこと	29人	11人
コ　その他（　　　　　）	8人	13人

上げ」，「地元農家での農作業体験」，「ブルーベリーのつみとり」，「きもだめしや線香花火」などが多数を占めている。他方，四ツ木小学校では，「地元農家での農作業体験」，「乗馬体験」，「花輪ばやし体験」，「地元農家での宿泊」などが多数を占めている。

次に，「心に残ったことは何か？」についてみる。御田小学校の児童の場合，「相手の小学校のお友達と仲良くなれたこと」，「クラスの友達と一緒に寝たこと」，「相手の小学校がとても広いこと」，「行き帰りの電車から見たけしき」，「広がる田んぼの風景」である。

四ツ木小学校の児童の場合，「秋田のおばさん，おじさんと仲良くなれたこと」が高率であるが，そのほか（「クラスの友達と一緒に寝たこと」，「相手の小学校のお友達と仲良くなれたこと」「虫やカエルの声がたくさん聞こえた」，「行

表４　農村訪問に関する児童の感想（抜粋）

〈御田小〉
・千屋訪問で１番楽しかったことは，虫採りです。大きなカブトムシが採れて良かったです。
・農作業が大変。花火・肝試しなど，東京ではできないことができたからよかった。
・すごく楽しかったから，来年も絶対行きたいです。
・初の秋田で，家族と離れるのも初めてでしたが，秋田の子や友達と一緒にいたので，全然さみしくなかったです。秋田の友達が４人できました。来年も行って，友達をもっとつくりたいです。ありがとうございました。
・いろんな自然と触れ合えてよかったです。それから，ババヘラ（秋田のアイスキャンディ）がおいしかったです。あと，千屋小学校のクラスメートと仲良くなれてよかったです。
〈四ツ木小〉
・今回の秋田旅行では，花輪ばやし，乗馬，農業など，楽しい経験でした。また鹿角に行きたい。
・充実した４日間だった。６年だけど，また来年友達と行きたい。初めての体験ばかりだった。
・日ごろ体験できない農作業体験のジャガイモ掘りや，スイートコーンの収穫と，とても楽しかったです。また機会があれば行きたいです。
・みんなで寝たり，UNO やトランプをしたりして，みんな笑って遊んで楽しかった。トラックの荷台に乗って林に行って，みんなで遊んで楽しかった。
・ジャガイモとか果物の穫りたてを食べると，すごく美味しいし，野菜とか美味しかった。

き帰りの電車から見たけしき」）という回答は御田小と類似である。

次に，**表４**から，都会の子ども達（御田小と四ツ木小の児童）の農村訪問について，彼らからの感想のいくつかを掲げてみよう。

両校を通して言えることは，自然とのふれあい，農作業体験への興味と楽しさ，農村の地域行事への関心といった，東京暮らしでは経験できない各種の，非日常の体験を指摘していることである。そして，もう一つ重要なのは，カウンターパートへの友情・親密さの醸成ができたことを挙げている点である。子ども達の心のなかでパートナーへの信頼と敬意が形成され，本交流活動を印象づけるものになっている。

２．引率者アンケートにみる同伴引率者の感想

次に，引率者に対して，本交流への考えを聞いている。

まず，「秋田訪問が子どもへの教育的効果を生むのか」および「本交流に期待するのか」について尋ねた。その結果を**表５**と**表６**からみれば，御田小と四ツ木小の両校の引率者ともに，「効果がある」であろうと捉えていた。そして，「強く期待する」に集中していた。

次に，「子ども達にどのような影響をもたらすと考えるのか」という問いかけを，事前と事後に調べている（**表７**）。事前段階では，両校ともにおおむね，「見知らぬものに接し，好奇心等の知的関心が高まる」，「農山漁村の仕事への理解

表5　農山漁村体験の教育的効果

S. A.

	御田小学校（n＝９）	四ツ木小学校（n=10）
1．たいへん効果がある	7人	9人
2．ある程度効果がある	1人	1人
3．あまり効果がない	0人	0人
4．全く期待していない	0人	0人
5．わからない	1人	0人

表6　今回の体験が良い影響を与えると期待するか

S. A.

	御田小学校（n＝９）	四ツ木小学校（n=10）
1．強く期待している	8人	10人
2．少し期待している	1人	0人
3．あまり期待していない	0人	0人
4．全く期待していない	0人	0人
5．わからない	0人	0人

表7　児童にどのような影響をもたらすと考えるか

M. A.

	御田小学校 （n＝９） 事前→事後	四ツ木小学校 （n=10） 事前→事後
1．見知らぬものに接し，好奇心等の知的関心が高まる	9人→6人	7人→5人
2．動植物に触れ，思いやりの心が育まれる	5人→3人	7人→8人
3．他地域の児童と接して，相互理解する力が育つ	9人→6人	2人→5人
4．自分の意見が言えるようになる	2人→0人	1人→1人
5．チーム活動により計画的な行動ができるようになる	1人→2人	1人→1人
6．自然の中で五感が研ぎすまされる	8人→4人	4人→3人
7．農山漁村の仕事への理解が深まる	8人→5人	10人→10人
8．異なる地域をみることで，比較の眼が培われる	9人→7人	4人→5人
9．地域とのふれあいにより，感謝の気持ちが生まれる	9人→5人	9人→10人
10．ルールを守ることの大切さが感じられる	4人→3人	4人→3人
11．感動する心が育まれる	8人→7人	9人→9人
12．その他（　　　　）	1人→0人	0人→0人

が深まる」，「異なる地域をみることで，比較の眼が培われる」，「地域とのふれあいにより，感謝の気持ちが生まれる」，「感動する心が育まれる」，「自然の中で五感が研ぎすまされる」との影響として認識されていた。

事後には，「他地域の児童と接して，相互理解する力が育つ」，「異なる地域をみることで，比較の眼が培われる」，「地域とのふれあいにより，感謝の気持ちが生まれる」，「感動する心が育まれる」など，事前段階とは異なる選択肢が選ばれている。

表８　農村訪問に関する引率者の感想（抜粋）

〈御田小〉
・参加する前は，お膳立てされた体験をして「楽しかった」だけの感想しかないのではと思っていたが，そうではなかった。体験活動は，事前から千屋の方々の人との繋がりをフル活用して準備がされ心にくいばかりの演出がありました。単なる体験活動ではなく，人と人との心の交流もできたことに感謝を致します。
・自分自身，初めての秋田だったが，イメージしていた通りの豊かな自然と想像していた以上に，地域の方々の温かさに触れ，とても感動した。
・体験したことで，教育的効果の下地ができたと思います。さらに，この体験をふり返って，それぞれの活動について自分はどうであったか，千屋小の友達・大人の人たちと，どのような関わりをしていたか考える必要があると思います。感謝の気持ちや相手の気持ちを理解する心を育てることの重要性を感じています。
〈四ツ木小〉
・大自然のなかで，のびのびと農作業をする子ども達の姿が印象的でした。とれたての野菜や果物をとても美味しそうに食べ，食に対するイメージも変わりました。また，花輪ばやしという伝統的なお祭りに参加でき，とてもよい思い出になりました。農作業をしたことは成長に大きく影響していると思います。
・東京都で生活している子ども達が，鹿角で全く違う表情を見せており，子ども達のいろいろな顔を見られたことが本当に嬉しかったです。受け入れ農家の方々との心温まる交流を通して，子ども達の心もどんどん豊かになっていく様子がとても見られました。
・多くの児童が「また鹿角に行きたい」と言っています。第二の故郷の誕生を嬉しく思います。鹿角の児童を四ツ木に迎え入れた際にも，同じような，四ツ木ならではの感動を与えられるとよいのですが。

農村訪問を体験した引率者の感想のいくつかを**表８**に掲げている。子ども達と秋田とのふれあいが充実したものであり，教育的効果の下地ができたと考える感想や，教師として・親として日常的に知っている子どものなかに，のびのび作業を楽しむ表情や，内気だけでない別の姿を見出すことができたとの感想が興味深い。

３．保護者アンケートにみる親の感想

秋田訪問を保護者はどのように捉えているのか。**表９**にみるように，「新た

表９　体験活動に対する期待

M. A.

	御田小学校（n＝43）	四ツ木小学校（n＝39）
１．新たな知識や経験の習得という面	28人	35人
２．精神的な成長という面	27人	23人
３．その他	10人	9人

表10　期待の具体的内容（抜粋）

〈新たな知識や経験の習得という面〉
・虫捕りや農作物の収穫・大自然の中に身を置き，自然の空気を感じ，自然の風を感じる。
・自然の多い，初めての土地で，普段できないような農作業・遊びを体験すること。
・お世話になる家庭で，普段では経験できないことを経験できる。全く違う環境のなかで，何か発見や興味など得てほしい。
・普段の生活のなかでは経験できない農業を体験して，食に関することを考えてほしいと思いました。
〈精神的な成長という面〉
・親元を離れることで，自立心や友人達との協調性が生まれてほしい。
・初対面の農家と接することで，大人とのコミュニケーションの取り方を学んでほしかった。
・親と離れて，宿泊・生活するということで，自分で自分のことはするという自覚を持ち，自己責任という意味を知って精神的に成長してくれることを期待していた。
・ホームステイさせていただき，そして，団体生活のなかで，協調性を持ち過ごせるかどうか。生活面において，小さいころから伝えてきた細かなマナーが，東京とは違った環境・文化・風習のなかで，五感で感じ，少しでも視野を広げ，考え，心豊かな大人になれるよう，さまざまな体験のなかで学んでほしい。

表11　保護者からみた体験活動後の子どもの変化

S. A.

	御田小学校（n=43）	四ツ木小学校（n=39）
1．以前よりも，親の言うことを聞くようになった	0人	0人
2．以前よりも，親子の会話が増えた	12人	13人
3．今までとは違うことに興味を持つようになった	10人	8人
4．あいさつなど他人とのコミュニケーションの力が高まった	7人	4人
5．その他	8人	9人
6．特に感じられない	6人	5人

な知識や経験の習得という面」と「精神的な成長という面」の両方への期待が集中していた。

期待の具体的内容について，御田小と四ツ木小の両校の保護者の考えを整理したものが**表10**である。「新たな知識や経験の習得という面」の具体的なイメージをみると，「普段経験できないことを味わってほしい」，「農業や大自然を味わってほしい」，「知らない世界を感じてほしい」，「農作業を通して食べ物の大切さを感じてほしい」といったものが挙げられている。

他方，「精神的な成長という面」では，「秋田の友達との生活」，「自然に対する感謝の気持ち」，「親元を離れることから，友達との協調性，自分のことを自

表 12 農村訪問に関する保護者の感想（抜粋）

〈御田小〉
・たいへん楽しかったようで，帰ってきての開口一番が「来年もまた行く」でした。東京での日常では経験できないことを沢山体験した。３日間で，充実していたことがよくわかりました。
・収穫の経験によって，感謝の気持ちを持って食事をするようになりました。真っ黒に日焼けし，（何かとは言えませんが）大きくなって帰ってきたような気がします。ありがとうございました。
・普段は小さな虫も恐がるのに，向こうでは魚も掴まえられ，虫が恐かったなどとは一言も言いませんでした。「新しくできた友達は○○ちゃんに似ていてとても楽しい子だったよ」とか，「自分たちで穫った野菜は何もつけないでもすごく甘くておいしかったよ」など，楽しい話ばかりでした。「来年も行きたい」との声に，本当に充実していたのだなということを確信しました。今までに体験したことのない新鮮な３日間を過ごさせていただき，感謝しています。

〈四ツ木小〉
・今回は，同学年の女子が少なかったので，なかなか自分の思うようにはできなかったようですが，体験活動自体については満足していたように思えました。自分が経験したことを話す姿は，とても輝いていて，少々興奮ぎみに一生懸命伝えようとしていました。その姿を見るだけで，本当に貴重で良い体験ができたのだと思いました。また，ぜひ参加させてあげたいと思います。
・帰ってから，すごく嬉しそうに今回の体験を話してくれました。受け入れ農家のおばさんに，きりたんぽ，味噌づけたんぽ，菜種油で揚げたポテトチップスを作ってくださり，今まで食べたことのなかで一番美味しかったそうです。スイカ，りんご，ジャガイモ，すもも，くるみ等も，自分たちで収穫させてくださり，乗馬やスイートコーン収穫，東京ではできない体験をたくさんさせてくださって子供は大喜びで報告してくれました。
・何よりもまず，楽しかったようでよかったです。農作業等は良い経験になったようで，ホームステイということが体験できたのは良かったです。ありがとうございました。
・上野駅に帰ってくるなり，涙ぐみながら，楽しかったこと，感動したことなど，家に着くまでずっとしゃべり続けていました。秋田の受け入れ家族との触れ合いが，とても娘にとって感動であったみたいです。あの日以来，今まで気にしていなかった秋田県に興味をもち，常に秋田に行ってみたいと考えるようになりました。

分でする自立の大切さを感じてほしい」などがイメージされている。

秋田訪問を経験したのち，子ども達にどのような変化がみられるのかを尋ねたものが**表 11** である。御田小と四ツ木小の両校ともに，「以前よりも，親子の会話が増えた」，「今までとは違うことに興味を持つようになった」などの変化を指摘する保護者が多い。変化を「特に感じられない」というものは，御田小７人，四ツ木小で６人であった。

秋田の農村訪問について，参加児童の保護者の感想のいくつかを掲げている（**表 12**）。多くの保護者からの感想は，「帰ってきて開口一番「楽しかった。来年も行きたい」」という言葉にみられるように，子どもの変化であったようだ。「食事（農産物）への感謝」，「秋田の友達ができた」，「経験したことを大喜びで私たち親に話してくれる」，「涙ぐみながら，楽しかったこと，感動したことなど，家に着くまでずっとしゃべり続けていました」など，保護者にとってうれしい変化を感じ取っている。

第2節　農村の子ども達の都市への訪問

1．児童アンケートにみる児童の感想

秋田の子ども達の東京訪問についてみてみよう。千屋小学校と鹿角の小学校の児童の回答をみると（**表13**），「とても楽しかった」と「少し楽しかった」という肯定的回答であり，否定的なものは皆無である。

さて次に，**表14**から，秋田の子ども達が経験した都市体験メニューの人気具合が示される。楽しかったメニューをみれば，千屋小学校では，次の通りである。

「グループ別での街場探査の体験」が人気第一位である。その理由をみると，「色々な絶叫マシンに乗ったりプリクラを撮ったりしたから」「御田小学校の人たちと，一緒に遊んだりして，交流を深められたから」，「お台場でメチャイケの海の家に行ったから」の他に，「180畳の部屋で寝たのは，初めてだったので，楽しかったです」「5:30に起きて，座禅を体験できたので楽しかったから」

表13　御田訪問は楽しかったか

S. A.

	千屋小学校（n=46）	鹿角の小学校（n=46）
ア　とても楽しかった	42人	40人
イ　少し楽しかった	4人	6人
ウ　あまり楽しくなかった	0人	0人
エ　ぜんぜん楽しくなかった	0人	0人

表14　体験メニューで楽しかったもの

M. A.

千屋小学校（n=46）〈御田小学校にて〉		鹿角の小学校（n=46）〈四ツ木小学校にて〉	
ア　地下鉄・電車での移動体験	24人	ア　地下鉄・電車での移動体験	25人
イ　ようこそ後輩	1人	イ　四ツ木小との交流	22人
ウ　三田地域探訪	5人	ウ　ごはんミュージアム訪問	29人
エ　増上寺での宿泊体験	25人	エ　キッザニアでの職業体験	44人
オ　グループ別体験	41人	オ　フジテレビ見学	40人
カ　ホテルでの宿泊体験	39人	カ　東京タワーからの夜景見学	41人
キ　屋上プール交流	19人	キ　旅館での宿泊	27人
ク　秋田県アンテナショップ見学	7人	ク　先輩訪問	26人
ケ　NHKスタジオパーク訪問	28人		

などが挙げられる。

第２位は「ホテル・増上寺での宿泊体験」である。「ホテルから近くのコンビニに行ったり，友達の部屋にまわったりしたため」，「遅くまで起きて，遊んだ。みんなでテレビを見ながら食べ，電話をかけて，お話したので，楽しかった」，「ベッドがフカフカで気持ちよかったから」などを理由に挙げている。

第３位は，「地下鉄・電車での移動体験」である。この主な理由は，「電車から見えた景色が綺麗だったから」，「地下鉄に初めて乗ったから」，「人がたくさんいて，ビックリしたけど，立ってしゃべっているのも面白かった」，「パスモをつくって，いつも経験できないことが経験できたから」である。

鹿角の小学校での人気メニューをみると，第１位は「キッザニアでの職業体験」，第２位は「フジテレビ見学」，第３位は「東京タワーからの夜景見学」である。それぞれの理由は次のよう。

「キッザニアでの職業体験」とした主な理由は，「あまりやらない職業があったし，大人になってからやりたいのもあったから」，「マンガ家をやって，おもしろかった。英語を使ったり，難しかったりしたけど，すごく楽しかった」，「おかし工場でパイチョコを作ったから」，「普段の体験では，体験できないことを体験できたし，夢に近づけたと思います」というものが挙げられている。

「フジテレビ見学」では，「IQ サプリの服を買ったから」「おみやげを買うとき，半分迷って，楽しかったから」「いろいろな芸人に会えたので，すごかった」，「キャラクターの売り物があって楽しかった」などの理由がみられる。

「東京タワーからの夜景見学」では，「意外に高かったし，最上階まで行って夜景を楽しんだから」，「夜の色と東京タワーのオレンジ色との重なり合いがきれいだったから」，「東京タワーには，はじめて登ったから」，「赤いライトがたくさんあって，きれいだったから」などである。

表15には，「体験メニュー以外で心に残ったことは何か」が記されている。「行き帰りの電車から見た都会のけしき」，「クラスの友達と一緒に泊まったこと」，「夜の明かりがきれいだったこと」，「食事がおいしかったこと」，「御田小学校・四ツ木小学校のお友達とさらに仲良くなれたこと」などが顕著に集中する選択肢である。

なお，秋田の子ども達（千屋小学校と鹿角の小学校の児童）の東京訪問につ

表15　体験メニュー以外で心に残ったことは何でしたか

M. A.

	千屋小学校 (n=46)	鹿角の小学校 (n=46)
ア　行き帰りの電車から見た都会のけしき	34人	23人
イ　クラスの友達と一緒に泊まったこと	34人	34人
ウ　人がたくさんいてにぎやかだったこと	27人	18人
エ　たくさんの電車，地下鉄，バスなどが通っていること	17人	21人
オ　夜の明かりがきれいだったこと	34人	35人
カ　食事がおいしかったこと	30人	21人
キ　御田の地域の方々がやさしかったこと	24人	22人
ク　御田小学校のお友達とさらに仲良くなれたこと	35人	
ク　四ツ木小学校のお友達とさらに仲良くなれたこと		22人
ケ　すてきな建物がいっぱいあったこと	26人	24人
コ　相手校を訪問した（行った）こと	27人	16人
サ　その他（　　　　）	4人	4人

表16　都市訪問に関する児童の感想

〈千屋小学校〉
・最初は，御田の人たちと仲良くできるか不安だったけど，増上寺で，一緒に宿泊して，いっぱい話をしていたら仲良くなれたので，よかったです。人が多くてビックリしました。
・人がいっぱいいて，東京には，秋田よりキッザニアなど大きなビルがいっぱいあってとても楽しかった。
・私がビックリしたことは，43階までエレベーターまでのぼったことです。とっても綺麗でした。降りる時にエレベーターのスピードが速くて，どんどん降りてくので，ちょっと恐かったけど，楽しかったです。
・御田小に行って，普段できないパスモなどを使えたのでよかったです。この3日間は決して忘れません。
〈鹿角の小学校〉
・一番楽しかったことは，キッザニアの職業体験です。キッザニアには，いろいろな職業があって未来に一歩近づいた感じがして楽しかったです。できれば今度，キッザニアに長い時間いたいなと思いました。
・東京はビルが多かったので「さすが東京」と思いました。東京で職業を見つけたいです。
・私は，新幹線に乗ったのが楽しかったし，電車も地下鉄もグラグラしているけど，バランスをとってたっているのも，すごくおもしろかったです。
・電車にたった一人で乗りたい。
・秋田では体験できないこともあったし，四ツ木小との交流・フジテレビ見学・先輩訪問など，いろいろあったので，すごく楽しかったです。

いて，彼らからの感想のいくつかを表16に示している。

2．引率者アンケートにみる同伴引率者の感想

さて，引率者の感想をみておこう。両校ともに，本交流活動について，秋田サイドの引率者の全員が教育的効果を認めている（**表17**）とともに，期待もしている（**表18**）ように，引率者はこの交流活動の，児童への良い影響を期待している。

次に，「子ども達にどのような影響をもたらすと考えるか」という問いであ

表17　都市体験は教育的効果があるか（引率者）

S. A.

	千屋小学校（n＝9）	鹿角の小学校（n=15）
1．たいへん効果がある	7人	9人
2．ある程度効果がある	2人	6人
3．あまり効果がない	0人	0人
4．まったく効果はない	0人	0人
5．わからない	0人	0人

表18　児童によい影響を与えることを期待するか（引率者）

S. A.

	千屋小学校（n＝9）	鹿角の小学校（n=15）
1．強く期待している	8人	13人
2．少し期待している	1人	2人
3．あまり期待していない	0人	0人
4．全く期待していない	0人	0人
5．わからない	0人	0人

表19　児童にどのような影響をもたらすと考えるか（事前→事後）

M. A.

	千屋小学校（n＝9）事前→事後	鹿角の小学校（n=15）事前→事後
1．見知らぬものに接し，好奇心等の知的関心が高まる	6人→6人	12人→11人
2．街場の人情に触れ，思いやりの心が育まれる	2人→5人	0人→3人
3．他地域の児童と接して，相互理解する力が育つ	8人→8人	9人→6人
4．ものおじせずに自分の意見が言えるようになる	4人→2人	3人→2人
5．チーム活動により計画的な行動ができるようになる	4人→3人	7人→7人
6．都市機能に触れ，五感が研ぎすまされる	1人→3人	1人→3人
7．都市的な，多様な仕事への理解が深まる	3人→3人	6人→7人
8．異なる地域を見ることで，比較の眼が培われる	6人→6人	10人→12人
9．地域とのふれあいにより，感謝の気持ちが生まれる	7人→4人	1人→13人
10．ルールを守ることの大切さが感じられる	5人→6人	13人→9人
11．感動する心が育まれる	3人→2人	5人→0人
12．その他（　　　　）	0人→0人	0人→0人

表 20　東京訪問に関する引率者の感想

〈千屋小学校〉

・ビルとお寺が多い御田小のまわりの散策は，とても楽しかった。今まで知らなかったことを発見することができた。パスモを使って乗り継ぎながら，様々な場所に行ったことも楽しかった。子ども達に何線に乗ればいいのか捜させながら，活動するのも楽しいかなと思った。たくさんの人数が交流できたのもよかったと思う。お別れの時には，なごりおしそうだったが，それだけ深い交流ができていたからだと思った。

・気楽な気持ちで参加しましたが，人混みの中に，実際に入ってみると，慣れていない者にとっては恐怖を感じました。その中で御田小の方々は，ルールや，マナーを親切に教えてくれました。子ども達が，打ち解けるとともに，親たちとも，互いの子供に対する思いや，家族のあり方等，話し合える機会もあり，これで終わりということではなく，心の底から再会を願っての帰宅になりました。子ども達を見ていると，自分たちで考え，自分たちで判断し，回りを気遣って行動するという力がついてきたような気がします。

〈鹿角の小学校〉

・とても楽しく，有意義な活動であった。体調を大きく崩す子供もあまりいなかったことが良かった。移動中の子ども達は赤い帽子をかぶっていたが，引率していて，目印としてとても効果的であったと思う。先導してくださった阿部校長先生には，下見から含めて大変ご難儀をおかけしました。東京へ行ったのだから，あれもこれも見せたいという気持ちもあり，どの見学場所も子供にとっては新鮮で，結果的には十分満足できるものだったと思う。

・子ども達にとっても，親にとっても全て貴重な体験でした。３日間びっしりのスケジュールで，どれもが子供の喜ぶことで，楽しかったようです。心配していた電車の乗り降りもスムーズにいき，大きなトラブルもなく，次の場所へ移動できてよかったです。普段，車で移動してばかりでしたので，歩くことの大変さが良くわかりました。充実した３日間を体験させていただきありがとうございました。

・今回の活動は大変充実した内容であり，子どもたちの心にしっかりと刻まれたと思う。四ツ木小学校との交流は各校ともきちんと練習しての発表であり，それぞれの学校のよさが表れていた。

るが，秋田訪問の前後に想定している影響内容をみている（**表 19**）。

事後に増加する選択肢をみれば，千屋小学校の引率者の場合，「街場の人情に触れ，思いやりの心が育まれる」と「ルールを守ることの大切さが感じられる」が指摘できる。鹿角の小学校の引率者をみれば，「都市的な，多様な仕事への理解が深まる」，「異なる地域を見ることで，比較の眼が培われる」が挙げられ，特に顕著な増加があるのは，「地域とのふれあいにより，感謝の気持ちが生まれる」である。

さて，**表 20** から，引率者の感想をみておこう。街場の散策，パスモを使った電車体験などへの面白さが指摘されるとともに，子ども達同士の交流だけでなく，親同士，支援関係者同士の交流も評価していた。また，東京を直接見ることによって，ふるさとを相対化することができることを感じる引率者もある。事前の東京訪問の計画づくりへの参加から関与することで，具体的な動きへの関心が高まる点の指摘もあった。総じて，充実した内容になっていることを振り返っていた。

3．保護者アンケートにみる親の感想

子ども達の東京訪問をその保護者はどうみたかを押さえておきたい。まず，東京訪問という取組への期待をみれば，**表21**のように，「新たな知識や経験の習得面」と「精神的な成長面」の両面への期待がかいまみられる。

その期待の具体的な内容を**表22**からみてみよう。新たな知識や経験の習得という面では，「東京という大都会の雰囲気を知ってもらいたい」，「規則の厳しいお寺宿泊の体験」，「東京での電車体験」，「東京から考えるふるさと」などが指摘されている。精神的な成長面では，「自立の促進」，「集団（仲間）との協調性」，「出会う相手への配慮・都会でのマナーへの留意」などが挙げられている。

表21　体験活動に対する期待

M. A.

	千屋小学校（n＝46）	鹿角の小学校（n＝46）
1．新たな知識や経験の習得という面	33人	38人
2．精神的な成長という面	34人	25人
3．その他	10人	5人

表22　期待の具体的内容（抜粋）

〈新たな知識や経験の習得という面〉
・都会の新しい部分と恐い部分を見て，東京の雰囲気を知ってきてもらいたい。
・増上寺に泊まり，起床・身支度・朝食など，規律正しい時間での行動ができたことです。
・自分で調べたりして電車等を使って行動する。
・都会での生活や集団を通してマナー・たくさんの人との交流やコミュニケーション。
・都会に行って，自分の住んでいるところの，良いところ・悪いところを感じてもらいたい。
・自家用車での移動ばかりの生活なので，電車での移動など全くしたことがなかったので，乗車の仕方を覚えることができる。乗り遅れてもすぐ次の電車がくる便利な生活など…。
・全く知らない人たちとの交流の中で，思いやりの心や，全部自分でやらなければならないという心の成長。
〈精神的な成長という面〉
・親元を離れ，自分の意思で行動できること。集団生活の中で自分をふり返るきっかけになればと思います。ルールを守り，友達に気を配る。子供同士で助け合う。
・他人に頼らず，自分のことは自分でできるようになること。
・グループ活動を通じて，自分を強調しつつ，多数意見に従う意識行動を身につける。集団行動・時間を気にし，テキパキと行動する。迷惑をかけない。
・たくさんの決まりごとやマナーを理解して活動できるか・できたか。
・友達や他校の生徒と1つの同じグループとして行動を共にするといったことは滅多にないことなので，良い経験であり，協力・コミュニケーションがとれればと思いました。
・地元にはない，いろいろなものを目で見て，体で体験して，視野を広げてほしい。

表 23　保護者からみた体験活動後の子どもの変化

M. A.

	千屋小学校（n=46）	鹿角の小学校（n=46）
1．以前よりも，親の言うことを聞くようになった	3人	7人
2．以前よりも，親子の会話が増えた	13人	12人
3．今までとは違うことに興味を持つようになった	7人	8人
4．あいさつなど他人とのコミュニケーションの力が高まった	16人	6人
5．その他	16人	10人
6．特に感じられない	5人	16人

東京訪問を経て，秋田の子ども達にどのような変化がみられたのか，保護者の視点でみたものが，**表 23** である。

千屋小学校の保護者で，回答が集中するのは，「あいさつなど他人とのコミュニケーションの力が高まった」である。今回の交流体験の効果を保護者は強く自覚している様子がうかがえる。また，千屋小学校と鹿角の小学校の両校で，集中するのは「以前よりも，親子の会話が増えた」である。

最後に，東京訪問に関する保護者の感想をみる。アンケートの記述データの掲載は控え，特徴的なポイントを示してみる。すなわち，「東京での様々な体験の面白さを語るわが子」，「身支度ができるようになったこと」，「友達ができて，成長する子ども」，「訪問計画への，子ども達による事前からの主体的関与」，「非日常の宿泊体験」，「キッザニアや電車への乗車体験」，「他人への思いやりの醸成」，「現地に行って，目と足で見聞きし，その場所の空気に触れることは何よりもいい学習になる」という意見が聞かれた。

第5章
体験プログラム開発の留意点

第1節　何を学ばせるか

小学校児童が訪問地に対して求める体験とは何かという点を考える必要がある。受入サイドは，都市と農村の交流が叫ばれ，体験交流の意味が広く評価される今日的な状況のなかで，子ども達の来訪を過度に期待し，交流人口の増大に繋がると考えがちである。

しかしながら，子ども達を指導し，守る小学校の立場に立てば，送り出しをする機関とのみ認識することは適当でない。むしろ，体験により指導内容のどの部分をカバーすることができるのか，子ども達の安全を担保するシステムの整備を前提として期待される教育的効果の実現可能性があるのか，という2点に関心が向かわざるを得ない。

そこで，以下に，それへの対応を事例的に紹介しておきたい。

1．学習指導要領との対比

第1は，体験内容の『学習指導要領』との対応関係である。御田小学校（東京）の秋田訪問（千屋小学校が受け入れ）の事例に基づき，諸体験メニューの解釈を試みている。**表1**にみるように，小学4年生から6年生の幅広な教科の指導項目があてはめられそうである。このような解釈が可能となれば，課程時間内での「数日間の学外体験」を企画する場合，特別活動や総合学習だけでなく，その他の教科からの時間的な捻出の可能性が生まれるのではないだろうか。

なお，**表2**には，秋田県の小学生が仙台市を訪問したときの都市体験メニューの事例を基礎において，同様に学習指導要領の内容を対応させている。

2．受け入れ地域において提供できるメニューは何か

子どもの受け入れにおいて，農村地域は子ども達への教育的素材に満ちあふれている。地域住民にとっては日常的な，ありふれた環境として認識されがち

表１　農村体験と学習指導要領の対応

体験活動	教科・学年	学習指導要領記載内容
7月26日（土） 迎える会	道徳５・６年	２　主として他の人とのかかわりに関すること （1）時と場をわきまえて，礼儀正しく真心をもって接する。 （2）だれに対しても思いやりの心をもち，相手の立場に立って親切にする。
ヤマメつかみ取り	理科５年	Ｂ（2）魚を育てたり人の発生についての資料を活用したりして，卵の変化の様子や水中の小さな生物を調べ，動物の発生や成長についての考えをもつことができるようにする
	道徳５・６年	３　主として自然や崇高なものとの関わりに関すること （1）生命がかけがえのないものであることを知り，自他の生命を尊重する。
ブルーベリーつみ取り	理科５年	Ｂ（1）植物を育て，植物の発芽，生長及び結実の様子を調べ，植物の発芽，生長及び結実とその条件についての考えをもつことができるようになる。
	社会５年	（2）我が国の農業や水産業について，それらは国民の食糧を確保する重要な役割を果たしていることや自然環境と深い関わりを持って営まれていることを考えるようにする。
美郷町の紹介ビデオ	社会４年	（5）地域の人々の生活について，人々の生活の変化や人々の願い，地域の人々の生活の向上に尽くした先人の働きや苦心を考えるようにする。
昔語り	国語５・６年	Ｃ　伝統的な言語文化と国語の特質に関する事項
	道徳５・６年	４（7）郷土や我が国の伝統と文化を大切にし，先人の努力を知り，郷土や国を愛する心をもつ。
7月27日（日） 大台スキー場登山	体育５・６年	Ａ（2）運動に進んで取り組み，助け合って運動をしたり，場や用具の安全に気を配ったりすることが出来るようにする。
	道徳５・６年	１（2）より高い目標を立て，希望と勇気をもってくじけないで努力する。
	特活５・６年	〔学校行事〕（3）心身の健全な発達や健康保持増進などについての関心を高め，安全な行動や規律ある集団行動の体得，運動に親しむ態度の育成，責任感や連帯感の慣用，体力の向上などに資するような活動を行うこと。
農作業体験	社会５年	（2）我が国の農業や水産業について，それらは国民の食糧を確保する重要な役割を果たしていることや自然環境と深い関わりを持って営まれていることを考えるようにする。
	道徳５・６年	４（4）働くことの意義を理解し，社会に奉仕する喜びを知って，公共のために役に立つことをする。
	特活	〔学校行事〕（5）勤労の尊さ生産の喜びを体得するとともに，ボランティア活動などの社会奉仕の精神を養う体験が得られるような活動をすること。
環境学習 （イバラトミヨ観察）	道徳５・６年	３（2）自然の偉大さを知り，自然環境を大切にする。
	理科５年	Ｂ（2）魚を育てたり人の発生についての資料を活用したりして，卵の変化の様子や水中の小さな生物を調べ，動物の発生や成長についての考えをもつことができるようにする。
児童創作花火打ち上げ（ボンファイヤー，肝だめし，線香花火）	図工５・６年	Ａ（2）ア　感じたこと，想像したこと，見たこと，伝え合いたいことを見つけて表すこと Ａ（2）イ　形や色，材料の特徴や構成の美しさなどの感じ，用途などを考えながら，表し方を構想して表すこと
7月28日（月） 虫取り	理科３年	Ｂ（1）身近な昆虫や植物を探したり育てたりして，成長の過程や体のつくりを調べ，それらの成長の決まりや体のつくりについての考えをもつことができるようにする。
野菜収穫パーティー	家庭５・６年	Ｂ（1）ア　食事の役割を知り，日常の食事の大切さに気づくこと （2）ア　体に必要な栄養素の種類と働きについて知ること。
お別れの会（千屋小）	道徳５・６年	２　主として他の人とのかかわりに関すること （1）時と場をわきまえて，礼儀正しく真心をもって接する。 （2）だれに対しても思いやりの心をもち，相手の立場に立って親切にする。

であるが，子ども達の冒険心を刺激し，子ども達の興味の対象となる素材は至る所に存在している。それらの多くは，教育的素材として適合的なものが少なくないのである。ここでは，第１章の**表２**において示したものを再度取り上げながら，その特徴を記すことにする。

第一に注目されるものは，〈農業〉に関連した体験メニューであろう。「田植

表２ 都市体験と学習指導要領の対応

体験活動	教科・学年	学習指導要領記載内容
11月13日（木） 七夕飾りづくり体験	社会３・４年	(5) イ 地域の人々が受け継いできた文化財や年中行事
	家庭５・６年	(3) イ 手縫いやミシンを用いた直線縫いにより目的に応じた縫い方を考えて創作し，活用できること
仙台港見学	社会５年	(3) ウ 工業生産に従事している人々の工夫や努力，工業生産を支える貿易や運輸などの働き
日銀仙台支店見学	社会５年	(4) 我が国の情報産業や情報化した社会の様子について，情報化の進展は国民の生活に大きな影響を及ぼしていることや情報の有効な活用が大切であることを考えるようにする。
	家庭５・６年	D 身近な消費生活と環境
市内展望	社会５年	(1) イ 国土の地形や気候の概要。自然条件から見て特色ある地域の人々の生活
テーブルマナー	家庭５・６年	B (1) イ 楽しく食事をするための工夫をすること
	道徳５・６年	2 (1) 時と場をわきまえて，礼儀正しく真心を持って接する。
11月14日（金） 東北大学で授業体験	理科４年	A (1) 空気と水の性質 (2) 金属，水，空気と温度
関東自動車工業見学	社会５年	(3) 我が国の工業生産について，それらは国民生活を支える重要な役割を果たしていることを考えるようにする。

えや米の収穫」の体験，「各種野菜の植え付けや収穫」の体験がその代表的なものといえる。これらは都市農村交流においてもっともポピュラーなものであるが，子ども達にとっても魅力的な体験メニューである。これらの農産物は，もちろん一年を通じていつでも体験できるものではない。農作物にはそれぞれの季節性がある。訪問者の訪れる時々に，それなりに収穫などの体験のできるメニューを柔軟に創り出すことが求められる。もちろん，そのような農業体験が提供できない時期，場面がある場合には，無理に，やらせのような形で農業体験を提供することはむしろ弊害があるかも知れない。「提供できる範囲で，子ども達を楽しませる」ことが求められるのである。ホーレン草の種蒔きも，芋掘り体験も，ピーマンの収穫も，何もかもが，外部からやってくる子ども達にとっては，面白みのある，興味津々のメニューなのである。

第二に，〈自然〉をテーマにした体験メニューを考えることができる。「川遊び(魚とり，水遊び)」が代表的である。地域の人々が自らの子供の頃を思い出し，「子ども達を楽しませたい」という想いがあれば，それで充分である。「山登り(花の観察など)」もあろう。春には近くの里山を歩きながら「山菜採り」もできるであろうし，初夏には「ホタル狩り」もできる，秋にはアケビやヤマナシ等の「果実とり」ができる。空気の綺麗な秋田の農村は，冬には「夜空・星座の鑑賞会」も考えられる。景色を楽しむ「サイクリング」も面白いかも知れない。

第三に，〈遊び〉もテーマにできるのではないだろうか。現代の都会の子供にとってそこいらを走り回るような遊びは容易でない。ところが，農村では今でも自由に遊び回ることができる。体験サービスの提供者は，子供の頃の遊びを思い出し，現代の子ども達に教えてあげれば，新鮮さをもって受け入れられるであろう。「道端での遊び」や「社寺・境内での遊び」も重要な要素である。

第四に，〈田舎らしさ〉という観点から体験メニューを考えることもできる。大きな反響のあるものに，「軽トラの荷台乗車」というものがある。もちろん，公道を使ってそれをすることはできないが，圃場脇の農道でやってみることは可能である。不安定な乗り心地は子ども達にとって非日常の体験になるのである。農家の庭先は総じて広い。「庭先バーベキュー」ということも考えられる。受け入れ家族や近所の人々など多くの人々と一緒になって食事を味わい，語らいを楽しむことは魅力的である。

第五に，〈地域行事〉を挙げておきたい。都市との比較で農村が農村らしいのは，住民間の繋がりではないだろうか。いわゆる共同体的な絆が指摘できる。古くから受け継がれた地域の伝統行事は，秋田県の農村では色濃く継承されている。「地域伝統行事への参加」は，子ども達にとって日常とは異なる不思議な体験の場になるものである。また,「地域のお祭りへの参加」も同様であろう。ふるさとの文化形象をそこに暮らす人びとが大切に守り，地域行事を楽しむ姿は，都会の子ども達には興味の的となる。加えて，地域において運動会が学校との連携の中で行われていることもある。「地域運動会への参加」も挙げられよう。

第六に，〈ご当地の特徴やイベント〉がある。秋田県では多くの小・中学校において「学校行事：なべっこ遠足」が継続的に開催されている。県外からの子ども達の受け入れが，地元の小学校等と連携をとることができるのであれば,それへの参加は魅力的なものといえよう。また，例えば大仙市には全国的に有名な「大曲の花火大会」がある。他の地域にもご当地のイベントがあるのではないだろうか。そのような地域イベントへの参加は，体験メニューとして考えられてしかるべきである。加えて,「地域ふるさと教育」も考えられる。また別の観点からであるが，秋田県では「ババヘラアイス」というものがある。これは，秋田県民には温かく受け入れられたビジネスであるが，他の都道府県ではみることのできないものである。この「ババヘラアイス」の試食は，一緒の思い出づくりに寄与するかも知れない。

第七に，〈家庭的なイベント〉も取り上げたい。「農家の家族行事」や「伝統料理づくり」というのも素敵な体験メニューである。

第八として，〈地域のなりわい産業見学〉を体験メニューとすることも考えられる。秋田県では，相当に少なくなったとは言われるが，「酒屋や醤油屋・味噌屋」が農村地域の各地に存在している。地域に根付いた加工産業を訪問することも，子ども達には興味深いのではないだろうか。

「子ども達にどのような体験メニューを提供すれば良いのか」と戸惑うとき，実は，地元を改めて見直すことから，魅力的なものを見いだせる。上に記したようなこのようなメニューの他にも多様なものが考えられて良い。子ども達の訪問先である農村には数限りなく，子ども達を楽しませるモノ・コトが潜んでいることを確認しておきたい。

第２節　体験プログラムで留意すべきこと

農村サイドにおいて，子ども達の受入を前向きに捉えている地域は多い。ただ，どのような体験メニューが期待されているのか，どのようなことならメニューとして提供できるのかについての検討は必ずしも充分でない。

そのため，ここで少し考えておこう。ここでは，以下に，地域性，季節性，象徴性のあるプログラム，本物らしさを伝える工夫，宿泊のあり方，農作業体験のポイントの４点について論点を若干提示する。

１．地域性，季節性，象徴性のあるプログラム

まず第１に，地域性，季節性，象徴性のあるプログラムについてである。農村サイドでの体験提供を考える場合，農業・農村的な要素の表出が基本となることは誰の目にも明らかである。しかし，そのような要素は，受入を検討している当該の地域だけでなく，近隣の農村地帯でも，どこでも見いだすことは可能である。典型的な，一般的体験メニューとして，農業・農村的な要素を組み入れるだけでは，魅力的な体験プログラムにはならない。

そこで，当該地域独特の体験プログラムづくりが求められるのである。「独

特の」といっても特別に何かやっかいなことを付加するという意味ではない。ここでいう「独特の」とはそれぞれの「地域の特性に応じた」という意味であると理解願いたい。水田の広がる地域もあれば，山間に位置する地域もある。また，海に接する地域もあれば，有名な名跡などの施設の所在地である地域もあろう。

この地域的な特性に加えて，季節的な要素を視野に入れれば，地域特性はなお一層際立つのである。訪問者を迎え入れるのに，この地域は春が適当なのか，むしろ夏が似合うのか，それとも，紅葉の秋なのであろうか。真冬の厳しさが良き体験を与えるかも知れない。それぞれの季節にはそれぞれに似合う，自然の，地域のモノ・コトがあるであろう。このような季節的な推移を視野におけば，当該地域の魅力的な要素を改めて発見することができるであろう。

以上の要素によって，特徴的な，独自のプログラムは意外に容易に創り上げることができる。当該地域らしいプログラムである。仮に想定したプログラムができたとして，次は相手のニーズにあわせて柔軟に対応・修正するというステップが必要である。農村サイドからの押し付けではなく，相手の意向をも配慮することなくして，信頼に足る体験プログラムはありえない。そこで，相手が求めている体験テーマをじっくりと考えてみて，そのテーマに即したシンボルを，用意しているプログラムに盛り込むということで，魅力的なものになるのである。

２．本物らしさを伝えるための工夫

第二に，「本物らしさ」の追求である。現代社会において，至る所で体験メニューがあり，それなりに人気を博している。商業的な施設や宿泊施設においてさえ，「農作業体験」を掲げて集客を展開しているケースも存在する。ただ，人工的な環境下での体験メニューには疑似性という問題点がある。しかし，子ども達や教師が求めている体験メニューは，そのような擬似的な体験ではない。本物の田舎で，本物の農業者の指導の下に，本物の農作業体験をすることが求められているのである。農作業だけではなく，本物の農村の暮らしを，本物の農家の家庭生活をも含めて，求めている。

それなら，そのニーズに応えることが最も大切な事柄である。この時，「本物の」ということを改めて考えてみることが必要であろう。ここでいう「本物」とは，歴史的に真実であるとか，物理法則的に正しいというものではなく，農作業の担い手がその勤労の意味を味わい，自ら楽しんでいる，そのような本物の主体を指すと考えるべきである。自らのふるさとを大切にしたいと切に願う主体から農村暮らしの面白さを学ぶことができれば，その体験は子ども達の心の奥底に伝わるであろう。

このような意味から，本物らしさは，体験を指導する主体の問題であるといえよう。形式的に指導者の役割を果たすような体験メニューは子ども達の心に響かない。むしろ，科学的な知識はなお充分でないにせよ，その作業に指導者自身が面白みを感じており，その作業に潜む深みを若干なりとも経験したような主体が指導にあたるなら，子ども達は当該作業の意義やそれに関わっている人間の奥深さを感じとるのである。

3．宿泊のあり方

数日間にわたる子ども達の体験学習を実りあるものにする重要な一つは，宿泊である。多人数の宿泊が可能な宿泊施設においては，仲間同士での枕投げやおしゃべりが楽しい時間になるであろうし，この時のしゃべりは，それまでに経験したさまざまな体験を子ども達の心の中に相対化させる役割をも果たしている。合同宿泊にはそれなりに体験を昇華させる機能のあることを指摘しておきたい。

しかし，合同宿泊の対極に位置すると考えられる農家民泊にも大きな効果がある。農家に宿泊する事例を踏まえて，その様子を記せば次のようである。

午後6時過ぎ，辺りが暗くなってきた頃，軽トラや自家用車で，農家のお母さんが自分の家に泊まる子ども達を迎えにやってくる。子ども達はあらかじめ教わっていたお母さんの名前を呼ぶ。車に同乗し，農家に向かう。車内では，農家のお母さんが子ども達に向かって，「今日は，楽しかった？」「名前はなんていうの？」など，矢継ぎ早に質問をするが，子ども達は若干緊張気味。

農家民宿などの宿泊先に着くと，子ども達は，荷物を部屋に置いてから，夕食会場である居間にやってくる。そこにはお爺ちゃんがどっかと座っている。挨拶をすると，しわくちゃな顔から笑顔がこぼれる。お婆ちゃんは台所で夕食支度をしてくれている。お母さんが加わり，各種の手料理が出てくる。お母さんの指示に従って，子ども達は食卓にそれらの料理を運ぶ。お父さんが風呂から上がってきて，夕食スタート。東京からの子ども達には，初めての料理ばかり。野菜が苦手な子も，案外，自らの口に運んでいる。あれこれ，農家の方々からの質問に子ども達は答えながら，食事の時間を終了する。

後かたづけの手伝いをして，お風呂に入る。パジャマに着替えて，また居間でお爺ちゃんとお婆ちゃんの昔話を聞かせてもらう。この頃になると，子ども達の心もうちとけ，東京の話をする子も現れる。お母さんに促されて自分の使う布団を敷き，漸く就寝。昼間の疲れもあって，熟睡。翌朝は７時過ぎには起こされ，８時に朝食を済ませて，８時30分には，集合場所まで車で送ってもらう。

上のような様子の中に見いだされる，農家の方々と子ども達の交流は，子ども達にとって極めて貴重な経験である。いくつかの農家宿泊の事例からは，「その後，手紙を交換しあうようになった」，「昨年，東京でその子のご家族と出会った」など，一度のふれあいが継続的な交際にまでなっているケースは少なくないのである。田舎の，飾りのない，ありきたりの暮らしや夕餉のあり方が子ども達に何程かの影響を与えていると言って差し支えないであろう。農家宿泊の面白みと意義はそこにあると考えられる。

４．農村体験プログラム：農作業体験のポイント

子ども達の農業・農村体験において，華の部分が農作業体験である。都会の子どもはもちろんであるが，地方の子ども達にとっても，簡単に経験のできないものが，この農作業体験である。お米についていえば，田植えや稲刈り，芋掘り，野菜の収穫体験が比較的人気のある作業である。

農作業の模擬体験であれば，炎天下の圃場での作業等は排除されるべき体験であるかも知れない。しかし，もしも「農家の方々の暮らしを支える農業を知る」ということをテーマに掲げているのなら，ある程度は本当の作業を見学し，ときには体験することが求められる。農家サイドにおいても，そのような本格的な体験を提供しようとするなら，それなりの準備を要することになる。農作業着や帽子等の準備も必要であろうし，作業について丁寧な解説も必要である。いずれにせよ，どの程度の体験をおこなうのかについては，訪問サイドのニー

ズと提供サイドの想いをあらかじめ調整しておくことが大切になる。

また，訪問サイドが農作業として代表的な収穫稲作業を事前に依頼することがある。しかし現実には，農家にとって生産の中心に位置する作業である場合，天候の関係で，訪問前に作業を終わらせてしまうケースもあろう。その時，農家はどのように対処すれば良いのであろうか。ここで考えねばならないこととして２点を指摘したい。

第１に，「訪問者サイドの依頼を受けたのだから，それを遂行させないのは契約違反である」との考え方についてである。商取引としてはそのような考えは当然のことである。しかし，この体験の交渉には，農家の暮らしや働きを尊重した上で（上の例で言えば，訪問者にあわせて収穫を遅らせたことによる被害にどう対処するのかという問題），体験をさせてもらうという前提がある。それゆえ，予定の作業の代替を受け入れる心のゆとりが訪問者サイドに求められよう。

第２に，とはいえ，農家サイドにおいても，子ども達の受入を受容した以上，このような問題が発生しないように心がけるべきである。運悪く，このような事態が生じた場合には，予定していた作業に代わる代替作業を提供することが求められる。代替作業については，「単に身体を動かせば良いのだ」といった認識ではなく，代替作業によって子ども達にどのような興味と関心を抱かせることになり，どのような点で教育的な意味があるのかを意識した上で，考えられる必要がある。子ども達の受入は，すなわち，教育現場への直接的関与であること（〈教師〉としての責任の一部を背負うこと）を，農家サイドは充分に理解しなければならないであろう。上にみた事例において，農作業を体験した子ども達の感想が刺激的である。ワクワクする気持ちが表出している。このように，子ども達を喜ばせ夢を与える体験が農作業体験であることを農家サイドは，受入仲間との話し合いにおいて確認することになる。

第３節　農村体験の指導ポイント

１．個別農家での体験の面白さ

上の双方向体験プログラムにおいてもそうであったように，あらかじめ計画された指導者による指導よりも，農家に子どもが預けられた時の方が，子どもには大きな影響を与えるのではないだろうか。農家のお父さんやお母さんはプロフェッショナルな教師ではない。指導方法を学習したケースもほとんどないであろう。しかしながら，農家のお父さんやお母さんは「親」を経験した人達である。

子ども達が農家の人々と触れあうとき，この生な「親」をどこかに感じとり，特別の親近感を感じているように思われる。いくつかの事例にみるように，受入サイドの農家のお母さんもあまり神経質になってはいけないことを知っている。この生な「親」とのふれあいを背景に置きながら，都市では経験できない農家生活のあれやこれやの出来事に直面し，ある時には畳の上で大の字になって寝転び，庭先で花火を楽しみ，家畜に触り，お婆ちゃんの内職仕事を手伝うなど，いわば非日常を味わうことができるのである。農家の暮らしの中には，子どもにとって興味深いものがいくつも存在する。そして，その一つ一つについて説明を求めることもできれば，自由に触れることもできる。一定の安心感を背景にしたこのゆったりとした時間の中で，子ども達は自分らしさを確認することができるのではないかと考えられる。

農家体験がこのような意義を持つものであることを認識し，体験提供者である農家のお父さんお母さんは，「生な「親」」になることに躊躇してはならない。特段飾ることのない，自分の子どもを育ててきた親として，自分の子でない訪問者に接し，叱るべき時には厳しく叱り，褒めてあげるべき時には大声で褒め，抱きしめてあげることが，受入サイドの指導ポイントといえる。当たり前の親のままが子ども受け入れには適合的なのである。

２．農家のお父さんお母さんの指導方法

農家のお父さんお母さんの指導方法をタイトルに示しているが，本当にそのような方法があるのか実は定かでない。子ども達を送り出す学校側や保護者からは，何か確かな方法論を身に付けていて欲しいという気持ちがあるだろう。子どもの受入ということが社会的な責任を伴うものである以上，そのようなニーズに応えることは必要である。

ここでは，直接に方法論を提示できるものではないが，それへの示唆を得る

ために，**図1**を掲げておきたい。これは，東京の本郷小学校を受け入れた仙北市西木地区の農家お母さん5名の受入に関する感想である。受け持ちの時間帯は，夕食から翌日のお昼までである。

受入農家における事前の心配事として，「夜，一緒に寝た方が良いのか，おねしょの心配はないか」，「（静かすぎて）時計の音が気にならないか」，「風邪をひかないか」，「初めての受入で少し不安」というのが挙げられている。一

受入農家（S．I．さん）：男子児童4人

受け入れ前に心配だったこと
夜一緒に寝たほうが良いか，おねしょの心配はないか，時計の音などを気にならないかなど。風邪をひかないか。

内容
6日は到着時刻が遅かったので入浴後，19時ごろから夕食（ハンバーグ等）を食べた後，就寝までトランプなどして遊んだ。7日朝食後，大きな箱ソリで遊んだり，かまくら作りをしたりなど雪遊びを満喫。昼食のお好み焼きを食べた後，集合場所の学校へ。

受け入れ後の感想
中学生や高校生を受け入れたときとあまり変わりなかった。小学生の場合，雪遊びがメインになるのでは。特別な体験メニューは必要ないかもしれない。交流の時間が短かった。

受入農家（F．K．さん）：女子児童7人

受け入れ前に心配だったこと
冬なので風邪をひかないか心配だったが，それ以外はとくには心配していなかった。

内容
6日はキリタンポ鍋，味噌タンポなどを食べた。7日朝食後，ずっとソリ遊びをした。スリル満点のソリコースがありとても楽しそうだった。

受け入れ後の感想
食事の時間の長い子供や，おませな子供がいたが，特に大変だったことは無かった。滞在時間が短かった。ホテルのありきたりの食事ではなく農家のご飯を食べたことが子供たちにとって良かったのではないか。このプロジェクトは宿泊受け入れ農家にとって中高生の受け入れとは違う目的の事業だと感じた。

受入農家（S．Y．さん）：男子児童3人

受け入れ前に心配だったこと
小学生の受け入れが初めてだったので少し不安だった。寒いので風邪をひかないか心配だった。

内容
7日，朝食後トラクターを見たり畑を見学したり，かまくらを見たりした。その後，餅つきや，大福作りをした。思ったよりも器用に作っていた。

受け入れ後の感想
初めて小学生を受け入れいろいろ心配したが取り越し苦労だった。児童同士が迷惑をかけないようにとお互いを気遣っていた。布団の片付けなどもできていた。冬で農作業などが無かったので，中高生との差は感じなかった。今回の児童を見ていて，自分の孫のしつけ面で大変参考になった。

受入農家（T．K．さん）－仙北市：男子児童4人

受け入れ前に心配だったこと
寒さが大丈夫か心配だった。他は特に心配していなかった。

内容
6日，キリタンポ鍋を食べながらキリタンポ作りの説明をした。お土産にキリタンポの比内地鶏スープを買って帰り，家族で作って食べた児童がいたので驚いた。7日，朝食後杵と臼で餅つき。餅が切れるようになるまでソリ遊びや山を散策。作った切り餅をお土産に持たせ，昼食には秋田のお正月料理を出してお料理の説明をした。

受け入れ後の感想
夜，母親を恋しがる子供もいた。しっかりとした子がいて良かった。しかし，目がはなせないと感じた。普段中高生を受け入れることがあるが，子供を受け入れることで元気を沢山もらっている。

受入農家（S．H．さん）：男子児童5人

受け入れ前に心配だったこと
前に小学生の受け入れをしたことがあったので特に心配なことは無かった。

内容
6日夕食後，栗の瓶詰めを手伝ってもらった。（Sさんは栗農家）7日，朝食前に除雪をしてもらい，朝食後は機械に乗り栗林へ行き散策。散策後，餅作りをした。

受け入れ後の感想
とてもしっかりした子供がいて食器を洗ったり，布団を片付けたりしてくれてとても良かった。孫が大勢来たみたいだった。食事も子供だからと気を遣わないようにした。家族のように接するように心がけた。

図1　本郷小学校を迎え入れた農家の感想

方，何回か子ども達の受入を経験した農家では，「特に心配はしていない」との回答になっている。上の項で記した言葉を使うなら，受入前の心配事は「親」，特に「母親」としてのそれと類似，否，同質なものといえないだろうか。体験内容としては，夕食，夕食後の遊び，就寝，朝食，午前中の雪遊びである。午前の雪遊び（ソリ等）は子ども達を夢中にしたようだ。

受入後の感想として，「(冬には農作業が与えられなくとも）雪遊び体験だけでも充分」，「(子ども達を預かる）時間が短かった」，「食事の時間の長い子がいた」，「手作り料理を子ども達は喜ぶ」，「子ども達が迷惑をかけないように気遣っていた（それが愛らしい)」，「いろんな子がいるから，目が離せない」，「孫が大勢来たみたいだった」との言葉が発せられている。時間が短かったという感想は，前の日の夜から翌日の昼までの時間帯を考えれば，客観的に短かったことを述べているのではないことは推測できる。楽しい時間を共有したことで，「もっと長く付き合いたかった」という願いが潜んでいるようである。もう一つ，いろんな子がいるから目が離せないというのも，子育て経験者の意欲を垣間見ることができるのである。

第４節　都市体験における職業体験等のポイント

１．都市体験プログラム

都市体験プログラムづくりをするためのポイントを，第２章と第３章の事例を下敷きにして特徴点・要点を学んでおきたい。

第１の事例として，千屋小学校の都市体験のメニューを示せば，１日目は「迎える会」，「ようこそ後輩」，「子ども交流会」，「東京地域探訪」であり，２日目は「増上寺での早朝座禅体験」，「グループ別東京体験行動」であり，３日目は「御田小学校プール交流」，「お別れ会」となっていた。

第２の事例である鹿角の小学校の都市体験は，１日目に「小学校交流」，「ごはんミュージアム」，２日目は「職業体験（キッザニア東京)」，「フジテレビ見学」，「東京タワーでの夜景見学」，そして３日目は，先輩訪問（NHK）であった。

その他の事例（西明寺小学校）においても，１日目に「首都機能見学」，「こんにちは集会」，「伝統文化（落語）体験」があり，２日目は「職業体験（キッザニア東京)」,「本郷地域探検」(グループ毎),「また会いましょう集会」で,３日目は,「マップリーディング」などが用意されていた。

これらの実践は，総じて，特定のテーマを掲げることなく，多面的に，都会を丸ごと体験することに主な関心が置かれていたことから，幅広なプログラムである。これらの中には，今後都市体験プログラム制作において学ぶべき諸点があると思われることから，以下に都市体験プログラムづくりに寄与すべく，若干の整理する。

２．都市の受け入れ小学校との交流の時間

共通する要素を引き出せば，まず相手小学校との交流が指摘できる。千屋小の「迎える会」と「お別れ会」であり，鹿角の小学校の「小学校交流」であり，西明寺小の「こんにちは集会」と「また会いましょう集会」である。これらは，双方向交流の，もっとも双方向交流らしい取組といえる。

出会い場面として千屋小の場合，パートナーの東京の御田小学校の講堂において，それぞれの小学校の紹介をし，アイスブレイクとして「名刺渡し」による自己紹介ゲームをし，両校の長い交流の歴史を象徴する「絆」という歌を一緒に歌い，翌日からの東京体験のグループ別話し合いがおこなわれた。鹿角の小学校の場合，受入先である四ツ木小学校の講堂において，吹奏楽団に迎え入れられ，四ツ木小の児童が制作した歓迎アーチをくぐるというもてなしを受けた。当然にこれらにはお別れイベントが連動している。

このようなイベントには，都市体験そのものというより，相互交流という意味で教育的な意義がある。各学校の紹介は，それぞれにシナリオづくり，パワーポイントデータづくり等の事前準備がなされ，当日のプレゼンテーションも児童の間で役割分担をされている。児童にとって自らの声の大きさを確認したり，緊張している仲間へのアドバイスをしたりと，一大イベントとなっている。また，それぞれの担任教師にとってみれば，日頃の指導方法に関するコンペティション（発表競技会）さながらの様相を呈するものである。

３．都会での体験の面白さ

都市体験プログラムとして興味深いのは，「ようこそ後輩」や「先輩訪問」

である。東京で活躍しているふるさと出身者との出会い企画は，秋田の子ども達にとって一定の安心感を与えるものであり，幸運に恵まれれば研修において一般以上の待遇を得ることができる。

また，「都会らしい諸施設の見学」も共通するものであるが，アンケート等の結果に基づけば，大人の目線で想定された施設よりも，子ども達の自発的なニーズに基づくもの（娯楽的なテレビ番組で紹介される施設（冒険王など））の人気が高いことと，東京タワーからの夜景といった非日常的なロケーションも子供を刺激するようである。

加えて，多くの事例において「キッザニア東京での職業体験」が組み入れられている。児童の感想等をみれば，施設サイドの児童向けのノウハウも充実しており，総じて「楽しい時間」との評価を得るものである。ただ，この擬似的体験が都市体験としてどう評価されるべきかについては検討を要するであろう。

もう一つ注目すべき企画として,「グループ別東京体験行動」や「マップリーディング」がおこなわれている。都市体験において，通常５～６人程度の小グループで管理することが少なくないが，この小グループの自発性を重視して，子ども達自らによる歩く場所決め等の計画に基づき，行動させるものである。マップリーディングの場合，地図を片手に，目的に向けて，街場の住民から情報を得つつ，都会を歩くというのは，子ども達によって刺激的な体験を引き起こすことになる。もちろん，このような企画をおこなうには，都会引率者ないし教師がそれぞれのグループに付くことになるから，引率団におけるある程度の規模が要請されるという課題の他に，都市サイドの受入校及び地元 PTA 等の協力が欠かせない点を指摘せざるをえない。ただ，そのような協力は，一方的な都市体験に比べ，双方の地元協力を背景にした双方向交流の醍醐味でもあろう。

なお，都市体験における小グループ単位制とそこでの指導者の存在は，テーマを持った小グループ行動だけでなく，一般の見学や移動時においても，子ども達の反応を確認し, 意外な驚きや興味を見落とすことなく, その場で小グループ内の反応を増幅することになる。子ども達の感受性を丁寧に拾いあげる重要な手法といえよう。

おわりに

1．子ども双方向交流の魅力と可能性

国の実施する「子ども農山漁村交流プロジェクト」も，秋田県によって企画された「秋田発・子供双方向交流プロジェクト」も，子ども達の日常の生活場面とは異なる空間に滞在し，農林漁家での生活・宿泊体験や都市体験をすることによって，子ども達の「ものの見方」や「考え方」，「感じ方」を深め，「学ぶ意欲」や「自立心」，「思いやりの心」，「規範意識」などの醸成を図ることを目的に企図されるものである。このような取組は，教育論としてみれば，文部科学省の中央教育審議会が掲げた「言葉や体験などの学習や生活の基礎づくりの重視」・「人間力の向上」に寄与するものとして位置づけることができる。

机上での知識の詰め込みという従来の教育方法の重要性も認識しつつも，その限界を乗り越える新たな手法として，児童・生徒が実生活において多面的に感じとる感受性等の能力の育成を果たすことを視野に入れている。「学校現場において，習得型教育から活用型教育や探求型教育が求められている」現状を踏まえて，学校から実社会に出て，実社会の人々や事柄に直接ふれるという交流のあり方が提示されているのである。

この実社会との交流は，動植物とのふれあいを通した自然の不思議を感じる体験，生活場面での科学技術の普及が便利さを提供していることの再確認という体験，さらには現代の子ども達にとって意外に希薄化しつつある他者との社会関係の面白さ・暖かさの体験などの形で，子ども達の心の中に対象化されることになる。そして，周りからの指導・助言を契機に，自らがある場合には納得し，ある場合には理解するというプロセスを提供するものである。

このような教育方法のあり方は，机上での勉強と異なり，テストのような形で「見える学力」として確認することは容易でないが，しかし，多様な知識・技能などの相対化及びその活用可能性を子ども達自らが内面において準備することが「体験」という教育方法であることから，さまざまな知識・技能の身体化や子ども達が感じとった感性や想像力の言葉や歌・絵・身体等による表現

を正しく認識することが教師サイドに求められ，それは具体的な実践の過程で，徐々に方法論として確立するものといえる。

いずれにせよ，子ども自身の「自己を見る眼」，「社会を見る眼」を育成するために，別の観点からいえば，「知的関心の向上」，「生活感覚の体得」，「社会性の醸成」，「行動力の向上」や，「人間性の醸成」，「感覚の洗練化」を醸成するために，この子ども交流の政策（実社会との交流，さまざまな体験）を，それぞれの学校，それぞれの受入地域社会において具体的に設計（当初は試行的な挑戦という形にならざるを得ないだろうが）をすることが求められている。

本書で取り上げた「秋田発・子ども双方向交流プロジェクト」という試行的な取組の意義は，第2章・第3章の体験活動報告や第4章のアンケート結果からも明らかなように，子ども交流の主人公である子ども達に対して，新たな刺激や大きな影響を与えていることである。それだけでなく，子ども交流の引率者（教師及び保護者の一部）や子ども達を送り出した保護者の事後感想にみるように，子ども達の喜びや興味の拡大などの変化が指摘されてもいる。

農村での体験では，農作業への関与に加えて，「遊び」を素材とした異空間体験（魚のつかみ取りやソリ滑りなど）が人気を博している。また「野菜パーティー」という企画で，野菜の好きでない都会の子どもがその場では美味しそうに食し，東京に戻ってからも笑顔で食べるようになったという保護者の意見も出ている。都会体験では，夜景の美しさ，テレビによる情報の現場での確認，IC 乗車券による乗車体験，さらには想定外の人々との出会い等について子ども達が反応していることが指摘できる。総じて，子ども交流の教育的効果は確かなものとして期待できるのである。

このような意義ある子ども交流を，とりわけ双方向子ども交流を各小学校に定着させるためには，いくつかの課題に取り組まなければならない。主要な課題を以下に挙げる。現段階で相対化できる諸点を整理してみる。

◇小学校サイド

1．交流相手（パートナー校）探しの問題

2．交流体験期間の時間捻出の問題（正課内外を含めて）

3．体験プログラム作成の問題

4．パートナー校との実施協議の問題

・それぞれの受入特徴の相互理解
・実施に向けた事前学習など
5．PTA への理解促進の問題

◇受入地域サイド（主に農村地域）

1．パートナー校である地元小学校と地域社会との協議の問題
2．受け入れ体制の整備の問題
・ホームステイを担っていただける世帯の発掘
・体験指導方法
・諸主体間の連携
・コーディネート体制（「子ども交流サポーター」）など
3．子ども教育への農家等地元指導者自らの学習の問題

なお，これらは本事例にみるように，関係者の意欲によってそれぞれに解決が図れるものであることを記しておきたい。

2．子ども交流の普及・定着に向けて

秋田県では，子ども交流の普及・定着に向けて諸課題の克服を目指している。その枠組みを整理しておきたい。**図1**にみるように，基本的には3つの分野を想定している。

第1に，子ども交流の受け入れ地域の拡大（いわば，農林水産省分野）を進める。具体的には，農家民宿・民泊の開拓であり，子ども達に見合った農業・農村の教育メニューの開発である。これには，秋田県の賦存している地域文化等に着目し，語り部や伝統芸能と子ども達とのセッティングという世界があるほか，数多く展開している農産物直売所の担い手とのふれあいや地域毎の魅力的な体験イベントづくりも，農村活性化の動きと連動させながら検討されるべきである

第2に，子ども交流受け入れの教育的スキルアップ（いわば，文部科学省分野）である。既に受け入れ経験をした地域においてはその反省や改善点の検討など学習機会を創り上げる必要がある。また，県内の大学等専門的機関と連携し，指導方法のスクリーニングも，受け入れ担い手一人ひとりの質的向上には不可欠な要素である。受け入れ経験者等による受け入れ初心者への出前講義も

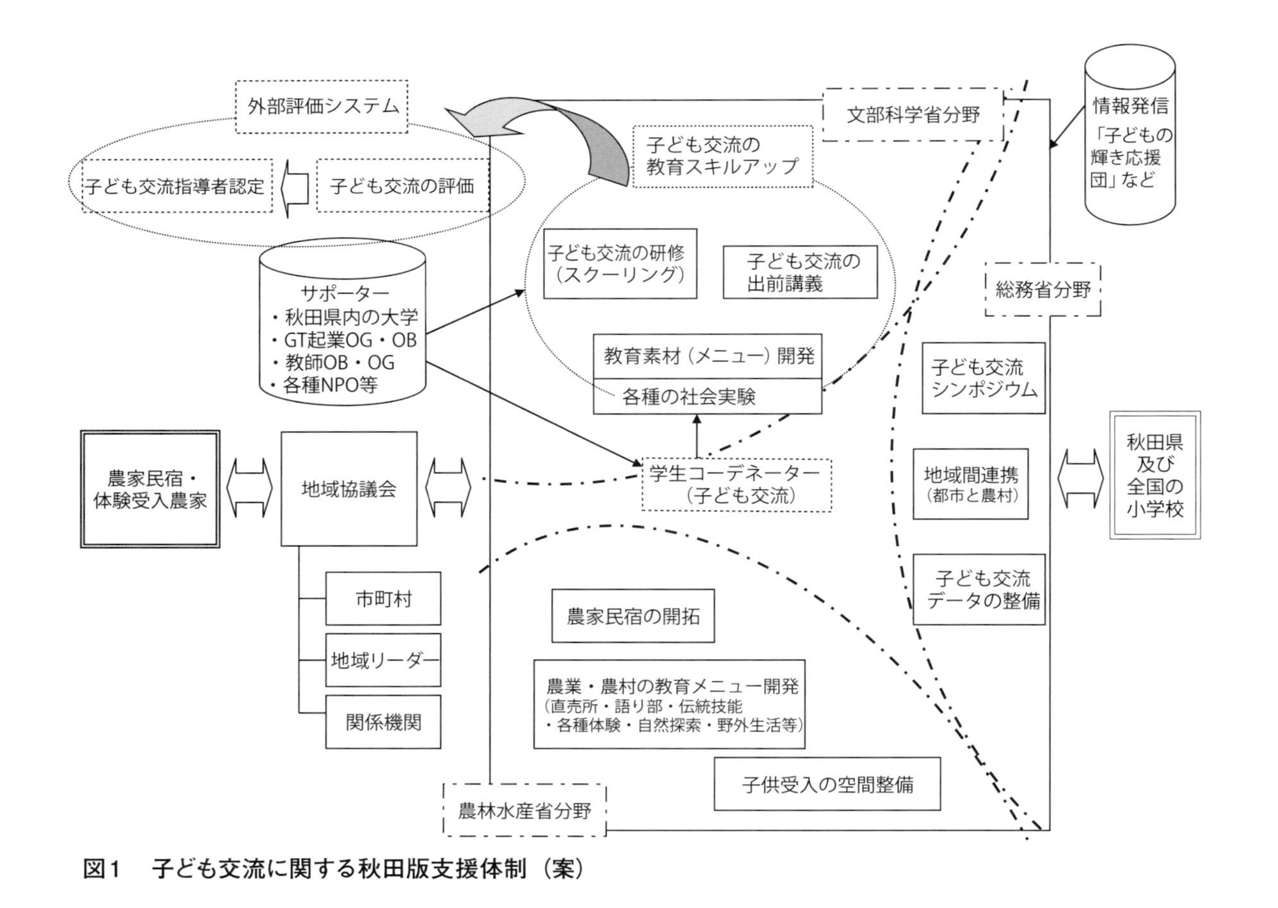

図1　子ども交流に関する秋田版支援体制（案）

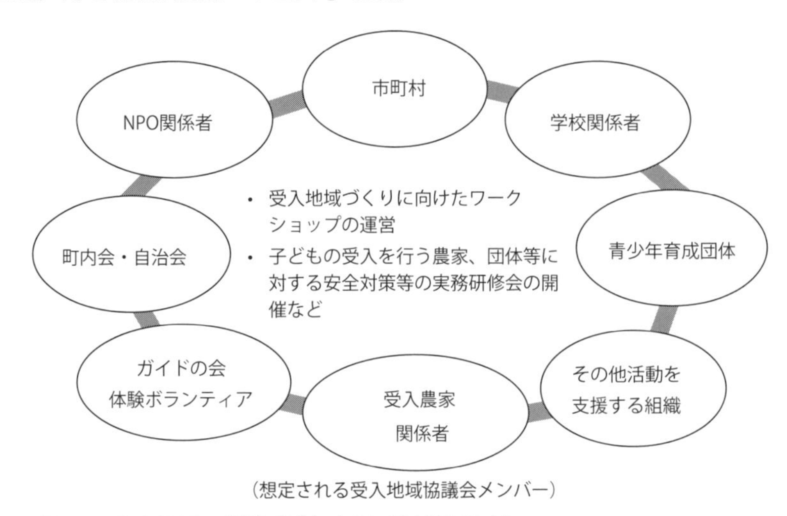

図２ 受入地区の推進体制（受入地域協議会）

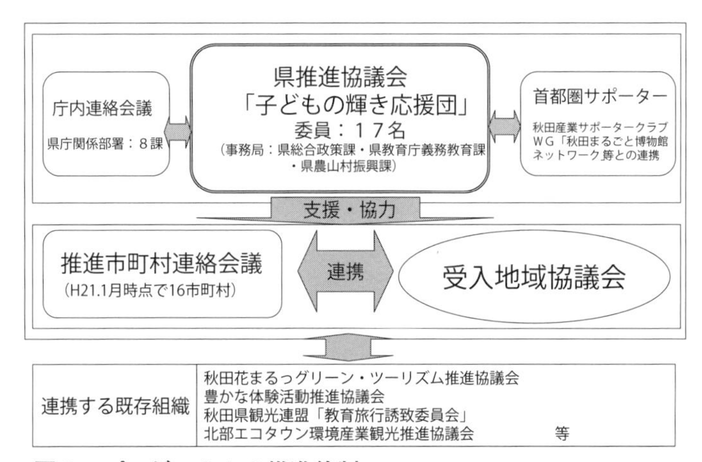

図３ プロジェクトの推進体制

考えられる。さらには，一般的な体験イベントを子ども達向けのものにする教育的改訂についてノウハウを蓄積することも重要となる。

第３に，子ども交流の社会的意義に関する県民及び諸機関･団体への普及（いわば，総務省分野）である。子ども交流体験に関するシンポジウムの濃密な開催や情報発信が求められる。また，県外における子ども交流の動き（パートナー校や体験活動など）に関する情報収集及び情報発信の全国的な視野での展開が求められる。

これらの課題のうち，受け入れ地域の整備に関しては，既に呼びかけを進めている。市町村，学校関係者，受入農家関係者という3者に加え，この取り組みを支援できる，NPO法人，地域自治会，大学生や教員OB・OG等の体験ボランティア，青少年育成団体による受入地域協議会の組織化を視野に入れている。

最後に，県では，このような子ども交流の推進に関して，「秋田発・子ども双方向交流プロジェクト推進協議会「子どもの輝き応援団」」を平成20年7月に組織し，情報収集や実施に関する相談に応じている。県庁内の総合政策課に事務局は置かれている。都市交流体験を検討されている県内の小学校の先生方や保護者の方々，さらには受入希望の地域からの問い合わせに対応する。

子ども達の都市農村交流である「秋田発・子ども双方向交流プロジェクト」をマネージメントしている「子どもの輝き応援団」に対して，平成22年3月に，赤松広隆農林水産大臣と養老孟司委員長から「第7回オーライ！　ニッポン大賞」（オーライ！　ニッポン会議（都市と農山漁村の共生・対流推進会議））の表彰を受けている。本取組は，日本全体を通してみても，特徴的・先端的・魅力的な取組であるといえよう。

オーライ日本大賞の審査員

オーライ日本大賞の受賞式

オーライ日本大賞の秋田の関係者

❖【コーヒーブレイク　②】
グリーン・ツーリズムのチカラ

〜〜

グリーン・ツーリズムは，周知の通り，農村を訪ねて，住民に出会い，田舎暮らしの知恵に触れ，地元の食を味わう旅である。これに対応して，農家民宿，農業体験の提供施設などが全国各地に生まれ，農村での余暇を楽しむ機会が拡充しつつある。

子どもたちの成長・発達と農村体験を結びつける取組として，「子ども農山漁村交流プロジェクト」が動いている。民主党政権下で財源カットを強いられたが，農村住民の力によって定着が図られてきている。農作業の手伝いや遊びを通じて，感じたことを仲間と語り合うことの教育的効果は広く指摘されている。

農村体験の効用は，子どもに限らず，親子間のコミュニケーション向上にも繋がるであろう。筆者自身を省みると，親子で一緒に語らうことが意外に多くないことに気づく。幼児期には遊園地等で一緒に遊んでいたが，小学・中学期になればほとんど学校任せになり，ふれあいを持つ機会を失いがち。子どもは親の振る舞いにこそ興味を向けているのに…。

グリーン・ツーリズムは，都会の親子関係の健全化に寄与できる。親子で一緒になって，手で触れて土の暖かさを確認し，緑の香りを味わう。都会の親子のための，１泊２日の魔法の時間は，ありふれた農村こそが提供できるのである。

◉【ビューポイント　④】
農村生活研究を振り返る

日本農村生活学会の前身である農村生活研究会に参加させていただいてから，すでに30有余年が過ぎた。数多くの学会メンバーから指導や助言をいただき，農村の暮らしの実相や生活普及の方法論を学ばせていただいた。本学会への貢献といえるものはほとんど無いけれど，学会事務周辺の仕事のお手伝いや論文査読等の務めを果たしながら，最も大切な学会の一つとして，本学会に関与させていただいている。この度，学会誌編集委員長の役を仰せつかることになり，その責務の重さを痛感している。本学会誌が研究成果の発信の場であり，農村生活にかかわる諸情報の公開手段であることを強く自覚し，紙面の質的充実と定期刊行に努めていきたい。

本学会誌の充実を図るためにも，いま改めて，農村生活研究の課題や方法について，筆者なりに振り返ってみたい。これまでの農村の暮らしを眺めてみると，全体社会の変化（高度経済成長とその終焉，続く低成長，その後のバブル経済の発生と破綻，またプラザ合意以降のグローバリゼーションの進展と農産物貿易自由化の波など）に大きく影響されながら，まさに木の葉の舟の如く，社会のうねりに対処しつつ，進むべき方向を探し続けた過程であったように思う。農村から都市への人口流出，その結果としての農村社会における過疎・高齢化の深化と農村的生活様式の変質，農産物価格の全般的な低迷傾向の深まり，また食品産業の拡大の中での農と食の乖離など，大きな生活問題の噴出の歴史でもあった。これらに対して，農村の暮らしを支える人々はただただ受け身に対応するだけではなく，暮らしを守るために，たとえば農産物直売活動などの新たなビジネスに挑戦し，農家経済の補填手段を創出し，また農家家庭内での新たな役割分担の確立に関する家族内の合意づくりを果たしながら，さらにはグリーン・ツーリズム等を介して農村暮らしの魅力を見出そうとする多様な取組を積み重ねてきたといえよう。

外からの様々な変化をどのように受容するのか，そして家族や仲間との話し合いを通じてどのように対処するのか，また自発的にどのような暮らしのあり方を追求し，その実現に向けてどのような協働関係（地域を超えたネットワークを含む）を構築するのかといった生活主体の自立的・自治的な展開プロセスといえるかもしれない。

本学会誌のこれまでの研究成果をみれば，時代状況に応じて多様なテーマ設定がおこなわれ，それぞれの個別課題への斬新な接近が展開され，必要に応じて政策提言もなされている。それなりに大きな成果を積み上げてきたといえるのではないだろうか。「農村生活」という掴みどころのない，多面的で複雑な研究対象であること，また扱う個別のテーマ特性などから，これまでの農村生活研究成果について，一義的に方法論を抽出することは容易でない。しかし，本学会の歩みを通して，研究対象に向けた一定の確かな手法が生み出されていることは確認できるように思う。

誤解を恐れずに単純化すれば，それは研究者と研究対象との近さと共感といえよう。本学会誌の特徴は，この生活主体に寄り添い，一人ひとりの想いを受け止めながら，一緒になって対処方法を構想し，一緒になって実践し，そして振り返りをおこない，折々の時代的な課題の発見や生活主体の内面にまでくい込んで特徴抽出をおこなうという，いわば生活普及論に基づく農村生活研究が少なくない点である。

本学会誌の質的充実に向けて，一方で，日本農村生活学会が磨き上げてきたこの方法論をなお発展させることが学会メンバーとしての大きな課題である。しかし他方で，この方法論に固執するものでもない。時代の変化にセンシティブであるという生活特性を考えれば，加えて異質化・多様化が進む生活主体を視野におけば，これまでと異なる方法論による接近も当然試みられるべきである。会員メンバーには，さまざまな視点・多様なアプローチによる研究成果の積極的な投稿を期待したい。

第Ⅲ編

農村集落の地域活性化コンサルテーション

三種町上岩川地区と横手市三又地区の事例，そしてじゅんさい物語

第1章
超高齢農村における地域づくり実践方策の模索
秋田県三種町上岩川地区の取組を事例として

はじめに

農村社会学を専攻する筆者は，現地の農村集落を訪れることが少なくない。農村の社会システム，地域農業の構造，農村の文化，農村の人々の暮らし等を研究対象としている。折々の体制からどのような影響を受け，どのような農法を採用し，どのような日々の営みが織り広げられたのか，その歴史的なプロセスと今後の展開方向（島崎 1965；長谷川 1974）に興味を抱き，研究を続けてきた。しかし，高度経済成長によって引き起こされた農村社会の過疎化の影響は甚大であり（安達 1981），古くから維持されてきた農村社会それ自体の安定性を損ねかねない状況が形成されてきている。

今日の農村のなかに入ってみると，集落人口の大幅な流出，戸数の着実な減少，多世代家族シェアの縮減と単独世帯の増加，そして少子高齢化の深まりが，広く農村社会を覆い尽くし，とくに中山間地域を中心に「限界集落」（大野 2005）といわれる事態が広がっていることを実感せざるを得ない。このような厳しい傾向が沈潜しつつ強まれば，その先にあるのは農村社会それ自体の消滅である。

この現実を「時代の流れゆえにやむなし」，「日本の政治・経済システムによる一つの帰結」として簡単に片付けるわけにはいかない。日本人の食料を支え，日本文化の一翼を担い，自然と共存する暮らし方を示してきた日本農村は容易く消えてはならないものだからである。今，農村の現場に立って，アカデミズムにかかわる者の一人として，何をなすべきなのかを考えさせられる。

科学的態度として，研究の対象をできるだけ外から観察し，調査・分析し，評論するというプロセスを慮りつつも，あえて一歩前に進み出て，研究対象である農村社会にどっぷりと身を沈め，住民の想いに近づき，農村の内部から再生の動きを支えるという姿勢こそが重要であるように思う。現下の経済・政治システムに対してある時は抗いながら，またある時は協調しながら，農村コミュニティの再生，すなわち住民の手による地域づくり実践（むらづくり）を一緒になって追求していくことが，農村社会学の社会的責務の一つであると考えるに至った。

筆者はここ 10 年，秋田県内各地の農村に入り，地域づくりのお手伝いを続けている。グリーン・ツーリズム（山崎・小山及び大島 2002；荒樋 2008）の普及・定着や社会実験的な企図が住民の地域づくり意欲の醸成に繋がるのではないかとの仮説に基づいている。農村計画のポイントは，住民の内発性・創発性（吉原 2011）を基底において，経済的活性化と精神的活性化の仕組みをバランス良く打ち立てることである（荒樋 2004）。

それらを育てるためにも，ふるさとへの愛着を具体的な行動に結びつける「住民力」の醸成が不可欠であると思う。それゆえ，一方で大学生の地域関与を内実とした「農村活性化実践プロジェクト」という教育手法（荒樋・濱野及び神田 2008）を試み，他方で地域住民や市町村職員，あるいは NPO 法人メンバーなどと一緒になって，個別的な諸実践に関与してきている。それらの成果を積み重ねながら，住民ひとり一人の地域づくり意欲を高めることに寄与したいものである。

本稿では，地域づくり実践に関する筆者の仮説やスタンスを前提的認識として示しつつ，「住民力」醸成に向けた社会実験の一事例を紹介する。平成 21 年から継続している三種町上岩川（みたねちょうかみいわかわ）地区の上岩川地域おこし協議会「房住里（ぼうじゅうさと）の会」（以下「房住里の会」という）の住民組織による実践である。本稿の目的は，地域住民と大学教員等による地域づくり実践という協働の一つのあり方を提示することである。この事例では，活動資金捻出のため，県庁や政府からの補助事業の導入を試みている。そこで，地域づくり実践にチャレンジしようとされている県民の方々に対して，何がしかの参考になることを願って，本事例の企画書の一部を紹介するとともに，農村計画における今日的な実践領域についても検討する。

第1節　地域づくり実践への前提的認識

1．住民合意の基礎単位は地域自治組織

地域づくり実践という社会実験を計画する場合，パートナーとなる農村社会の構造を理解することから始めねばならない。農村社会とは何なのだろうか。「むら」と呼ばれ，あるいは「旧藩制村」や「部落・集落」とも呼ばれることもある。地域住民によって農業などの生業が営まれ，一定の地理的な領域を持ち，地域生活をマネジメントするものが農村社会である。いわば，小さな国家のようなものと捉えることもできる。

「むら」という社会的枠組みは，歴史の流れのなかに位置づけるため，「村落共同体」という概念を適用し使用されてきた。この村落共同体としての「むら」は，「総有」という土地所有形態が残存し，生活及び生産の共同組織であり，内部の個を規定する共同体規制が働く，局地的小宇宙として捉えられた（大塚1955）。

この概念が近代・現代に至る諸段階で，体制の変遷に連動して「むら」の有り様・実態は大きな変化をみることができるのであるけれど，折々の地域課題に対処する住民協議の場としての性質は保持されてきた。高度経済成長を契機とした農村人口の都市への流出などにより，農村の自治機能の脆弱化は否めない。しかし，全世帯に配慮した地域合意形成の機能はなお維持され，住民の内発性・創発性を培っている。今日の地域づくり実践は，この「むら」の承認を背景にしてはじめて市民権を得ることになる。

2．実働グループの形成

地域づくり実践を担うためには，相応の住民グループの形成が必要となる。地域自治組織が直接にその役割を果たすことができれば良いのであるが，ルーティン的な協議と行政下請け業務に追われ，まわり番で役員が決まるケースが少なくなく，総じて新たな取組を担う余力を有していないのが秋田農村の実態である。

今日の地域づくり実践は，多面的で創造的な諸活動を企画・マネジメントす

ることが求められ，ふるさとの活性化への強固な意志と行動力を持つ人材が不可欠である。そこで，有志による実働グループの形成が必要となる。NPO 法人のような機能性を備えた組織があれば心強いが，そうでなくとも複数名による実働グループ（寓意的に言えば，「３本の矢」に因んで，３名以上の仲間）が欠かせない。この実働グループにより，当該農村の置かれた状況が分析され，課題克服の諸方策が練られることになる。各種情報の収集や地域自治組織と連携を図りながら，実現可能性のある計画案を速やかに策定し，住民の協力を募ることが求められる。

３．計画内容・コンテンツの領域

地域づくり実践における計画内容・コンテンツの今日性に言及してみよう。住民の担う活動領域は，それぞれに農村条件や住民ニーズに即して規定されるものであることから，独創的であり，多様性を帯びるものであるが，しかし一定の，今日的な共通性があることも指摘しておきたい。以下に，筆者が関与した諸事例に基づきながら，考慮すべき今日的な計画内容の領域を示す。

すなわち，第１に，新たなビジネスの創造である。多くの場合，基幹産業である農業の不振に起因して地域経済の衰退を経験している。働く場の縮小は人口流出をプッシュする。これに対処するためには，一定の人口をまかない得る仕事を創出せねばならない。集団化による多面的な農業法人経営，地域資源の見直しから生まれる新たなビジネス，グリーン・ツーリズムなど，幅広な地域産業の創成に関する領域についての計画立案が必要である。

第２に，集落連合への配慮である。新たな挑戦としての近隣集落との連携可能性の模索である。既存集落の範域を対象とした計画は比較的想定しやすく，取組やすいものであるけれど，人材および地域資源の甚少性から発展可能性を制限しがちである。基礎単位の拡大という計画領域は，行政規模の適正性という観点から総務省等でも一つの関心である。

第３に，地域住民の交流機会の再構築や生活福祉の向上に関する領域である。過疎・高齢化という問題状況は，住民間のつきあいの希薄化に直結することが少なくない。住民の意向としても，新たな交流ネットワークの形成や高齢者福祉サポートシステム等の計画領域には関心が示される。住民主導でマネジメントできる「コミュニティ・サロン」のような場づくりは多くの農村で求められている。

第4に，外部からの訪問者の受入れである。交流活動による経済的効果，地域資源や農村的ライフスタイルについての再評価，地域の伝統行事や文化への着目，農村のもつ教育的な効果，移住者受入れ等と結びつける可能性を有する計画領域であり，野心的な取組は行政サイドからの関心も高い。

4．計画実現のための資金調達

以上のような観点から地域づくり実践を遂行する場合，取組資金が必要になる。ボランティアですべてまかなえるものではない。如何にして対処すべきであろうか。その一つに，政府などからの補助事業の獲得という道がある。各省庁，あるいは都道府県において，地域住民等による諸実践を支援する事業がそれなりに各種用意されている。

もちろん，なにもかも補助金で対応するというのでは，住民の主体性はいずれ失われ，政府・体制への従属になりかねない。ただ，住民の主体性を開花させるためにそれを活用するのなら，むしろ望ましいものといえよう。今日，農業・農村の個別的な諸課題の克服を目指して，かつ行政サイドの事業目的に適合しつつ，補助金等を有効に活用する，そのような地域づくり実践の遂行力が強く問われているのである。

第2節　三種町及び上岩川地域の概要

1．三種町の概要

上岩川地域のある三種町は，秋田県の北西部に位置している。基幹産業は農業であり，平地部では稲作経営の大規模化や大豆等の土地利用型畑作物の拡大，集落営農の推進を図るとともに，三種町の特産物であるメロンやジュンサイ等の振興を進め，複合経営を強力に推進している。

平成22年の農林業センサスによると，販売農家数は1,661戸，うち専業農家は398戸（24.0％）と比較的多いものの，そのうち男子生産年齢人口がいる世帯は158戸と専業農家の39.7％にすぎず，農業の担い手の脆弱化が進行している。

２．上岩川地域の特色

「房住里の会」が活動している上岩川地域は，三種町の南東部に位置する房住山の麓にあり，三種町を横断して流れる三種川上流にある 15 の中山間集落で構成されている。上岩川地域は，昭和 30 年代には人口約 3,000 人を擁していたが，現在は 600 人台にまで減少してしまった過疎地域であり，平成 24 年 12 月時点で，地域住民の高齢化率 50.8％に達し，「超高齢社会」と呼びうる状況に立ち至っている。

主産業である農業の担い手の高齢化も顕著であり（65 歳以上の農業就業人口割合は 73％：2005 年農林業センサス），稲作・野菜・養鶏等の組み合わせによる小規模な農業を営んでいる。上岩川地域の農業をモデル的に示せば，農地を集積した集落営農の取組と，１ha 弱の水田に庭先での野菜栽培や養鶏を付加した，高齢者による農業経営が並存しておこなわれているといえよう。

第３節　第一次むらづくりのプロセス

１．むらづくりの動機（地域の閉塞感・危機感）

上岩川地域は，農業のほか林業も盛んな地域であったため，昭和 30 年代には公共施設や商店が立ち並び，賑わいをみせていた。しかし，昭和から平成へと時代が移るにつれて，県外就職等による若い世代の流出や出生率の低下が進み，人口減少と高齢化が大きな問題となっていった。

「房住里の会」初代会長の KM 氏は，平成 18 年春に東京の会社を定年退職して上岩川へＵターンしたときに，かつての賑わいが消えた故郷を目の当たりにし,「このままでは地域が消滅するかもしれない」との強い危機感を持った。「地域のために何かしなければ」との想いに駆られていた。ある会合で，元上岩川郵便局長の KA 氏と元小学校長（郷土史家でもある）の IK 氏も，同じ想いを持っていることが明らかとなる。その後，この三者の間で，ふるさとを元気にするには何を為すべきなのかといった話し合いが重ねられた。

平成 21 年１月，この三名は秋田県立大学の農村活性化研究室を訪ね，協力依頼をおこなった。筆者は彼らの意欲と情熱にふれ，彼らの目指すむらづくりへの協力を約束した。農村活性化のきっかけを形成するための活動資金等の必要性や地元情報に関する聞き取りをおこなった。その折，秋田県庁に地域の活性化対策を支援する「農山村活力向上モデル事業（以下「モデル事業」という）」があることを知った。採択地区に対して500万円規模の予算措置（2年間のみ）を講じる3ヶ年の事業である。KM氏はさっそく県庁を訪問し，当該事業の概要を調査した。むらづくりのための事業計画を策定することが前提条件であった。

そこで，KM氏ら三名に筆者も加わり，地域の実情を分析し，今なすべき取組をまとめる作業を進めていった。昼夜を問わず1～2週間にわたり協議を重ねた。高齢者間の交流が希薄化していることが当該地区の最大の課題であるとの認識から，みんなで協力しあえる「むらづくり」を基本に据えた事業計画を策定した。農村社会における人口減少の克服は，容易に解消できるものではないが，地域の暮らしを守る活動が，住民の自信と誇りを取り戻すことに繋がることを信じて，高齢者による，高齢者のためのむらづくりが始まったのである。

2．むらづくり計画の策定

当該地区で構想した計画内容を把握するため，秋田県の「モデル事業」に申請した計画書：「地域住民と外部協力者との協働による房住山と上岩川地域の魅力づくり―協力と知恵で「限界」を克服する―」の概要を掲載しておく。

少子高齢化を深める上岩川地区の生活を守るためには，集落（自治会）単位，あるいは近隣集落連合単位の社会的範域というコミュニティ計画づくりが不可欠である。とりわけ，農村集落では生産・生活に関連する相互扶助の希薄化が進んでおり，農業生産環境及び農村資源の保全への支障が生じるケースも少なくないため，多面的な集落機能の活性化を促す住民総参加型の取組が要請されている。

おおよそ3年計画として，基本的には，次の4つの側面から活力の向上を目指す。

第1に，「小集落の個性を生かした集落連合による集落機能の相互補完」である。集落自体の人口減少により，それぞれの独自的な地域マネジメント能力は弱化傾向にある。そこで，「房住山」という地域的な象徴によって結ばれてきた近隣集落間の共有の資源活用方策を検討しながら，それぞれの集落個性に配慮した緩やかな連合を模索し，地域としての地域保全機能の向上を図る。これにより，地域の防災機能や子供育成機能の充実，さらには生活道管理等の集中化が図れるとともに，伝統行事への近隣集落からの相互的支援がおこなえる。

第２に，「農業集落の有する〈魅力〉の再発見」である。15集落連合という新たな農村範域の設定において，地域住民の社会的連帯を再構築するためには，新たな社会関係の下で自らの暮らしの場に「農村ふるさと」の価値を改めて見出す営為が求められる。ふるさとの価値ないし魅力を確認する一つの契機は，外部者からのまなざしに触れることである。外部者とのふれあいを介して，良質な農産物づくり（高付加価値づけ）への意欲向上が図れる。

第３に，「高齢世帯への市民による援農活動の助長」である。条件不利な農業集落における共同作業は，人的な不足の理由から滞りがちになっている。そこで，三種町における地域づくりNPO等による町民への呼びかけを通して，ボランティア精神に基づく「農村資源の保全に向けた援農隊」を組織し，畦畔の草刈りや各種農産物収穫の援助をおこなう。

第４に，「伝統文化（伝統食と民俗芸能）を介した都市農村交流の拡大」である。農村高齢者が身につけてきているが提示・表出する機会を失った生活技術や近年実施されなくなった民俗芸能（例えば鳥追いやねぶ流し等），「房住山」にまつわる各種文化行事等の再興により，農村高齢者の能力発揮機会を創出する。これにより，街場の人々との交流を介して農村の魅力発見に繋げていく。農村集落の伝統文化の再興ないし維持保全は，都市農村交流の一つ重要な資源となり得るとともに，農村住民において地域アイデンティティの確立に寄与する。

第５に，地区の数多くの住民参加によって，これらの計画は具体性を持ち，実り豊かなものになるものであることから，上の４つの取組に加え，以下の特徴的な活動をおこなう。その一つは，住民ニーズ表出や意思疎通を促すために，空き家などを利用してコミュニティ・サロン（話し合いの場，憩いの場）を作り上げることである。二つは，住民に地域づくり活動の面白さを体感してもらうため，地域の代表的な伝統行事である「ねぶ流し」を中心とした交流イベントを開催することである。

以上のような計画書を申請した。(1)「小集落の個性を生かした集落連合による集落機能の相互補完」，(2)「農業集落の有する〈魅力〉の再発見」，(3)「高齢世帯への市民による援農活動の助長」，(4)「伝統文化（伝統食と民俗芸能）を介した都市農村交流の拡大」であり，それに加えて(5)空き家を利用したコミュニティ・サロンの整備という５つの柱で構成されている。

3．むらづくりの推進体制

1）「房住里の会」の設立

「モデル事業」への申請主体は，上岩川地域の全集落を守る取組であることを意識して，「上岩川地域おこし協議会」の名を使って応募した。この協議会は25年前に15の集落の全世帯が加入してつくられた組織であったが，申請時点で担い手が存在していなかったため，有名無実化していた。各集落の自治会長の承諾を得たうえで，その名称を活用し申請したものである。

計画の申請に際して，一部地域住民から強い反発の声（「何をしてもしょうがない」など）があがったことから，KM氏たちは各自治会へ何度も足を運び協力を呼びかけて回った。その結果，頑なだった一部住民の意識が徐々に変わり，計画に対して理解を示してくれるようになった。こうしてまとめ上げた計画書を平成21年4月に県に申請し，5月に無事採択された。その後，この「モデル事業」に特化した新たな実動組織が必要となった。上岩川地域おこし協議会内に「房住里の会」を組織し，平成21年6月20日の設立総会を経て，構成員20名で「房住里の会」が設立された。

2）「房住里の会」の組織構成

組織構成をみれば，役員として会長1名，事務局2名，監事2名で構成され，その下に4つの班：①　地域文化振興班（→地域の伝統行事等の振興），②　生活環境班（→「ふれあい朝市」等の実施），③　地域産業振興班（→高齢世帯への「援農隊」や「いわかわ鶏」の商品化），④　地域交流班（→「ふるさと交流館」の運営管理等）を置くとともに，会員それぞれが一人一役を担う体制となっている。

会員の間で話し合いされたテーマの一つに，この「一人一役」という考え方がある。高齢者であることから，誰か一人が全体の世話をするには無理がある。そこで，メンバー誰もがこのむらづくりの実践に関与するためにも，ほんの少しで良いから担い手になろうとの意思が込められた「一人一役」という役員体制をとったのであった。

3）「房住里の会」への地域外協力者たち

「房住里の会」の取組に関する主な連携組織は，次の３組織である。

① 秋田県立大学：農村活性化研究室の教員と学生が，活力向上モデルプランの策定や地域行事の開催にかかる作業，援農隊の活動などに関する協働を展開。また，年10回程度の現地訪問をおこない，地域住民と交流する。

② 秋田企業経営者連合組織「秋雪会（しゅうせつかい）」：首都圏に本社のある企業の秋田支社長や支店長の方々で構成され，秋田県全体の地域づくりに寄与することを活動の一つとする団体であり，首都圏や秋田市などで開催する特産品販売に関する情報提供やイベントでの販売協力を受けている。

③ NPO法人「一里塚（いちりづか）」：三種町におけるむらづくりの先輩であり，「房住里の会」の頼もしい相談相手となっている。

第４節　第一次むらづくりの成果：住民による実績

「モデル事業」を使ったむらづくり計画に沿って，平成21年度から３年の間，多様な取組をおこなってきた。その実績を簡単に押さえておきたい。

１．コミュニティ・サロンの開設

まず始めに取り組んだのは，交流拠点の整備である。上岩川地域の中心に位置する，空き家になっていた旧雑貨店を借り上げ，地域住民が集い語り合えるコミュニティ・サロンとして「上岩川ふるさと交流館（以下「ふるさと交流館」という）」を開設した（**写真**）。次に，サロン活動の一環として，地域の魅力を向上させるために，地域のさまざまな資源を見直し，房住山の案内看板の設置や訪ね歩きマップの作成，房住山グッズの販売や特産品開発の活動を開始した。さらには，地域の伝統行事を介した地域外住民との交流を促進していくための取組もサロン活動の一つである。「ねぶ流し」や「鳥追い」などの伝統行事の情報を地

上岩川ふるさと交流館

域外へ発信するなど，地域住民と地域外協力者との協働によって展開している。

2．ふれあい朝市の開催

「ふるさと交流館」で開催される「ふれあい朝市」は，「地域住民がふれあい，交流できる場所にしよう」と生活環境班の女性会員たちが企画し，平成21年7月に実現させたものである（**写真**）。

「日本一小さい朝市」の風景

「庭先で収穫できた野菜や山菜を店先に出せば，喜ぶ高齢者がいるかもしれない」との声を背景に，毎月第一日曜日に山菜等の特産品を持ち寄り販売してみたところ，思いのほか評判となり，毎回完売が続いた。わざわざ開店の日に合わせて地域外からの訪問者が現れるほどであり，今では，原木椎茸の粉末を練り込んだ椎茸うどん，オヤキなどの加工食品も販売されている。「ふれあい朝市」は，担い手高齢者の口から〈日本一小さい朝市〉と自嘲気味に言われるくらい，小規模なものであるが，生産・加工・販売を組み合わせた六次産業化の一つの姿である。自家農業への女性の寄与が，「ふれあい朝市」を介して，賑わいの創出，農業所得の向上，新商品の開発，さらなる集客という好循環に導いている。

こうして毎月第一日曜日の朝には「ふるさと交流館」前が人々の往来で賑わっているのである。

3．「いわかわ鶏」の販売

「いわかわ鶏」の販売のきっかけは，秋雪会の誘いであった。秋雪会の会長から「郷土料理である『にわだま鍋』を広く知ってもらうための試食会を開催してはどうか」とのアドバイスを受けたことである。さっそく平成21年11月に，伝統的な飼育方法（野草をふんだんに配した独自の

郷土料理「にわだま鍋」

えさ供与と平飼い）による「いわかわ鶏」を使った『にわだま鍋』の試食会を開き，秋雪会メンバーを招待した（**写真**）。

「いわかわ鶏」

もともと，地元だけで食されていた料理であったが，試食会では具材となるこの鶏肉や原木椎茸の美味しさが好評を博したことから，地元以外へ売り出す運びとなった。平成 22 年５月の２日間，秋雪会の後押しを受け，東京「せたがやガーデニングフェア 2010」において，「にわだま鍋」を販売したところ完売となった。この首都圏での PR 活動を通じて「いわかわ鶏」の商品としての手応えを感じ，「ふるさと交流館」でも積極的に販売することにした。

平成 22 年度は，地域の農家６戸に鶏飼育を委託して 30 羽を確保した。販売に向けて専門家の意見を取り入れ，「房住山の山懐に育った幻の美味鶏」のキャッチコピーで，平成 22 年 11 月７日に一般販売したところ，用意した 90 パック（１パック 600g，1,700 円）が１時間とたたずに売り切れとなる盛況ぶりであった。この経験は，「いわかわ鶏」への自信を深め，平成 23 年度は 70 羽を販売している。

４．援農隊派遣による農作業支援

「房住里の会」では，高齢農家に対する農作業を支援する援農活動を実施している。この活動は，「腰を痛めて今年の農作業はできない」との会員の声を契機に動き始め，この会が窓口となって援農を必要とする農家へ「援農隊」を派遣している。これは地域産業振興班の会員と大学の学生有志らによるもので，必要に応じて数回の派遣をおこなうものである。作業内容は，圃場の排水を良好にするための溝切り作業（**写真**）などで，作業面積は３ ha くらいである。この活動は，農業を続

援農隊の溝切り作業

けたいと思っている高齢農家の支えとなっている。「房住里の会」では，今後も高齢農家の労働力不足を補う，こうしたシステムを充実させて，地域農業の担い手確保に寄与していくことにしている。

５．地域の防犯や緊急時対応への取組

「房住里の会」では，地域の防犯や緊急時の対応に不安があるため，高齢独居世帯を会員同士が何かの用事の際に訪問し合い，茶飲み話や見守りをおこなうことで生活面での不安解消に努めている。

また，上岩川地域は，町内でもっとも積雪の多い地域であるため，冬場は屋根の雪下ろしや除雪作業なども悩みの種となっているが，この会が窓口となり，学生ボランティアの受入・派遣をおこなうなど，充分とは言えないけれど生活環境の利便性の向上に繋げている。

６．おばあちゃん喫茶「里」の誕生

おばあちゃん喫茶「里」

自動車の運転ができない高齢者にとって，地元の商店は大切な買い物の場であるが，地域のなかで「この地には商店がなくなったため，たいへん困っている」との声があった。これに対応して，「ふるさと交流館」でゴミ袋やのし袋，さらには缶詰やカップラーメンなどの日用必需品の販売をおこなうことにした。日常のちょっとしたものが購入できる地域のコンビニ的な役割がふるさと交流館に加わり，すごく便利になったと住民に喜ばれている。

また，「ふるさと交流館」は，地域外からの訪問者への窓口機能も果たしている。交流の機会をさらに広げようとする女性会員たちのおもてなしの心が，「ふるさと交流館」での飲食店営業許可取得に繋がり，平成 21 年９月に喫茶コーナーおばあちゃん喫茶「里」を誕生させた。

こうして，地域内外の住民がいつでも集まれる場所となった「ふるさと交流館」は，商店であり，喫茶店であり，平成 23 年５月には椎茸うどんなどを提供する食堂にもなった。地域行事等の打ち合わせ場所としても活用され，新し

い加工品となった彼岸花（造花）の製作・販売の場所にもなっている。

様々な取組を進めるときには，常に女性会員たちの奮闘があった。「ふれあい朝市」や「おばあちゃん喫茶」は，発案から実行までのすべてを女性会員がおこなったものである。今では「房住里の会」の会議の席で消極的な意見が出されると，それを正すこともしばしば見られるようになり，男性会員から「ここは彼女らに任せておこう」と言わせるほど頼もしい存在となっている。

7．房住山観光振興の取組

「房住里の会」では，地域の観光資源である房住山を核とした観光振興を図ろうと，房住山ガイド養成講座を平成21年10月から11月にかけて計8回開催した。受講者は延べ27名で，町の郷土史研究家を講師に地域の歴史や房住山にまつわる話を学んだ。こうして養成したガイドは20名が登録され，平成23年度の山開きから活躍している。また，平成23年2月には，IK氏の発案により，房住山に関する歴史を紹介した『マンガで読む房住山物語』が発刊された。

この他，秋田県立大学の学生との協働により，地域散策マップづくりや，「房住山浪漫うた街道」等の取組をおこなっている。これは，上岩川地域の名所・旧跡などを「うた（俳句や短歌）」にした手作り看板50基を地区内の各地に設置したものであり，平成22年4月にサイクリングロードとしてオープンした。

これらの活動により，地域住民は「前に比べると地域外から訪れる人が増えた」と実感している。

8．伝統七夕行事「ねぶ流し」への運営協力

上岩川地域では，江戸時代末期から伝わる伝統七夕行事である「ねぶ流し」が毎年おこなわれている。この伝統をマスコミ等に積極的にPRして活性化につなげようと，学生らの協力を得ながら，これまで行事を主催してきた上岩川中央自治会と共催で開催することにした。平成21年夏には，「ねぶ（わら人形）」（2基）を制作し開催した（**写真**）ところ，30名ほどだった観客が約200名へと大幅に増え，大盛況となった。

この伝統行事「ねぶ流し」を契機とした地域外協力者との協働活動は，地域

「ねぶ」の人形

伝統七夕行事：ねぶ流し

住民にとってふるさとの魅力を再発見する機会となり，また「歳はとっていてもふるさとのために何かをしたい」という気持ちの高まりとなり，「房住里の会」の会員数は，当初の20名から90名（平成23年3月時点）へと増えていったのである。

また，こうした活動は，毎月発行している広報「房住の里」に掲載して地域の全戸に配布し，「房住里の会」の取組を直接的・間接的に伝えるようにしている。この広報により，むらづくり活動が地域全体の活動へと広がっていき，新たに入会する会員が増えた要因にもなっている。

第5節　第二次むらづくりの実践

1．次のステップへの模索

上にみてきたように，上岩川地域では，自主的に自らのむらづくり計画を策定し，秋田県の「モデル事業」を活用し，大きな成果をあげてきた。平成23年度「農林水産省むらづくり大賞」において東北農政局長賞を受賞している。

ただ，15の集落の範囲（旧小学校区）の地元高齢者が結束して実現させたこれらの成果は，ボランティア精神を基調に置くものであることから，地域外市民の一層の支援やメンバーの更新がなければ，既存メンバーの加齢により，衰退化が想定される。このむらづくり活動を今後も継続し，自立的安定的に展開していくためには，高齢者ニーズに即した施設的，経営的な仕組みの整備をおこない，担い手拡充を図ることが不可欠である。

そこで，次のステップの検討が課題となる。平成24年4月に役員交代がおこなわれ，新会長（OM 氏）のもとに新役員体制が整備された。次のステップとして「意欲から実利へ」のシフトチェンジが目指される。これまでの成果を洗い出し，ビジネスへの可能性のあるものとして，「ふるさと交流館」の取組（「ふれあい朝市」や「喫茶：里」）と「いわかわ鶏」の肥育への絞り込みが進む。

「ふるさと交流館」の取組は，女性陣に支えられ，地域内外の交流拠点，あるいは販売拠点として今後の持続性はある程度担保できるけれども，「いわかわ鶏」の飼育については，超高齢社会という地域事情のなかで，経営リスクを背負ってまで規模拡大を図る担い手形成は困難であると考えざるを得なかった。

このような現状課題の抽出と第二次むらづくり実践計画を模索していた折，平成 24 年 12 月頃，総務省による「過疎自立活性化事業」の情報が入ってきた。1,200 万円規模でハードもソフトもおこなえる単年度事業ということであった。町役場に入ってくる当該情報を地元の町議（KH 氏）が中心となって整理し，筆者も加わった「房住里の会」メンバーの間で，新たにむらづくり計画の策定に取り掛かったのである。

策定のポイントは以下の通りである。すなわち，第一次むらづくりの実践から導き出された「ふるさと交流館」活動と「いわかわ鶏」活動との展開を基調に据え，両者を結ぶものとして，第二次むらづくり計画では高齢者住民の最大の個別的関心である「健康維持」を掲げることにした。平成 25 年 1 月に濃密な話し合いを重ね，「〈絆と健康と農業〉を柱とした高齢者協働の山里づくり」というタイトルの計画書を策定した。そして同年 3 月に採択され，平成 25 年度 1 年間にわたり，事業を実施することになった。

２．「過疎自立活性化計画」の導入

○事業導入の理由

高齢化の深まり，生活上の不利性，農業の衰退という深刻な状況に立ち至っており，現状を打破するためには多くの課題の克服が求められる。当該地区において住民の関心が集中している課題克服のテーマとして，次の３点を挙げたい。第一に，地域づきあいの希薄化等による住民の孤立化傾向（物理的・心理的・社会的）を取り除くことであり，第二に，高齢者の増加という現実のなかで，地区住民の心身の健康管理の充実を図ることであり，第三に，高齢者でも取り組める高齢者向け農業を導入して働き甲斐を創出することである。

当該生活圏には，上に記した大きな3つの課題が存在しており，これらの除去ないし軽減を図ることなしに，安心できる農山村生活を維持することは困難である。そこで，本実施計画の名称を「〈絆と健康と農業〉を柱とした高齢者協働の山里づくり」とし，これら3つの課題の克服を目指す。過疎・高齢化の深刻なまでの状況に置かれてはいるけれども，当該地区では高齢者の自発的な協議がおこなわれ，諸取組の成果を挙げている。むらづくり機運が高まっている今こそ，これまでの取組と連動させ，拡充させながら，高齢者の結集意欲の昂進と持続可能な仕組みを整えることが強く求められている。

本事業の実施計画では，①絆づくりの領域（交流拠点の整備と地域行事等を介した地区内外の交流促進），②健康増進の領域（住民総参加の健康学習等，見守り活動，防災活動の強化），③農業・産業振興の領域（いわかわ鶏の飼育施設整備，高齢者農業の充実），の3つの領域での自立的安定的な仕組み構築を目的とする。これにより，むらづくりが続けられる体制を整えることができる。

○地区の将来像

当該生活圏は，相当に条件不利な地域ではあるが，住民の定住意識は高く，「房住里の会」の取組にみるように自らの力で自らのふるさとを守るという意識と行動力を備えている。よって，町役場等の行政はむろんのこと，当該地区との交流関係を持つ地域外の市民の方々の力を借りながらも，しかしこの民力・住民の意欲を原動力にして，今後を，生活圏の未来を開拓していく。

上岩川地区が目指す将来像は次のようである。すなわち，「今，この地で暮らしている住民の充実感を最高に高めること」である。そのためには，「支え甲斐」，「生き甲斐」，「働き甲斐」をそれぞれ醸成することが大切である。一つ目の「支え甲斐」に対応することとして，人と人との交流・絆づくりを促進し，社会的な孤立感を解消する。二つ目の「生き甲斐」に対応するものとして，心身上の不具合が自覚化されやすい高齢者が多数を占めることから，医療関係者との交流機会を増やし，自らの，あるいは友人の健康への関心を高める。三つ目の「働き甲斐」への対応として，稼げる，楽しめる高齢者向け農業の振興を図る。

これにより，農山村のライフスタイルに誇りを感じることができ，今の暮らしを明るく，楽しく過ごせるのではないだろうか。15の集落の内部で見守り活動が張りめぐらされ，早朝には高齢者の健康体操があちこちでみられ，週に数回は「ふるさと交流館」でお茶っこ話に花が咲き，「日本一小さい朝市」は取引が盛り上がることによって名称の変更に悩まされ，「おばあちゃん喫茶：里」には農山村の暮らし体験を希望する訪問者が立ち寄り，腰などを痛めた高齢農業者のところには地区内外の有志等による援農隊が派遣され，冬には除雪隊が独居世帯をサポートし，農家の庭先では高齢者に適した作目の栽培に精を出し，特産の「いわかわ鶏」の共同飼育場では高齢男性らが汗をかき，訪問者を前に高齢女性らは「にわだま鍋」や「椎茸うどん」等の料理指導に励み，年に一度は首都圏への販路拡大のための営業チームを出張させる，というように地区住民・高齢者が自らの役割を見出す社会を将来像として展望する。そして，Uターン者や移住が次の時代を開いていく。

３．取組の絞り込み：３つのテーマ

上の過疎自立活性化計画に基づき，平成25年度の取組は第一次むらづくりの時に比べて，重点項目の絞り込み，具体的な成果を実感しやすいものを掲げている。主なものは次の３つである。

第一に，「ふるさと交流館」活動に関しては，交流館自体の改修である。平成25年８月に完了している。建物正面の外装を整備するとともに，内装と台所まわりの改修を進め，会員の働きやすい環境づくり，訪問者の憩いやすい空間づくりを重視した。「朝市」の開催される各月の第一日曜日には，地元の高齢者も多く集まり，おしゃべり空間と化すかのような賑やかな空間となっている。

このコミュニティ・サロンの構築は，地域住民間の交流頻度の低減や「いえ」関係の希薄化という超高齢社会の弊害を断ち切る有力な手法と考えられる。小規模ながら，元気な高齢者の集いの場であり，生活物資等の交換拠点であり，福祉ボランティア活動の相談場所であり，さらには外部の協力団体や訪問者の受け入れサイトとなっている。この複合的な機能が新たな「縁」を結びあう可能性を用意すると考えられる。

第二に，高齢者向け農業という意味で，「いわかわ鶏」の共同飼育へのチャレンジである。地域の共有地を活用して，平成25年７月に142m^{2}規模の鶏舎（140羽まで受容可能）を建設した。これは，「いわかわ鶏」の生産に興味を抱く高齢者を募り，共同で飼育管理をおこなう施設である。平成25年度の取扱羽数は80羽であり，次年度以降徐々に拡大を図る。８名の高齢者がこの仕事に汗を流している。平成25年秋冬に食肉業者の協力を得て，鶏肉の販売を開始し，１か月の間にすべてを売り切っている。

この活動が順調に成長するなら，地域に暮らす高齢者の有力な稼得機会を提供することになる。平成25年の販売実績をみれば，「冷凍いわかわ鶏肉詰め

600g」を約360パック売り上げ，諸経費を除いて60万円程の稼ぎとなっている。

第三に，「健康維持」活動としては，秋田大学医学部保健学科の2名の教員の協力を得て，日常的な健康管理のための勉強会を平成25年7月からスタートさせている。勉強会は季節毎に開催されるが，それ以外の日常において，健康体操などの身体管理保全や生活習慣の改善などの学習を自主的に始めつつある。超高齢社会に立ち至った農村においては，「健康」が地域住民の共有関心であり，自らの健康管理は近隣住民との新たな共同を生み出す。

さて，現在展開されている第二次むらづくりは，まさに過渡段階に位置していることから，本事例にみる地域高齢者らの挑戦が，地域住民にどのような影響を与え，どのような暮らしの変化をもたらすのか等について早急な評価は控えるべきであろう。養鶏へのチャレンジにみるような高齢者向け農業の構築は，一朝一夕に地域に定着するものではない。継続的な見守りや積極的な支援を要することは言を俟たない。ただ，地元高齢者らによるこれまでの懸命な挑戦は，超高齢社会になっている当該農村であってさえ，地域の高齢者らが自らの手で「むらづくり」を展開しようとする強固な住民意思の表出とみなすことができる。「支え甲斐」，「生き甲斐」，「働き甲斐」を目指して，高齢者による「ふるさとの再生」が動き始めているのである。

おわりに

本稿を終えるにあたって，農村における地域活性化へのチャレンジの本事例（社会実験）について，次の二つの視角から若干の整理をおこなう。すなわち，第一に，「房住里の会」という高齢者による住民組織の立ち上げが何を生み出しつつあるのかという点である。そして第二に，住民と大学との協働関係とはどのようなものなのか，換言すれば地域づくり実践への大学サイドの貢献の内実とはいかにあるべきか，についてである。

1．「房住里の会」が生み出したもの

高齢者有志の発案から組織化された「房住里の会」は，現在90名規模のメンバーを擁する当該地域の代表的な住民組織となり，高齢者住民の諸ニーズに

沿いながら，多面的な展開をおこなっている。超高齢農村において，この住民組織がどのような効用を創造しつつあるのであろうか。本事例から導き出されるポイントは以下のようである。

第1に，「房住里の会」という組織は，高齢化の深まりが住民の日常的交流の希薄化を強めるという超高齢社会状況に抗して，「ふるさとを守り，住民の日常生活に彩りを与えたい」という意思を確認する場の形成を果たしたことである。高齢者による協議の内容等をみれば，自主的な農村福祉体制づくりへの住民関心の高まりが指摘できる。高齢者世帯への訪問や見守りへの参画，地域の防犯や緊急時の対応等の不安解消に向けた会員同士の訪問交流が活性化しつつある。

第2に，「ふるさと交流館」の整備から次の諸点が指摘できる。その一つとして，買い物環境の改善を挙げることができよう。「日常のちょっとしたもの」をわざわざ10㎞以上も離れたスーパー等に行かなくとも購入の用が足せるようになった。地域のコンビニエンス・ストアの役割が加わり，「すごく便利になった」と地域の住民・高齢者に喜ばれている。また，「ふるさと交流館」における喫茶コーナーおばあちゃん喫茶「里」や食堂は，女性の活躍の場であるとともに，気の合う仲間や新たな人々との出会いの場を創り出している。

第3に，新たな協働関係の構築という観点からみれば，次のようである。「いわかわ鶏」の取組には，「秋雪会」という秋田市内の企業経営者連合の協力があり，援農隊派遣による農作業支援は，県内の大学生や一般市民との新たな出会いによって具体化し，「房住山」観光振興の取組は，同町のNPO法人との連携により実現している。さらに，伝統七夕行事「ねぶ流し」への運営協力は，企業連合，大学生，NPO法人等のほかに，マスメディアによる支援が大きな支えになった。高齢者が展開する「むらづくり」は，地域外の人々との邂逅や包摂を促し，組織としても個人としても新たな出会いを生み，確かな「絆」を形成してきているのである。

2．「地域と大学の協働」の可能性

本事例において，秋田県立大学による支援の側面が少なくない。それらを大掴みに捉えれば，外部からの経済的支援の確保を伴った地域づくり実践の計画策定と，実践過程におけるカウンセリング機能の提供といえよう。

前者についてみれば，次のようである。本事例では，秋田県庁と総務省から補助事業を獲得し，高齢者住民が遂行する諸取組の資金として活用している。補助事業の獲得は重要なテーマである。今日の農村活性化計画は，ソフトとハードの組み合わせが求められ，ボランティアのみで達成できるものではない。計画書を作成するには，住民の具体的で多様なイメージを一定期間の事業に結びつける，一定のテクニカルな策定技能も必要となる。

計画づくりに際して，意向調査等によって多様な住民ニーズをあげつらうだけでは実効性のある計画にはならない。できないことを主張しても始まらない。住民ニーズを踏まえつつも，事業としての行政効率の視点が重要になる。計画書策定のポイントは，ある期間内に，住民自身の意欲的な取組によって達成できることを，実現可能な将来像を，描けるかどうかである。ただ，これを住民のみで遂行することは容易ではない。地域づくり企画・立案をおこなう専門的な集団が市町村内に必ずしも整っていない現状にあっては，地元の大学の貢献は不可欠である。

後者，実践過程におけるカウンセリング機能の提供という側面を本事例から整理すれば，次のとおりである。本取組は，近隣の他集落との連携，地域資源の魅力探し，援農活動，都市農村交流，高齢者向け農業（養鶏），コミュニティ・サロンづくり，健康保全活動などであるが，それらは地域住民にとって不慣れな挑戦的な取組であることから，それらのマネジメントを担う，いわば相談相手が必要となる。これこそ，「センター・オブ・コミュニティ」としての大学の役割ではないだろうか。

このような大学サイドの関与は，必ずしも農村社会への一方的貢献を意味するものではない。農村への訪問は，学生が具体的な農村の暮らしに直接に触れられる好機であり，地域生活の知恵を住民から学ぶこともでき，都市農村格差など現代社会のもつ歪みのリアリティが体感できる教育的チャンスといえる。都市部の大学では経験できない，地方大学の特性・有利性であることを認識し，地方大学の特長的な魅力の一つと捉えるべきであろう。

［引用文献］

安達生恒（1981）『過疎地再生の道』日本経済評論社
荒樋豊（2004）『農村変動と地域活性化』創造社
荒樋豊（2008）「日本農村におけるグリーン・ツーリズムの展開」日本村落研究学会編『村落社会研究（年報，第43号）：グリーン・ツーリズムの新展開』農山漁村文化協会，pp.7-44
荒樋豊・濱野美夫・神田啓臣（2008）「農村再生プロデュース―地域に寄り添う農学教育プログラム」中島紀一編『地域と響き合う農学教育の新展開』筑波書房，pp.13-79
大塚久雄（1955）『共同体の基礎構造』岩波書店
大野晃（2005）『山村環境社会学序説』農山漁村文化協会
島崎稔（1965）『日本農村社会の構造と論理』東京大学出版会
長谷川昭彦（1974）『農村社会の構造と変動』ミネルヴァ書房
山崎光博・小山善彦・大島順子（2002）『グリーン・ツーリズム』家の光協会
吉原直樹（2011）『コミュニティ・スタディーズ』作品社

第2章
「がっこ茶屋」というコミュニティ・サロンの形成
秋田県横手市山内三又地区を事例に

はじめに

市町村などの地方自治体の会議などへ出ていると，農村地域の活性化方策として，短兵急に地域イベントづくりや特産品づくりが語られることが少なくない。果たして，そうなのであろうか。確かに，これらが上手く実現できれば，交流人口の拡大や地域経済の向上に寄与するであろう。しかしながら，現実には，事業期間の間だけの表層的な取組に終わっているケースにしばしば出会うのも事実である。このような接近方法だけでは，農村地域の活性化という目標の達成に限界があると言わざるを得ない。

それでは，これらの取組の何が問題なのであろうか。一つ地域イベントづくりをみれば，多くの場合，集客性のあるコンテンツ構築に力を注ぎがちであるという点である。そのイベントを持続させていくには，活動資金の確保が必要であるだけでなく，そのイベントに関する地域住民の合意が無くては継続的な遂行は期待できない。実はその担い手の醸成に充分に配慮せねばならないにも拘らず，これが欠落している点である。むしろ，担い手形成さえ達成できるなら，イベント内容はその担い手の力量の範囲で維持できるであろう。

もう一つの特産品づくりをみても，およそ同様のことが指摘できよう。時代の消費者ニーズを見据えた上での地域農産物等の特産化可能性とその後の販売戦略などに気がそがれがちである。しかし，地域特産品の確立には，何よりもその担い手の形成が前提となる。栽培する人，加工する人，そして地域の産品を是非とも売りたい人の存在が無ければ，地域に根付くことにはならない。

この二つの記述から導出されるものは，次の点である。すなわち，地域づくりとは，とってつけたような地域イベントや特産品づくりなどにみるような，表層的な新規性の表出では必ずしもなくて，新たな活動を担う担い手の形成が不可欠であるということである。よって，地域における多様な担い手形成と，地域経済的な効果を導く新たな取組への挑戦との同時並存的な実践こそが農村地域の活性化の内実なのである。このことを「経済的活性化」と「精神的活性化」という用語によって捉えてきている（荒樋 2004）。

住民の自主性を最大限尊重しながら，地域づくり意欲の醸成と地域経済の拡大のための取組とを共時的連動的に展開するという手法を使って，筆者は秋田県内各地の農村活性化の取組に関与してきている。特に，高齢化農村における住民の動きに注目している（荒樋 2013）。地域住民自らが実現可能な地域づくりについて考え抜き，企画・構想し，地域の中に新たな仲間を募り，住民協力を得ながら住民自らがコーディネートする，そのような農村計画的実践が，今日の農山村に強く求められているのである。

もちろん，強力なパトロンを持ち得ない普通の農山村にあって，地域住民のみでの地域づくりの達成は資金面や労力面において限定的にならざるを得ない。これを乗り越えるには，必ずしも充分ではないかも知れないが，行政等からの各種農村振興の支援施策に目を向け，その導入ないし活用の可能性を広げることが要請されている。

このような地域住民による草の根的な地域づくり実践に対するアカデミックサイドからの支援として，次の２点であろう。すなわち，住民による地域計画づくりへの個別的なサポートと，国等による補助事業等（制度資金の活用を含む）の獲得へのサポートという２つの面である。

前者としては，地域における各種資源の賦存状況や人材について充分な理解のある住民に対して，地域計画のノウハウを提供するとともに，住民の協議・合意形成の過程を整理し，計画論的展望を提示することである。後者については，各種補助事業に関する情報収集と行政機関との調整，そして申請書作成の支援である。

本稿は，平成 26 年の秋冬，筆者が地域住民からの依頼を受けて，数ケ月の住民との協議を経て，当該地域にみあった農村計画として策定したものであり，その青写真に沿って平成 27 年度に国補助事業を得て実施した住民実践の事例である。

横手市山内の三又（みつまた）地区における「高齢者協働による山里創生：「がっこ茶屋」を拠点としたグリーン・ツーリズム開発」と題する地域づくり実践である。地域資源状況等を踏まえ，住民それぞれの役割創出を進めながら，「住民力」醸成と地域経済の向上を目標に置いたものである。

本事例の特徴は，住民間の，そして地域内外の交流促進のための「がっこ茶屋」というコミュニティ・サロンの形成を核にしている点である。ちなみに，このサロンの名称は地域の名産である「いぶりがっこ」から命名した交流施設である。地域づくりへの住民の意欲を高め，他方で訪問者受入による多様な刺激を得るために，国の補助金を活用して「がっこ茶屋」等の拠点整備を図ったものである。

第1節　横手市三又地区の現状と課題

1. 三又地区の現状

三又（みつまた）地区は，秋田県の南東部にある横手市山内（さんない）地域の最東端に位置し，東は岩手県西和賀町と接し，横手川上流部に沿って発達した山間集落群である。周囲を標高 300 ～ 900m の山々に囲まれ，これらの山々に源を発する４つの河川に沿って，貝沢（かいざわ），上野（うわの），下タ村（したむら），三又（みつまた），甲（かぶと），松沢（まつさわ）の計６つの集落が点在している。

三又地区は，横手市山内地域の中心部である相野々地区から県道 40 号線を 15km ほど上ったところにあり，そこまで自動車での所要時間は 20 分程度（横手市の街場までは所要時間 40 分程度）の横手市の最奥地に位置している。標高 250m 以上の沢部に放射状に不整形な圃場が広がり，水稲，葉たばこ，そば等の農作物が栽培され，清流を活かしたイワナの養殖もみられる。

三又地区を構成する６つの集落の世帯数と人口は，**表１**の通りである。地区全体で高齢化率は 44.8％を占めている。また，生産年齢人口に対する高齢者・年少者の割合をみれば，高齢者（103 人）＋年少者（７人）/ 生産年齢（15 ～ 64 歳）人口（120 人）という計算式になり，91.7％である。生産年齢人口の再生産が困難な超高齢農山村コミュニティということができる。

当該地域は雪国秋田のなかでも豪雪地帯であり，特別豪雪地帯に指定されている。多量の雪は人々の生活に大きな不便を強いるものの，反面，地域の環境に活気をもたらし，春には田畑をうるおす貴重な水資源となり，夏・秋には豊かな農産物の恵みをもたらし，冬には，雪文化が秋田の名物「いぶりがっこ」

表1　三又地区の世帯・人口概要

集落名	世帯数(戸)	人数	65歳以上人口比率	年少人口比率
貝沢	10	22	54.5%	0%
上野	16	50	52.0%	6.0%
下タ村	15	41	34.1%	0%
三又	20	53	54.7%	0%
甲	13	29	44.8%	0%
松沢	11	35	25.7%	44.4%
全体	85	230	44.8%	3.0%

※横手市山内支所データ（平成22年度）

を育む源泉となっている。この地は「いぶりがっこ」発祥の地である。

ただ，現状をみれば，地域住民の高齢化の深まり，山間地という立地的な要素に規定される生活上の不便さ，傾斜地農業という不利益性など，深刻な状況に立ち至っている。この現状を打破するためには多くの課題が指摘できるが，とくに地区住民の関心が集中している克服テーマは，次の３点がある。

第一に，地域定住の基盤となる農業の再建である。担い手の賦存状況に即した地域特有の農業をつくりあげることにより，現状における高齢者等の労働力の適正稼働が促されるとともに，流入人口の吸引力ともなる。

第二に，その重要な手法として交流人口の拡大が挙げられる。これによって，地域経済の活性化を目指すことができるとともに，外部者との交流を契機に住民自身による地域暮らし・我がふるさとの価値の再発見にも繋がる。

第三に，地域づくり活動等への高齢者のより多くの参画によって，生き甲斐・働き甲斐を創出することである。

2．これまでの地域づくりの歩み

秋田県の南東部，岩手県の県境に近く，急峻な地形の片隅に位置する三又地区は，条件不利な，旧小学校区範囲の地域であり，過疎・高齢化の波に晒されてはいるものの，地域住民は手をこまねいていた訳ではない。これまで，住民が結束して，農業の振興や地域づくり実践を積極的に展開してきている。

農業面をみれば，昭和30年代まで地域を支えた養蚕が衰退するなかで，水稲・葉たばこ・炭焼きを基本的な生業としながら，出稼ぎや兼業等によって暮らしを守ってきた。平成12年頃には山腹水路を住民自らの手で整備し，農業保全の基盤を整え，取水確保という課題の解消を果たしている。平成18年，農地の保全，耕作放棄地の発生抑制，農業機械の効率的利用等を進めるため，「営農組合」を設立している。この組合によって，稲作の共同や，秋田県伝統野菜である「山内にんじん」と「だいこん」の共同作付けにチャレンジするようになった。いくら条件不利な農地といえども，懸命に農地を守るという住民の覚悟がみてとれる。

もう一つの最近の農業振興として次のことが挙げられる。

① 「いぶりがっこ」の品評会である「第1回いぶりんピック」での優勝（平成18年）
② 営農組合の女性たちによる「旬菜グループ」の結成（平成20年）
③ 耕作放棄地を活用した観光ワラビ園の開業（平成21年）
④ 秋田大学生との共同開発「いぇぶりばでぃ」（農家指導の下での学生制作の「いぶりがっこ」）商品化（平成21年）
⑤ 横手市の街場での直売所「ベジトピア」の開設（平成22年）

次に，地域づくり面をみれば，昭和55年頃から，兼業化などによって地区住民間の紐帯が希薄化傾向をみせるなかで，6つの集落住民は地域づくりのための各種の会合を開催し，昭和60年に三又地区での「自治規約」を制定し，住民自らの協力によってふるさとを守ることを確認しているのである。

昭和63年には地域自治会の実働部隊として「麓友会」を組織した。この組織は，三又小学校（平成9年に廃校）の校庭を活用した雪中運動会や地域の大山祇（おおやまずみ）神社の春と秋の村祭りを主催し，住民の絆を繋ぎ，さらには外部との交流活動を担っている。最近では，地区内住民の交流促進や訪問者の拡大を目指した地域づくりを進めている。

これらの自主的な元気づくりの取組の実績が認められ，「秋田県まちづくり賞」(あすの秋田を創る生活運動協会:平成11年),「ふるさとづくり振興奨励賞」（明日の日本を創る協会：平成12年），「豊かなむらづくり全国表彰事業・農林水産大臣賞」（農林水産省：平成24年）等を受賞している。この成果も影響して，「横手市定住自立圏共生ビジョン」（平成23年3月）において，三又地区を含む山内地域をグリーン・ツーリズムの促進や移住受入のゾーンとして位置づけられている。

条件不利な地域条件ではあるが，地域住民によるふるさと振興への情熱は高い。今後，三又地区が歩むべき方向としては，思いやりのある助けあいを基盤としながら，交流人口の拡大による経済的な活性化を目指すというのが住民の共通理解である。

そこで，交流の拠点となるのが，「遊水の里」(平成11年設置，国土交通省事業)である。地域内の渓流における親水空間である。この場を魅力的なものにするため，住民出資によって，平成15年頃に蕎麦挽きができる水車小屋等の整備をおこなった。平成20年頃からは，この場の活用が進む。地元の横手城南高校の生徒や横手市民等を招いた様々な農業体験や住民イベントの実施の際，この空間を交流拠点として利用し始めたのである。

しかし，農村都市交流の端緒を切り開きかけた矢先，平成25年の豪雪により水車小屋の建物が倒壊し，交流拠点を喪失してしまったのである。深まりゆく高齢化と人口減少を覆すために，この交流拠点を生き返らせ，住民生活の経済基盤となる交流人口の拡大に向けた活動を強力に進めるためにも，この交流空間の再建が是非とも必要であるというのが住民の共通の認識であり，願いである。

3. 三又麓友会という地域づくり集団

上にみたように，積極的に地域活性化を担ってきたのが，「三又麓友会」である。6つある地域自治会をカヴァーし，実働性を重んじて組織された集団である。地域内の動ける人材が結集し，各地域自治会への情報共有を図りながら，当該地域の特有課題の解決を目指すものである。

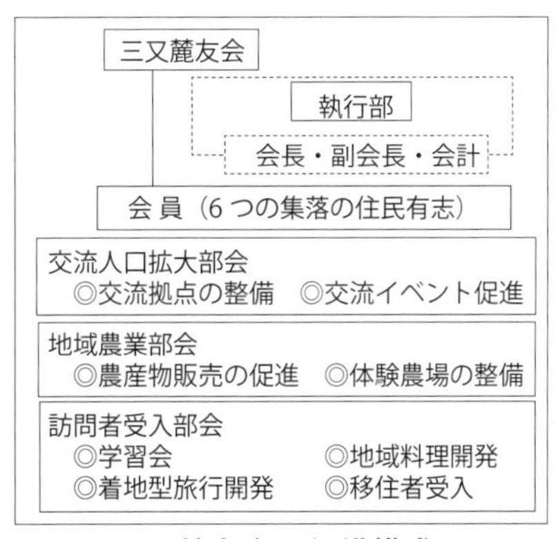

図1　三又麓友会の組織構成

この集団は，**図1**にみるような組織構成をなすが，今回の事業導入により，組織内に3つの新たな機能を持つものとして再整備をおこなっている。一つめは交流人口拡大部会，二つめは地域農業部会，三つめは訪問者受入部会という形で，機能を分化させている。

第2節　想定する三又地区の将来ビジョン

三又地区は，岩手県に接する県境に位置し，条件不利な奥深い山村群ではあるが，古くから県境の一拠点として住民が住みつき，林業や炭焼き，養蚕や葉たばこ等により，当該地域を保全してきた歴史を持っている。住民の定住意識は高く，麓友会・部落自治会・営農組合等の取組にみるように，自らの力で自らのふるさとを守るという意識と行動力を備えている。市役所等の行政はむろんのこと，交流関係を持つ地域外の市民の方々の力を借りながらも，この民力・住民の意欲を原動力にして，地区の未来を開拓していくと思われる。

地域づくり実践によって目指す三又地区の将来像は，次のようである。「今，この地で暮らしている住民の充実感を最高に高めること」である。これを達成するためには2つの側面からの接近が考えられる。

一つは，多様な地域資源を最大限に活用して，例えば訪問者を惹き付けるような魅力的な交流拠点と交流メニューを整え，「いぶりがっこ」に代表されるような地元農産物・加工品などの地元商品の積極的販売などを展開することである。沢筋に広がる6つの美しい農山村に訪問者を招き入れ，交流人口の拡大を通して，地域経済の振興を目指すことである。

もう一つは，訪問者等からのまなざしを受けて，地域に暮らす住民が自らの農山村的ライフスタイルに自信を取り戻し，生涯現役として就労の場を創出し，「生き甲斐・働き甲斐」を獲得するという精神的活性化を目指すことである。

これらは，交流人口の拡大を図ることによって達成可能である。訪問者の増加は，その接遇のためのいなか体験メニューの提供やガイド業，飲食業的なサービス業，さらには農産物直接販売などの必要性への気づきを促すとともに，来訪者ビジネスの創出・拡大が想定できる。また，三又地区が有する自然景観を堪能し，各種の農山村体験を享受する訪問者の姿は，住民をして，ふるさとの多面的な魅力が理解できる他者を確認することとなり，ふるさとのライフスタイルの意義が自覚できるのである。

これにより，山間地に暮らすことの喜びを感じとることができ，今の暮らしを明るく，楽しく過ごせるようになるのではないだろうか。多くの訪問者の散策が地区内のあちこちでみられ，地域住民と訪問者との間でお茶っこ話に花が咲き，地域特産物である「いぶりがっこ」や有機野菜等の直接販売がおこなわれ，交流拠点である「遊水の里」には「がっこ茶屋」が開業し，春にはワラビなどの収穫イベントが計画され，夏には整備された渓流での子供たちの水遊びや大人のための炭焼き体験が企画され，秋から冬にかけて水車を使った蕎麦挽きや各種の雪遊びが催される。これが三又地区の将来のイメージである。

ワラビがこんなに穫れたよ！

さらには，この地区で育まれた「結いの精神」を背景にして営農集団が農地の保全と基幹作物の栽培に取り組み，独居高齢世帯等への除雪支援や生活の手伝いをおこない，住民の多くが各自庭先を活用して山間地特有の野菜などを作付けし，高齢者仲間が連携して「いぶりがっこ」づくりに精を出すというように，地域住民・高齢者が自らの役割を見出すコミュニティを将来像として展望している。

この暮らしやすいふるさとの整備は，新たなＵターン者や移住者による次の時代創生へと繋がる。

第３節　農村活性化に向けた具体的なテーマ

三又地区には，上に記した大きな３つのテーマ（地域農業の再建，交流人口の拡大，地域づくり活動への高齢者のより多くの参画）が存在しており，これらの実現を図ることなしに，安心できる農山村生活を維持することは困難である。そこで，「高齢者協働による山里創生:「がっこ茶屋」を拠点としたグリーン・ツーリズム開発」と題する実践をおこなうこととし，〈交流人口の拡大〉を柱に置いて，これら３つのテーマの実現を目指す。

交流人口の拡大を中核に据えているのは，次のような効率的な展開が期待できると考えるからである。すなわち，倒壊した既存交流空間「遊水の里公園」を再建し，「がっこ茶屋」や水車・炭焼き小屋等を整備することによって，交流拠点としての強化が図れ，外部からの多様な訪問者の増加を導く。そして，彼ら訪問者への良質な地元資源情報を正確に伝えることになり，彼らからの口コミ情報を共有する新たな消費者などの増加につながる。この訪問者と受入住民との間の話題が住民内部で飛び交い，住民間の交流をも促すことに繋がる。

さらに，住民間交流は近隣に居住している独居高齢者や通院高齢者の生活問題にも広がり，高齢者ないし社会的弱者への支援（雪囲いや除雪の手伝い，自動車を使えない住民への買い物の手伝い，高齢者向け農業の支援等）に関する住民協働の具体的実践という形で，結いシステムの整備が促される。そして，地元の高齢者や訪問者が交流拠点に集うなかで，地元住民の働き甲斐・生き甲斐の創出を期待することができる。

深刻な少子高齢化の現状に置かれてはいるものの，これまで，三又地区の住民は自発的な協議の下に，各種の事業を自前で遂行しており，数多くの成果を挙げてきている。その担い手集団はやや高齢化しているとはいえ，事業実施・遂行に関して非常に高い能力を有している。また，市や県とも強い連携関係を構築しており，さらには秋田大学や秋田県立大学等からの協力が得られる環境にある。

いま一度，地域住民が計画している３つの部門について整理しておきたい。

第一は，交流人口の拡大事業である。豪雪によって被害を受けた「遊水の里」の施設の再整備によって，拠点を整えるとともに，訪問者の来訪を促すような地域の魅力づくりを進め，さらには交流を契機とした小さな農山村ビジネスを創出する。

第二は，地域農業の振興事業である。地場産品の販売を促すため，首都圏や地場での売り込みを促す環境を整えるとともに，訪問者のための交流体験農場の整備を図る。

第三は，訪問者受入手法の開発事業である。地域住民を対象とした各種の学習会の開催や地域料理開発，さらには地域シンポジウムの開催によって，絆の強化を図りつつ交流資源の拡充を果たすとともに，着地型旅行を企画・実施し，多様な訪問者受入の可能性を広げる。最後に，移住者・Ｕターン者に対する丁寧な受入対応をおこなう。

第４節　総務省の過疎事業導入による成果

以上のように，克服すべきテーマを整理したうえで，総務省の「平成27年度過疎地域等集落ネットワーク圏形成支援事業」の導入（１年間の定額補助事業）を図った。

○市町村名：秋田県横手市

○集落ネットワーク圏の名称：三又地区

○集落ネットワーク圏で取り組む事業の名称：「高齢者協働による山里創生：「がっこ茶屋」を拠点としたグリーン・ツーリズム開発」

○事業実施主体：三又麓友会（みつまたろくゆうかい）〈会長：石澤達夫〉

平成26年の暮れ頃から，三又麓友会のメンバーと筆者によって事業申請書の作成をおこなった。一方で現実の課題を見つめながら，他方で夢のある将来像を語り合った。平成27年１月に秋田県を介して総務省に提出した。そして，５月に採択決定がされ，1,800万円の定額補助を得ることとなった。これを受け，住民サイドでは６月から自らの農村計画を実行に移している。

第一に，交流拠点の整備である。すなわち，「がっこ茶屋」という名称のコミュニティ・サロンを創りあげようとするものである。この施設は，訪問者のための食堂と事務所，そして住民交流のサロンを兼ねるものである。平成27年７月15日着工，平成27年12月１日完成している。これに連動させる形で，「水車小屋」を整備（平成27年７月15日着工，平成27年10月10日完成）した。

第二に，交流拠点と関連づけて，交流イベント（渓流まつり）や蕎麦祭り交流会等を試行的におこなうとともに，地域行事の再興・強化を図ろうとするものである。各種の交流イベントを実施した。さらには，訪問者をもてなすイルミネーションのための小水力簡易発電も整備した。

第三に，訪問者受入方策を促すための，住民主導による住民学習会や地域シンポジウムを企画し，遂行するものである。２か月に一度の頻度で学習会を開き，平成28年２月には地域シンポジウムを開催した。その他に，地元の魅力を高めるための地域料理の開発，移住者受入のための空き家調査等を実施している。

これらのほかに，本稿では詳細に述べることはしないが，地域農業の振興策も積極的に進めようとしている。その一つは，農産物の販売促進事業（農産物加工品，主にいぶりがっこ等）として，生産・販売体制の整備を図ることである。もう一つは，交流体験農場の整備事業として，三又麓友会が自主管理している耕作放棄地を活用した体験農場（三又わらび園）の一層の活用と，そこでの簡易トイレの設置や牧柵の整備などである。

以下に，当該事業の実施について，特徴的な地域住民による実践の様子をみる。

1．箱モノの整備

1）「がっこ茶屋」の整備

三又麓友会が開発予定地の地権者との話し合いを済ませ，建設用地はすぐに用意した。次に，どのような建物を建設するのかという点の検討を始める。地域住民の寄り合いの場となるとともに，外部からの訪問者の受け入れ拠点となる，当該事業の中心的な施設である。さまざまなアイデアが提示された。大きな枠組みとしては，地元の男性陣が建物の形状について考え，建築工事を支援するのに対して，女性陣は建物内の内部環境の整備，訪問者をもてなすための厨房施設の検討に当たるという方針をとった。

平成 27 年春，当該事業の第一ステップとして，ハード事業「がっこ茶屋」の建設にとりかかった。当該事業における建設予算はおおよそ 1,150 万円である。建設場所は，「遊水の里」である。集落中心地から 600m ほど入った小さな里山の裏手に位置している。谷筋を通る清新な沢水がこの「遊水の里」のかたわらを流れ，今回の新設の建物を拠点として，渓流の水遊びが楽しめる場所である。

女性陣が担う内部施設は，厨房及びトイレ，そして訪問者受け入れスペースの検討があったが，女性たちの会合により，建物整備の進捗状況をみながら，使い勝手の良い形に，徐々に内部環境を整えることが確認された。

この建物の整備において，初めに決めねばならない事項は，住民の想いの表出となる建物形状（外観）であった。子供たちや家族づれの訪問者を想定しながら，地元の男性陣が約３週間にわたって検討を重ねた。そして，地元設計士との複数回の協議を経て，最終的にちょっと奇抜な三角屋根の建物に決まった。

がっこ茶屋の骨組み

がっこ茶屋の完成

「当初，どんなデザインにすべきなのか，皆目見当がつかなかった。ところが，われわれ仲間内で「子供の頃を思い出そう。子供の時，ワクワクしたことは何だったかを考えている」と，小学校の帰り道に里山で遊んだこと，そこには自分たちで作った子供基地があったことが思い出として浮かんできた。」と語っている。楽しい子供のときの遊びの思い出が決め手であったのである（**写真**）。

また，冬季には，３m 程の積雪が予想されることから，雪の耐えられる強固な設計が求められた。「冬の間の訪問者は多くない。仮に，冬の利用を求める人があれば，集落からここまで雪をかき分けながら進み，そして一部顔をのぞかせている三角屋根のてっぺんを目印にして，雪堀作業をするというのも面白いのでは…」との声も聞かれた。

なお，建設にあたっては三又麓友会のメンバーである地元の建設業者が整備にあたった。地元住民もボランティアの出役を果たしている。

2）「水車小屋」の整備

もう一つのハード整備は，「がっこ茶屋」に隣接させて「水車小屋」を整えることである。かつて簡易な水車小屋が存在していたのであるが，数年前の豪雪により倒壊してしまっていた。唯一，水車自体は使用可能なまま残されていた。

そこで，水車の軸を新たに整備し，既存の水車を取り付け，そしてその水車を守る小屋を整えることにしたのである。この水車小屋の再建経費は，約 270 万円である。住民の出役により，経費削減に努めた。正面に水車が据えられた小屋は田舎の風情を象徴するものになる（**写真**）。

新たな水車小屋の完成

蕎麦挽き施設を有した小屋の整備は，地元住民に蕎麦の作付けへの関心を惹起することにもなる。実際に，耕作放棄になりかけた圃場で蕎麦栽培にチャレンジしてみようとの話が進んでいる。

イワナのつかみどり

受け入れ拠点であるがっこ茶屋を拠点として，訪問者はそこに集い，すぐ傍を流れる渓流で，水遊びに興じながら，昼食時には，地元産の蕎麦をその場で挽いて食するという，なんとも贅沢な蕎麦料理を味わうことができる。これら「遊水の里」の再整備により，いなか体験をトータルに提供できる環境が整ってくるのである。「里山に抱かれたこの「遊水の里」を舞台に，都会の若いアーティストを呼んで，野外コンサートを打ちたいものだ」という声が地元住民から発せられている。

2．ソフト企画の整備―交流イベントの実施―

次はソフトな取組である。ソフトな取組の第一弾として，訪問者の受け入れを促進するために，平成 27 年 8 月に「渓流祭り」と称する試行的な受け入れをおこなった。お盆で帰省している他出者家族に加え，横手市や秋田市からの家族連れの訪問者，約 80 名の参加者を受入れたのである。

開催場所は，「遊水の里」。まだ施設は建設中であったことから，渓流遊びに特化したイベントの実施となった。川の一部を堰き止めした川を舞台に，子どもたちを対象とした「イワナのつかみ取り体験」がとりおこなわれた。参加者にすこぶる好評であり，川のあちこちで歓声が上がっていた（**写真**）。その後，イワナ試食タイムへとイベントは続く。

東京に他出している参加者からは，「自分が子どもの頃に遊んだことを思い出します。」そして，「わが子にふるさとを伝えることができて嬉しい。」との声が聞かれた。また横手市からの参加者は，「毎年楽しみにしています。地元の方々のもてなしに感謝しています。これからも続けてほしい。」という言葉が発せられていた。

家族で楽しむ川遊び

農村再生には，その土地に賦存する資源の活用が重要であることが語られる。奥深い山間地に位置する当該地域の資源とは，まさにこの渓流であり，そこに生息する魚であり，清流を育む山々である。そして，その資源を活かそうとする住民の意志を見出すことができるのである。当該地域におけるこの取組は，訪問者を惹きつける，当該地域ならではの企画といえよう。

1）そば祭り交流会

二つ目のソフトな取組は，地域の農業資源の活用である。近年，蕎麦が注目されているが，三又地区では古くから蕎麦栽培をおこなった歴史があり，栽培技術は充実している。「この蕎麦をこの地域の農産物に仕上げていきたい」という農家の意見を受けて，地域内で蕎麦の企画を検討した。平成27年11月に「そば祭り交流会」という取組を，初めて実施した（**写真**）。参加者を横手市周辺から募ってみると，7家族の参加があった。蕎麦栽培をしている麓友会のメンバーが蕎麦挽きを買って出た。この男性と地元の料理自慢のお母さん達が調理役を担う。

蕎麦の味見

蕎麦打ち体験

以上のような，ソフトな企画を打ち出すとともに，地元で長く継承されてきた，2

月の「雪中運動会」や地元芸能などについても強化を図った。多様な取組が整うことは，高齢者などの住民の楽しみが増えるだけでなく，農村都市交流を目指す当該地区において，訪問者を惹きつける有力な手段となるものである。

2）小水力簡易発電の整備

三つ目の取組は，渓流の水の力を活用した，いわゆる「小水力発電」である。「遊水の里」近くの渓流において，3ｍほどの落差を利用して水を落とし，手作りタービンを回す仕組みである。

住民手作りの水力タービン

専門の機械業者に頼ることなく，必要な部品を購入するだけでタービンを作り上げ，川際のブロック壁にそれを設置し，川の流れを器用に操りながら，小水力発電システムが整えられた（**写真**）。地元住民数名の手によるものである。

これによって得られた電力は，「がっこ茶屋」において使われる。まず，家屋を飾るイルミネーションとしての利用である。集落の中心から若干離れ，小さい里山に囲まれた「遊水の里」の夜は，まったく明かりがない。そこに，今回のイルミネーションが輝くことになったのである。

3．住民主導の学習会開催

訪問者との交流を中核においた農村の地域づくりにあって，魅力的な施設の整備や交流受入れの仕組みの構築が重要であることは間違いないが，それ以上に大切なポイントは，住民による地域づくり実践への意欲醸成である。これを果たすため，外部から講師を招いて3回の住民学習会を開催した。もちろん，麓友会の会合を月1回の頻度で実施し，当該事業の進捗報告をおこなうとともに，メンバー間の役割分担を調整している。

8月25日に実施された第1回目の住民学習会は，「山内三又地区の将来を考える」というテーマである。話題提供を受け，地域住民8名の参加者が自らのふるさとについて語り合うものである（**写真**）。会場は，麓友会館である。

第2回目の地域学習会（開催日：9月4日）では，「「がっこ茶屋」の活用戦略を考える」をテーマに掲げ，特に訪問者の受入れ，提供する地元料理，厨房の管理を具体的に検討するため，地域女性の参加を募った。「がっこ茶屋」の運営は，仲良しグループ毎に担当日を決め，それぞれのグループらしさを表現する形で維持していこうということが共通理解となった。

10月31日に実施された第3回目の地域学習会では，「助け合いの醸成と防災対策」という講演を聞き，その後，住民が連携して地域資源の開発を進めるにはどうすれば良いのかというテーマの下に，地域住民のワークショップが実施された（**写真**）。

そして，平成28年2月20日に，秋田県立大学の教員（生物環境科学科の中村勝則准教授，木材高度加工研究所の渡辺千明准教授，そして筆者）を報告者とし，地域住民の多数の参加によって，地域シンポジウムを開催している。住民が集い，「三又地域の来し方行く末を考える」というテーマに沿って，各自の考えを語り合った。そこで話された内容を簡単にまとめれば，おおむね次のようである。

まずは，ふるさとの昔に想いを馳せる。それぞれ地域住民は家庭の生活を守るために，一生懸命に働いた。この地の条件に見合った各種の農産物を栽培し，山菜とりをおこない，たばこの共同生産，さらには

がっこ茶屋のイルミネーション

ふるさとを考える勉強会

麓友会メンバーの打合せ

地域の女性が立ち上がる

山から木材を共同搬出するという姿があった。今からみれば，過酷な暮らしであったが，相互に助け合い，地域行事・芸能が開催される季節の節目には，癒しの時間が存在していた。また，人々のさまざまな知恵が地域の暮らしを潤していた。

しかし，戦後の高度経済成長期には都市的な利便性と引き換えに，地域内に出稼ぎが増え，その後は若い世代を中心にした人口の流出という帰結となった。現在では，少子高齢化という大きな課題が三又地区を覆っている。

これに立ち向かうために，三又麓友会を中心に，新たな取組を進めている。交流人口の拡大というテーマである。外部からの訪問者の受入れによって，地域経済の振興の途を探すとともに，訪問者から多様な刺激を受けながら，「三又」という地域の魅力を再発見するという営為に繋げていく。三又という地域社会の持続性を保持するために，他出した人々を呼び戻せる，新たな移住者を引き寄せるような，魅力あるふるさとづくりが，喫緊の成すべきテーマである。対症療法的な手法も軽視することなく，しかし原因にまで遡り根本に位置づくふるさとの価値を表現することが，地域住民にとって今日的な課題となっている。今回の補助事業（総務省）導入は，まさに三又地区において果たさねばならない，ふるさとの価値を表出させるための基盤づくりへのチャレンジであったのである。

ただ，悩みも少なくない。もっとも大きな課題は，高齢化である。三又麓友会のメンバーも70歳台に入ってきた。身体も思うように動かせなくなりつつある。今後，頑張れる時間は限られている。

おわりに

以上に記した三又地区における地域活性化の実践事例は，地域内に「がっこ茶屋」という交流拠点を創り上げ，地元住民（多くは高齢者）が連携してその施設管理をおこないながら，多様な地域資源（自然的，歴史文化的，農村的）を活用しつつ，訪問者との交流を図るという地域づくり実践である。この実践を通じて，都市農村交流の促進を強化し，その交流人口に支えられて農産物資源の活用が促され，地域経済の高まりが期待できるとともに，地域社会内部における住民間の孤立化を深めがちな高齢農山村にあって，地域住民自らがふれあいの機会を意識的に創り上げ，さらには外部からの訪問者の刺激に触れ，ふるさとで暮らす喜びを，暮らし甲斐を高めていくことになるであろう。

本稿で記述した平成27年度の取組は，コミュニティ・サロンなど，人々の交流基盤の整備に当てられることになった。補助金活用による施設整備であるけれど，単に人任せ・業者任せにするのではなく，いわゆる「むらの共同出役」的な，数多くの住民の献身によって箱モノなどの完成・完遂をみたのである。超高齢社会になってはいても，むらの共同という機能が残存していることの証左とみることができる。

三又麓友会のメンバーを基幹としつつ，それに加えて住民を動員する形で整備が図られたことに大きな意味がある。地域住民がこれらの農村都市交流を促す施設活用の未来を心に描き，自らの役割を見つけ出す営為であった。今後，これらの諸施設管理及び「がっこ茶屋」（訪問者に対しては農村レストラン，住民間ではコミュニティ・サロン）の運営が，住民間の連携によって自主的に管理されることで，地域の景色が自ずと変わっていくであろう。

次のステップは，交流人口の拡大に向けた受け入れ態勢の整備であり，地域性のある農産物商品の開発及びその販売ルートの開拓である。

[引用文献]

荒樋豊（2004）『農村変動と地域活性化』創造社

荒樋豊（2013）「地縁社会の解体と再生―過疎高齢化農村における「縁」の解体と新たな「結縁」―」橋本和孝編著『縁の社会学』ハーベスト社，pp.39-58

第3章
「じゅんさい」物語

「じゅんさい」とは

「じゅんさい」は、沼や池に自生するスイレン科の植物です。茎は水底の泥のなかの根茎から長く伸び、夏季にはハスの葉のように水面いっぱいに浮葉を広げます。水面下の、寒天状のぬるぬるとした透明な粘質物の付いた幼葉（若葉、若芽、新芽等と呼ばれる）や葉柄を摘んで、食します。生のものを味わえるのは、主に5月から8月上旬頃までと、僅かな期間のみです。

古くから食用とされており、『古事記』や『万葉集』などに奴那波・沼縄（ヌナハ、あるいはヌナワ）という記載がみられます。江戸時代中期の『農業全書』でも、山野菜の一つに挙げられ、栽培方法についても触れられています。

とても淡白な味わいですが、水中に芽吹く「エメラルド」とも讃えられる、涼しげな風情とツルッとした食感・咽ごしが、夏の到来を感じさせてくれます。

じゅんさいのおはなし

じゅんさい沼は、水深60㎝程度。
一畳くらいの広さの小舟に乗り、
小舟を棒一本で操作しながら摘み採っていきます。
秋田県三種町はじゅんさい

秋田県北西部、男鹿半島の北側に位置する三種町は、永年にわたり、生産量日本一を誇る「じゅんさいの里」です。古くからじゅんさいの自生する池沼が多く存在しており、潤していた水源は、白神山地からのミネラル豊富な水や、湧き出る地下水を水源とするなど、美しい自然環境が質の高い『じゅんさい』を育みます。

「じゅんさい」の花

「じゅんさい」の花は、水面に近い葉脈に長い柄をのばし、頂に１個つけます。直径１～２センチの暗紅紫色の可憐な小花です。日中に開き、夕刻に水没し結実します。小さな、はかない花であることから、愛おしさが募ります。

じゅんさいの栽培方法

食べるエメラルド

じゅんさいはスイレン科の多年草で、高級食材として珍重されてきました。かつては日本全国で観察されましたが、今や4都県で絶滅、21県で絶滅または準絶滅危惧種となっています。(「日本のレッドデータ検索システム」2007)

「じゅんさい」という野菜

「じゅんさい」は、「Brasenia schreberi J. F. Gmel」という学名の、スイレン科の多年生水草です。広く日本各地の自然池沼や古い灌漑用ため池において、水深50～80センチメートル程の水域に生える植物です。一般に4月から5月にかけて、水底で越冬した根茎（地下茎）の節から発芽し、夏季にはハスの葉のように水面いっぱいに浮葉を広げます。

ヌメリと称される寒天様の透明な粘質物のある幼葉や葉柄が食用となります。食味は淡泊ですが、独特な風味と食感が珍重されています。このため、古くから在来の株を利用しながら、栽培がおこなわれてきました。品種として、葉裏が緑で収穫物の色上がりがよい青系品種と、葉裏が赤みを帯びた赤系品種の2種類がありますが、収穫に際してこれら2者は区分されていません。

じゅんさい舟

摘み採りには「じゅんさい舟」が使われています。一畳ほどの大きさの、簡単な木造り舟です。一人で収穫するときには、舳（へさき）にブロックの重しを配し、作業者はとも（舟尾）に位置してバランスをとりながら、操り棒で池沼を移動します。水面に身をかがめて、水面に浮かぶじゅんさいの成葉をめくりあげ、水中の若芽を指先の感覚ひとつで察知し、爪を使って茎から切り取ります。

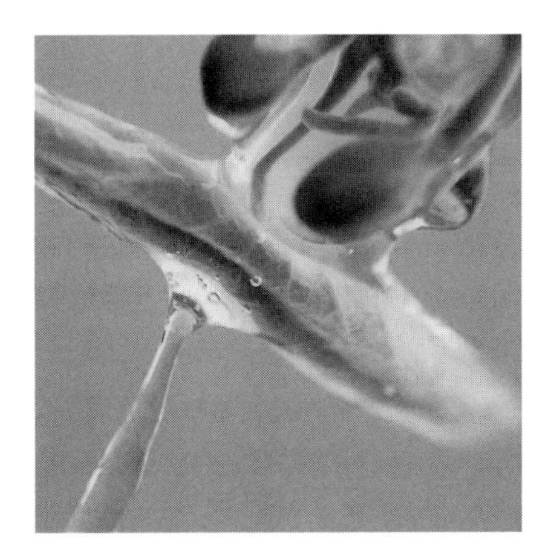

栽培のポイント（※1）

①「じゅんさい」は、北海道、本州、四国、九州に広く分布し自生している植物ですが、生育環境である自然池沼や古いため池の改廃や水質汚濁などにより、絶滅の危機に瀕しています。

②「じゅんさい」の生長水温をみると、春季の水温10℃前後で生長を開始し、水温上昇とともに生長をつづけ、夏季25℃前後でよく生長繁殖します。水田の水温よりも5℃ほど低いのが適温です。

③「じゅんさい」は綺麗な水によって生長します。酸、アルカリ、塩類、過剰窒素、鉄分などによって、すぐに生長阻害されてしまいます。たいへんデリケートな植物なのです。

④もちろん、「じゅんさい」は、農薬にも弱い植物です。ですから、継続的な生産のため、害虫防除として最低限のじゅんさい用農薬の使用にとどめています。

健康に良いヘルシー食品

清らかな水にしか生息しない水生植物「じゅんさい」は、多糖類に富んでいるゲル状質に覆われており、葉には**ポリフェノールが30%以上**（※2）の割合で含まれています。

さらに**カロリーも低い**ことから、健康に良いヘルシー食品として認知も進みつつあります。

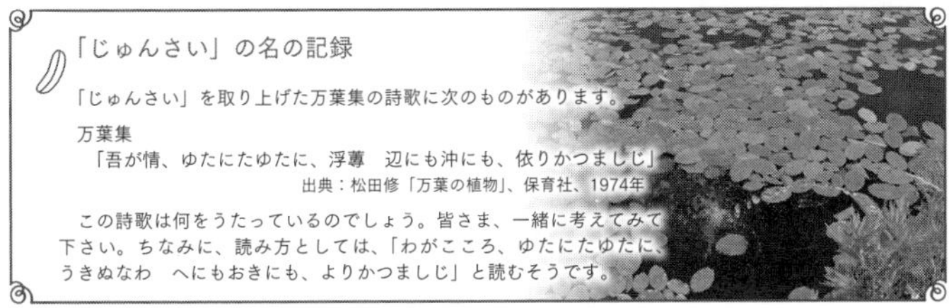

「じゅんさい」の名の記録

「じゅんさい」を取り上げた万葉集の詩歌に次のものがあります。

万葉集

「吾が情、ゆたにたゆたに、浮蓴　辺にも沖にも、依りかつましじ」

出典：松田修「万葉の植物」、保育社、1974年

この詩歌は何をうたっているのでしょう。皆さま、一緒に考えてみて下さい。ちなみに、読み方としては、「わがこころ、ゆたにたゆたに、うきぬなわ　へにもおきにも、よりかつましじ」と読むそうです。

※1　土崎哲男『秋田のジュンサイ』（平成7年5月、秋田魁新報社）
※2　オリザ油化㈱、㈱Harvestech、秋田県総合食品研究センター共同研究製品開発発表資料

「じゅんさい」豆知識

1．ことわざ

●「じゅんさいで鰻をつなぐ」という喩えをご存知ですか？

➡　どちらもぬるぬるして縛りようのないことから、「馬鹿馬鹿しくてできないこと」という意味で使われます。

●関西は「じゅんさい」が早くから食材として重宝されてきた地域です。その関西で、「じゅんさいな奴」という言葉を聞かれたら、「どんな奴」をイメージしますか？

➡　つかみどころが無く、「頼りにならない奴」ということです。

2．中国の故事

●晋書の張かん（翰）伝

「ジュンコウロカイ」という言葉

蓴　羹　鱸　膾

張翰が故郷の名産であるジュンサイの吸い物とスズキのなますの味を思い出し、官を退いて帰郷したことから、「ふるさとに帰る」という意味を持つ言葉です。

3．「じゅんさい」は環境指標

「じゅんさい」は、水質汚濁、雑草繁茂、高温障害、農薬などに敏感に反応するため、栽培対策を誤ると、容易に死滅してしまいます。この理由から、「じゅんさい」は自然環境の健全性を測る一つの指標とみることができるのです。

摘み採り体験のMAP

三種町では、「じゅんさい摘み採り体験」(※1) のできる沼が用意されています。体験の時期には、道路脇に案内看板が立っています。

体験場所一覧

1 阿部農園
2 石川さんの沼
3 笹村農園
4 志戸田友彦さんの沼
5 安藤農園

※1　希望の方は、三種町じゅんさい情報センター（0185-88-8855）にお問い合わせ下さい。

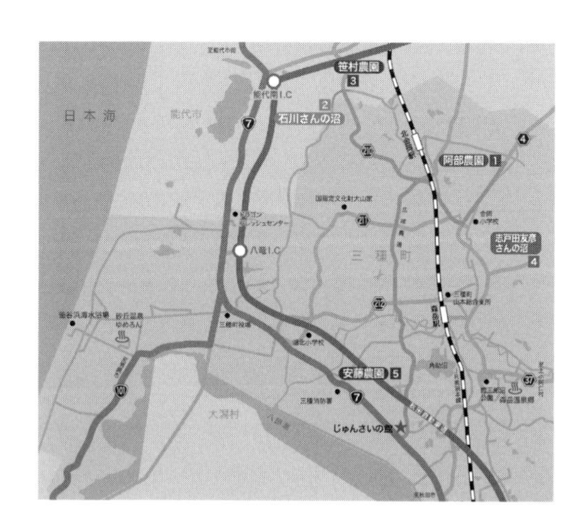

じゅんさいの歴史・伝説

じゅんさい
生産量 日本一への道
昭和10年。16歳の美和子。兵庫県明石市で就職します。
しっかり働いて、秋田のお父さんとお母さんを安心させるよ。
昭和11年５月16日。岸本社長の視察のお供で、丹波地方の、ある「ため池」にやってきました。
美和子さん
これが、わが社の主力商品の「じゅんさい」だよ。
関西では、すごく人気があるのだけれど、栽培に適した沼はそれほど多くないんだ。
もっと栽培規模を増やして、わが社を成長させたいと願っているのだが…

視察後――
社長さん、視察の時にお教え頂いた「じゅんさい」なんですが、実は、私の故郷にもたくさん自生しているんですよ。
え！
ただ、商売になるなんて、知りませんでした。
じゅんさい
じゅんさい
君の故郷は東北だったよね。東北地方に「じゅんさい」があるのかね。
秋田県
はい。秋田県の、貧しい農村です。
でも、私の村は、白神山地の南に位置しています。ため池がたくさんあって、初夏にはそこらじゅうで「じゅんさい」がいっぱい生えています。
白神山地
森岳地区
（現在の三種町）

美和子さんの故郷、
秋田県の「じゅんさい」を
調べてみようか。
そして、じゅんさいビジネスを
普及すれば、美和子さんの
故郷の発展に寄与できるかも
知れないし…
7月中旬、鉄道を乗り継いで、
明石市から秋田県森岳地区の
角助沼へ。
本当だ！
こんなに広いため池に
「じゅんさい」が
いっぱい生えている。
この森岳地区だけでも
200近いため池や沼がある。
ここの「じゅんさい」を購入しよう。
森岳では、自生の
「じゅんさい」はあるけれど、
「じゅんさい」を栽培する
という考えはないようだ。
それなら、
私が栽培技術を
教えてあげよう。

この時の視察調査で、岸本社長が
地元の人々に伝えたのは、次の3つ。
第1に、箱舟を使うと、
「じゅんさい」収穫の
効率があげられること。
第2に、「じゅんさい」は、
関西では高値で取引される
農産物であること。
じゅんさい
じゅんさい
第3は、「じゅんさい」は、
地域経済の中心になりうること。

平成25年、現在。
日本の高度経済成長を契機に「じゅんさい」は
日本の消費者に広く知られるようになりました。
ただ、ため池の減少や水質汚濁などの理由で、
「じゅんさい」の産地はどんどん少なくなっています。

じゅんさい
生産量
日本一
そのような中で、森岳地区を抱える秋田県
三種町では、しっかり「じゅんさい」産地が
保全されています。
おしまい

三種町「じゅんさい」農業の発祥

昭和の初期までは、三種町では、池沼に自生している「じゅんさい」を地域の人々は自由に収穫していました。一部には、近くの商圏に販売する者もおりましたが、主には自給用として収穫されていました。近畿圏ほどに「じゅんさい」が知られていないことから、秋田県では市場用に「じゅんさい」を栽培するという考え方は無かったようです。しかし昭和11年に「じゅんさい」栽培が始まります。

この契機をつくったのは、兵庫県明石市にあった金陵食品加工会社（岸本清社長）です。この会社は、京都・兵庫あたりの池沼・ため池を利用して、盛んに「じゅんさい栽培」をおこない、ビン詰め商品を関西の市場に出荷していました。昭和10年頃に三種町出身の娘が女工としてこの会社に勤めるようになりました。「この会社が取り扱っている「じゅんさい」なら、自分の故郷にたくさんある」ことを社長に告げたところ、岸本社長は、この娘と一緒にさっそく現地視察をすることになりました。

昭和11年の初夏に秋田県の森岳地区。この地域でもっとも大きな「角助沼」の「じゅんさい」について調査しました。「品質も良好で、関西の“じゅんさい”と比べて劣るところがない」との調査結果でした。

そこで、「じゅんさい」栽培の効率性をあげるため、この社長と娘は関西で採用している栽培方法や加工技術を惜しげもなく地元に伝えたのです。それ以来、三種町山本地区の森岳地域を中心に、「じゅんさい」の栽培及び加工が一般化し、首都圏との商取引の条件が整いました。

ちなみに、現在、じゅんさい摘みに使われている小舟も、この時、導入されたものです。岸本社長の訪問以前は、身体ごと沼やため池に入り、どっぷりと水に浸かって摘み採りをおこなっていました。

かっぱ伝説

「じゅんさい」の産地である秋田県三種町は、山からの伏流水が豊かで、200にも及ぶ沼やため池が存在しています。このような地域であることから、「じゅんさい」にまつわる河童の伝説があります。この地域でもっとも大きな沼である「角助沼（かくすけぬま）」の話です。

『昔、森岳の角助沼に河童がいて、「じゅんさい」を採る小舟にいたずらしたり、水遊びする子どもを溺れさせたりして、困らせていました。

ある時、角助は何とかしてこの河童を懲らしめてやろうと、岸辺の葦の中に隠れ、子供たちが水遊びをしているような音をたてて、河童が来るのを待っていました。すると案の定、河童がやってきて、水の上に目を出してキョロキョロあたりを窺がっていました。角助は岸のほうに近づきながら、なおもしきりに水音をたてました。河童はそれにつられて頭を水上にあげ、次第に岸の浅いところまで寄ってきました。角助は、持っていた棒で河童の皿をビジャリと打ちました。河童は、皿の中に水があるときは無類の大力となるのですが、皿の水が無くなれば赤子のように力が無くなります。叩かれた河童はヘナヘナと岸辺に倒れ込んでしまいました。

角助は荒縄でぐるぐるまきにし、「やい、河童、お前はずいぶん悪いことばかりしたな、村へ連れていき懲らしめてやる。さあ来い」と怒鳴りつけました。悪いことをした理由を聞くと、河童は一人ぼっちでさみしかったので悪いことをした」と話しました。河童の悲しげな様子をみて、角助は、「お前は友達がほしいといいながら、子供たちを水の中に引っぱったりするから、かえって誰も沼に寄り付かなくなったのではないか。一人も来なくなったら、これからお前は本当に一人ぼっちだぞ。それでもいいのか」と言いました。河童は「よくわかりました。これからは悪さをしないだけでなく、もし溺れそうな人があればきっとお助けします」と答えます。「本当に心を入れ替えるのだな」、「はい、決してうそは言いません」と謝りました。

そこで情け深い角助は、縄を解いて河童を沼に返してやりました。それ以来、周囲４キロメートル（１里）に及ぶ角助沼では、誰も水におぼれる者はいなくなりました。きっと危ない時には河童が助けてくれるのであろう。（野呂田八太郎談）』（※1）

と、伝えられています。

※1：山本町町史編さん委員会『山本町史』、748～749頁、（昭和54年、杜陵印刷）

じゅんさいのマスコット

キャラクター
三種町には、じゅんさいを様々な形でアピールするためのマスコットキャラクターが多数存在します。
最初の「じゅんさい」キャラクター：「じゅんくんとさいちゃん」です。
平成６年に旧山本町において認定されました。じゅんさい沼の河童の伝説から生まれました。命名者は地元の小学生、櫻庭梢さん（当時12歳）ほかです。
じゅんくん
野山をかけたり、沼で泳いだりするのが大好きな男の子。
さいちゃん
お母さんのお手伝いが大好きな女の子。

じゅんこさん

なんといっても可愛らしさが魅力です。三種町森岳じゅんさいの里活性化協議会において、平成24年に発表されました。「じゅんさい」イベント時に使う半纏を飾っています。

ぷるるん

「ぷるるん」です。平成24年に開発された「三種じゅんさい丼サブレ」（お菓子）のキャラクターです。「三種じゅんさい料理推進協議会」により発案されました。

これら３つのマスコットが、三種町の「じゅんさい」を応援してくれています。

直販所「じゅんさいの館」

解答　問1．Brasenia schreberi J. F. Gmelin （ブラセニア　シュレベリ　ジェイ　エフ　ジメリン）
問2．Water shield
問3．蓴菜
問4．秋田森岳じゅんさい鍋倶楽部
問5．「じゅんくんとさいちゃん」。次に、「じゅんこさん」。そして「ぷるるん」。

じゅんさい農業の現状

「じゅんさい」農業の戦後の経緯

この秋田の「じゅんさい」が、世の中の人の目に留まるようになるのは、昭和30年代から40年代にかけてのことです。高度経済成長の時期、関西・中国地方の「じゅんさい」産地は用水の汚れ等により徐々に数を減らすなかで、都市部でのじゅんさい需要（とりわけ高級料亭の食材として）の高まりを背景にして、徐々にですが、秋田の「じゅんさい」が注目されるようになりました。東北地方において、じゅんさい自生沼は、青森県の下北や津軽地方、岩手県の花巻、水沢、一関地方、山形県の新庄地方、宮城県の伊豆沼地方、福島県の裏磐梯地方にみられました。

昭和50年代後半には、水田の基盤整備事業の一つとして「じゅんさい田」の造成が可能となり、山本地区を中心にして「じゅんさい田」が整えられました。重点作物の一つとして「じゅんさい」栽培に参入する農家が生まれ、栽培規模が拡大していきました。そして、昭和60年代のバブル経済の時期に最盛期を迎え、大量に東京や大阪の市場に出荷されました。「じゅんさい流通」の世界では、「森岳じゅんさい」という名称は一つの銘柄になったのです。

しかし、バブル経済の破綻とその後の低成長のなかで、安価な「中国産じゅんさい」が日本市場に急激に拡大しています。その影響を受けて、「国産じゅんさい」に対する単価引き下げ圧力の強まり等により、全国各地に点在していた「じゅんさい」農家はほとんど撤退する事態を迎えています。有力な産地を形成していた秋田県三種町においてさえ、農家数の減少、さらには摘み手の高齢化という事態に立ち至っています。

三種町の「じゅんさい」

三種町における「じゅんさい」の実態を簡単にみてみます。

平成期に入り、20年にわたって生産量日本一を誇り、他の追随を許さない優位性が維持されています。「国産じゅんさい」の9割は、三種町の森岳地区で栽培された「じゅんさい」です。ただ、「じゅんさい」の全国市場の実態を図1からみるように、「中国産じゅんさい」が全体の8割を占め、国産は残り2割にすぎないのが現状です（※1）。

図1 じゅんさい市場における国産比率

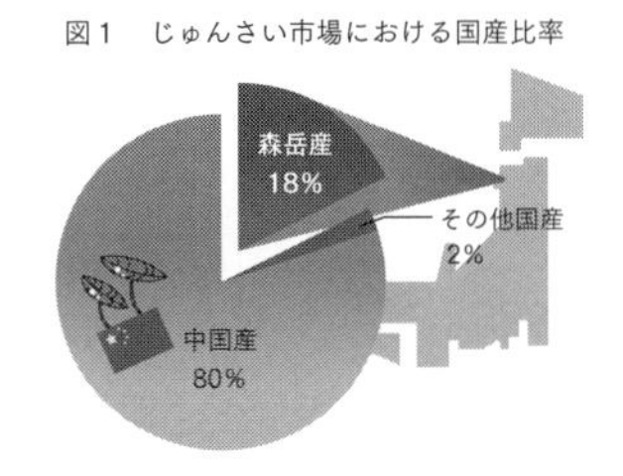

景気低迷を背景とした市場ニーズは弱含み傾向にあり、安価な「中国産じゅんさい」に押されて、「国産じゅんさい」は停滞的です。次のページの「数字でみる三種町の「じゅんさい」を見ていただければ、三種町における栽培の推移がわかります。栽培農家数の減少と栽培農家（摘み手など）の高齢化の深まりという問題が現れ、最盛期の平成3年に比して、現在では生産量が半減以下にまで縮小しており、衰退傾向を強めています（※2）。

最新の現地データ（※3）をみれば、平成24年12月現在、「じゅんさい」栽培農家数は266戸、栽培面積は111ヘクタール、生産量約470トン、販売額5億円となっています。

さて、実際にこの農業を担うことは容易いことではありません。5月頃から8月上旬まで、終日の摘み採り作業が続きます。素人がじゅんさい摘みをすれば、2時間当たり500グラムを採るのがやっとのことです。それを農家は1日8時間で約12キログラムを収穫します。そこから雑葉等を取り除いて、およそ10キログラムの出荷となります。買い取り相場が安価なため、最低労賃に及ばない水準です。しかも収穫はわずかな期間のため、収入になりません。このようなことから、「じゅんさい」栽培は主に高齢女性によって支えられているのです。

「じゅんさい」生産から撤退する農家を押し止め、「中国産じゅんさい」と競うためには、栽培へのこだわりを保持し、品質の向上を図り、「安全で安心できる国産じゅんさい」というブランドを再構築せねばなりません。日本一の「じゅんさい」産地である三種町では、生産者・町役場・町商工会・秋田やまもと農協と地元有志等が連携して「三種町森岳じゅんさいの里活性化協議会」を設立し、「じゅんさい」の再生に向けて挑戦を始めています。日本各地の消費者に「国産じゅんさい」を届けます。

※1：三種町商工会『森岳じゅんさい産業育成ビジョン』（平成23年2月）
※2：同上書
※3：ちなみに、農林水産省『地域特産野菜生産状況調査』（平成22年）から収穫量をみれば、秋田県三種町の103トンがトップを占め、次いで青森県の75トン、山形県の12トン、北海道と茨城県が各1トンです。三種町の数値が小さいのは、JAの取扱量のみが国に提出されているためのようです。

数字でみる三種町の「じゅんさい」

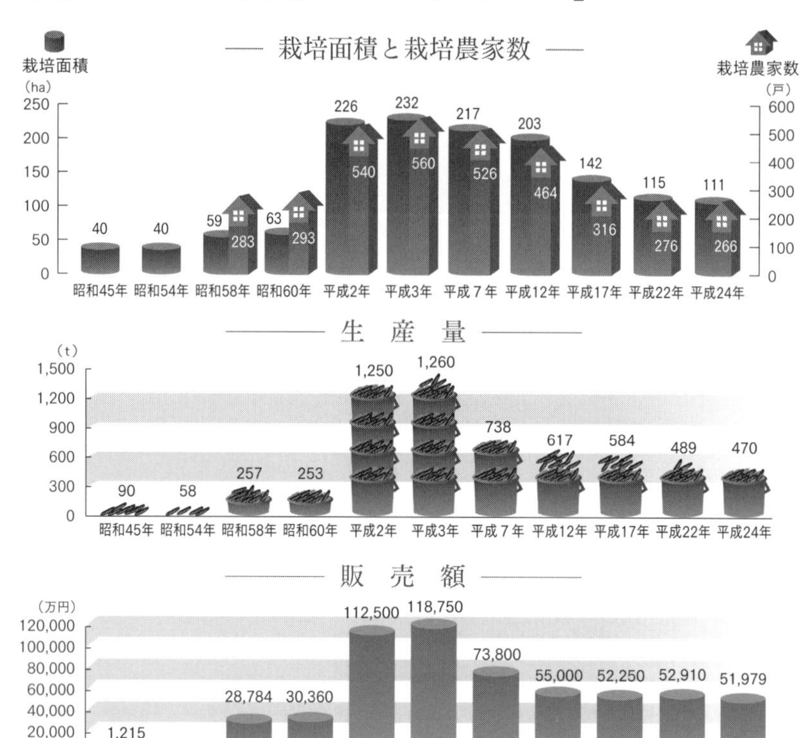

ひとつ、ひとつ熟練の技で選別作業

三種町の「じゅんさい」対策の歩み

昭和

11年 ・旧山本町森岳地区において、兵庫県の加工業者により、「じゅんさい」の商品化が開始される。

62年 ・転作作物として「じゅんさい」の作付奨励事業（農林省）が導入される。

62年 ・「じゅんさい祭り」（森岳大町通り）が開催される。

63年 ・「じゅんさい祭り」にて、「ミスじゅんさいコンテスト」が開催される。

平成

2年 ・「じゅんさい祭り」にて、「じゅんさい音頭」が初披露される。

6年 ・マスコットキャラクター（じゅんくんとさいちゃん）を発表。

7年 ・秋田やまもと農協において、「じゅんさい」の冷凍加工施設が完成する。

16年 ・農林水産省の事業を活用して、「じゅんさいの館」（直売施設）が完成する。

18年 ・平成の大合併で、山本町・八竜町・琴丘町が合併し三種町となる。
・三種町商工会によって、じゅんさい振興の基本計画づくりが開始される。

23年 ・「森岳じゅんさい産業育成ビジョン」（三種町商工会）が完成する。
・「三種町森岳じゅんさいの里活性化協議会」が設立される。
・「食農観ビジネス等重点支援地域形成事業」（秋田県）が導入される。
・「全国じゅんさいプレ・サミット」が開催される。５道県が参加。

24年 ・「第１回じゅんさい全国会議」が開催される。

25年 ・「食のモデル地域計画」（農林水産省）に採択される。
・「第２回じゅんさい全国会議」が開催される。
・「第１回じゅんさいフェスタ」が開催される。

❖【コーヒーブレイク　③】
農村高齢者を称える条例

「あなたの日頃の金にもならない何気ない行動が実はみんなを幸せな気持ちにさせていることを称える条例」が，秋田県三種町にある。字数47文字の，実に味わい深いネーミングの条例である。議会承認を経ている訳でもなく，法的に条例とはいえない。しかし住民の発意で動いている。先ごろ，第２回目の表彰式が開催され，小生も参加した。80歳を超えた高齢者が壇上に立ち，はにかみながらも笑顔で表彰されていた。

なぜ，この条例をつくったのかを尋ねてみた。限界集落という言葉が飛び交うなかで，ある時は一人ぼっちで，またある時は仲間と連れ立って，暮らしやすさを保全している高齢者の姿がそこここにある。集落を守っている，そんな人々に光を当てたいと思い至り，町内のリーダー連に声をかけ，実現したとのことであった。

学童がいなくなっても，統合先の小学校にまで出かけ，通学路から学童を見守るお婆さん。地域のお盆行事の中止が話題になりながらも，手づくりの藁人形作りを続けるお爺さん。集落前のスペースに花壇を整え，季節に応じた綺麗な花づくりに精を出す高齢者グループ。もしやの災いに備えて，沢筋や水路を見回り，枝払いや土上げを黙々とこなす老人など。誇り高く生きる，名もなき高齢者が，山裾の農村を輝かせているのだ。

❖【コーヒーブレイク　④】
農村への移住対策の本格化を

今日の農山村は，農業を担う人的パワーが脆弱化するなかで，わずかな元気な高齢農業者の支援によって地域農業が維持されているといっても過言でない。農地中間管理機構を介して規模拡大が部分的には進みつつあるが，条件不利な多くの農地は耕作放棄され，消失の危機を迎えている。他出家族員の定年帰還を待つというだけでは，農山村の農業はたちゆかないのが現状である。

農業・農地・農村の持続性を視野に置くのなら，そこに暮らす農業者，住民，地元自治体にとって発想の大きな転換が必要であろう。即ち，外部からの人材受入の本格化である。市町村自治体では，確かに移住対策を掲げてそれなりの取組を進めている。プロモーションビデオの制作，空き家調査，各種の移住フェアへの参画など。しかし，具体的な，家屋や土地の購入交渉となれば，行政は手を引く。移住への関心の喚起にとどまっている。具体的な移住遂行のためのアクションが総じて希薄である。

農村移住の実効性を高めるためには，一方で移住者のわがままにも耳を貸しながら，他方で人物を見極めつつ，受入サイドが親身な後見人的な立場になって，移住希望者のニーズに寄り添う移住者支援システムづくりが求められる。もちろん，これには受入集落の積極的な関与が不可欠であろう。

❖【コーヒーブレイク　⑤】
農村起業における周辺的な難題

〜〜〜〜〜〜〜〜〜〜〜〜〜〜〜〜〜〜〜〜〜〜〜〜〜〜〜〜〜〜〜〜〜〜〜〜

地方創生の取組の一つに地域会社というものがある。地域資源を活用した新商品の開発・販売を担う会社づくりが期待され，それに沿った交付金事業も打ち出されている。これにチャレンジする地方自治体もある。実際に取り掛かってみると，事業それ自体よりも周辺的な難題に遭遇する。

一つは，交流人口の拡大という趣旨から，訪問者の受入を可能にする新たな旅館業や飲食業の必要性を認めつつも，当の役場や議会から「民業圧迫を避けたい」との言葉が出ることが少なくない。「競合」によるサービスの質向上という観点が抜け落ちた意見がまかり通る。

もう一つは，経営コンサルや何々伝道師など，この筋の専門家からのアドバイスの陳腐さである。地元関係者の手によって創られた新商品に対して，「ブランドづくりは？　味覚分析や機能性分析は？　ロット規模での定時定量出荷は？」など，素人的批判が続出する。これでは，実践者の意欲が削がれる。

競い合いこそが地域経済の拡大に繋がるという当たり前の認識が持てず，対立の無い新業種創造についぞ目が行くのが今の地方行政といえようか。また，完成済みの新経営体しか想定できない，起業を育むという観点の欠落した，いわゆる専門家が存在することも確かである。

◉【ビューポイント　⑤】
集落調査

山村集落の風景

日本農村の研究において，集落調査は広く一般的に使われる調査法である。これまでの農村研究は，多様な問題への接近方法を受容しつつも，農村社会のモノグラフを描くことによって，個別具体的なリアリティのなかに潜む論理を掬い上げるという実証性を重視する研究態度を保持してきた。多くの場合，農村社会の社会関係と基礎的な集団の構造や機能を解明する手法として集落調査は採用されている。

この社会的範囲は，藩政時代から社会的まとまりを有し，約20戸～100戸程度の規模によって構成され，独自の文化が形成され，また用水利用や共有林野の管理機能を持ち，生産及び生活を律する体系的な行動規範を備え，部落会，町内会，区会，自治会など多様な呼び名をもつ組織によって運営されてきた。一般に村落ないし部落と称されるが，近年ではニュートラルな語感を重視して行政的な用語である集落を充てることも少なくない。このような規模性，歴史性，自治的な機能の存在など相対的な独自性が，多くの農村研究者をして集落を対象とする「むら」の実証調査に向かわせたといえよう。

◎農村社会学における集落調査

日本の農村社会学において，「むら」に関する以下の三つの問題意識が，方法としての集落調査にこだわりつづけ，集落調査を不可欠なものとしてきた。

一つは，集落ないし村落という社会的範囲のなかで醸成されてきた社会関係の抽出である。これは，農村社会学の草創期からの重要な立脚点である，諸事象を「むら」という全体的な枠組みとの関連で捉えつつ，社会関係として形態的，類型的な把握を目指す実証主義の立場をとってきたことである。

二つは，うえと重なる側面があるが，日本の「むら」を特徴づけてきた「いえ」の析出である。家父長的な色彩を帯び，家族の先祖から子孫に至る直系の系譜を重視する家族のあり方である「いえ」が，どのように暮らしを構成し，どのような社会関係を結びあい，農地保持や農業維持との絡みの中でどのような役割を果たし，村落を特徴づけてきたのかなどが追究された。

三つは，戦後において，創設期の成果を踏まえつつも，農地改革やその後の高度経済成長などによる全体社会の構造変化の中で，「むら」を内外からの影響に晒される存在として，経済構造を基礎とした全体的な枠組みという視点が生まれたことである。この全体的な構造把握というアプローチは「構造分析」と呼ばれ，多くの研究者に共有の方法論となった。そして，「むら」の共同体的性格について，その物的基礎（水利秩序や入会林野の維持など）からの解明が進められ，さらには農民層分解の視点から経済的政治的体制に規定されつつも暮らしに内在化している論理の解析に向けた動態分析が展開した。

◎集落調査方法及び集落センサス調査

集落調査は，もちろん調査目的によって調査内容に差異はあるが，しかし一般的には，対象農村を生産及び生活維持のための諸々の社会関係や集団の累積を一つの全体としてみなすことから，多面的な情報の収集を特徴としている。世帯数・人口や農業状況等の基礎的現況情報のほかに，社会関係として本家・分家，地主・小作，親分・子分などの関係や近隣，姻戚，友人などの関係，諸相互作用の内容，さらには社会集団として行政的地域集団，氏子，檀徒，講中，近隣などの情報を集めることが多い。また年中行事や生活様式，共有林野保全のための共同作業，自治的組織・集落財政や農家の経済状況など多角的な調査内容により構成される。住民代表者への聞き取りや集落によって維持保管されている住民協議の文書の収集分析に加え，戸数が限られていることから，配票調査等を使って，構成世帯への悉皆調査を実施することも少なくない。

政府統計としても農業集落の調査が行われている。1950年に農林省は世界農業センサスを実施したが，この時，集落調査は行われず，次期の1955年の臨時農業基本調査において農業集落の実態を把握するため，５分の１のサンプリング調査を実施した。1960年の世界農林業センサスでは農業集落の全数調査を行った。1970年の農業センサスにおいて，「一般に「部落」と呼ばれているもので，もともと自然発生的な地域社会であって，家と家とが地縁的，血縁的に結びつき，各種の集団や社会関係を形作ってきた農村社会における基礎的な単位地域」とする領域に配慮した定義を採用している。その後，10年毎の世界農林業センサスにおいて，この定義に基づき農村集落の全数調査が継続実施されている。調査内容としては，農家非農家の構成，田の区画整理状況，減少耕地の現況，実施寄り合い議題，農業関連施設の共同管理，都市住民等との交流等である。

第Ⅳ編

地域づくりの大学教育への取り込み

「あきた地域学」と「あきた地域学アドバンスト」の挑戦

第1章
「あきた地域学」の挑戦
地域に根ざした大学を目指して

はじめに

昨今，大学改革の動きが盛んになっていきている。その動きの背景を探れば，1984（昭和59）年の臨時教育審議会の設置に始まり，1991（平成3）年の「大学教育の改善について」答申，そして2001（平成13）年の「遠山プラン」に遡ることができよう。高等教育機関として大学を時代に即してどのように位置づけ，どのような人材育成を目指すのかという問題意識が内在している。最近の政策的な動きとして，現代GP，グローバルCOE，COCなどの事業が展開されている。

秋田県立大学では，学長のリーダーシップのもとに，「秋田県立大学将来構想の教育に関する検討指針」において，「秋田県の実情を知り問題点を明らかにしてその解決策を考える地域関連の講義・実習を全学の教育に取り入れて，秋田県が直面する問題を題材にして，問題発見，課題解決能力を育む」ことを掲げている。研究と教育にとどまらず，地域への貢献を視野においた教育体制が本学の特徴である。

この地方・地域への関与の側面を強化すべく，平成27（2015）年度から「知の拠点（COC＋事業）」に取り組んでいる。ちなみに，COCとは，センターオブ　コミュニティの頭文字であり，地方・地域の知の拠点としての役割を大学が担おうとするものである。そしてCOC＋とは，COCの含意を持ちつつ，地方創生が国策として打ち出されるなか，学生の地方定着をも目指そうとする取組といえる。

これを受けて，本学では，学生の地元への興味・関心を醸成するため，「あきた地域学課程」の新設など教育カリキュラムの改善と，学生の就職活動の促進のため，インターンシップ体制などの充実を鋭意進めている。

本稿では，秋田県立大学の「あきた地域学課程」の概要を示すとともに，その課程の中の，「あきた地域学」という新設科目の内容について，システム科学技術学部と生物資源科学部の取組を検討するものである。

第1節　あきた地域学課程の概要

1．あきた地域学課程

まず，2015（平成27）年度と2016（平成28）年度の2年間，「あきた地域学課程」について，制度設計をおこなってきた。そして，2017（平成29）年度から，「あきた地域学」という全学必修の新設科目をスタートさせており，この新設科目の履修後に，2年次以降，さらに地域に関係する科目群からの必修・選択にて所定の単位をとること等により，地域創生推進士（秋田県立大学）の認証が授

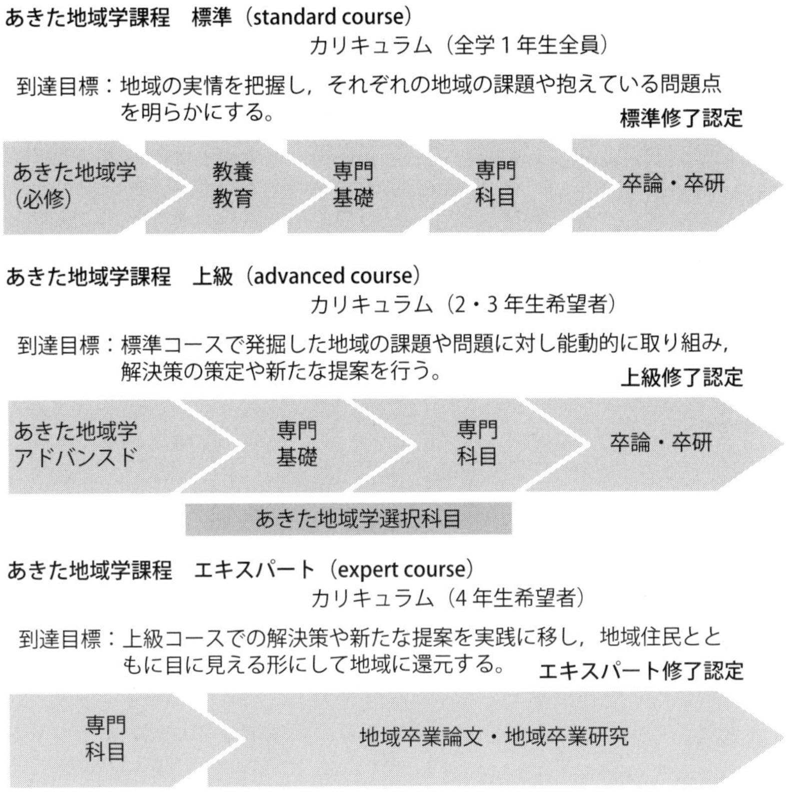

あきた地域学課程　標準（standard course）
カリキュラム（全学1年生全員）

到達目標：地域の実情を把握し，それぞれの地域の課題や抱えている問題点を明らかにする。

標準修了認定

あきた地域学（必修） → 教養教育 → 専門基礎 → 専門科目 → 卒論・卒研

あきた地域学課程　上級（advanced course）
カリキュラム（2・3年生希望者）

到達目標：標準コースで発掘した地域の課題や問題に対し能動的に取り組み，解決策の策定や新たな提案を行う。

上級修了認定

あきた地域学アドバンスド → 専門基礎 → 専門科目 → 卒論・卒研

あきた地域学選択科目

あきた地域学課程　エキスパート（expert course）
カリキュラム（4年生希望者）

到達目標：上級コースでの解決策や新たな提案を実践に移し，地域住民とともに目に見える形にして地域に還元する。

エキスパート修了認定

専門科目 → 地域卒業論文・地域卒業研究

図1　あきた地域学課程のカリキュラム

与される教育システムである。

本学は，理系大学であり，高度な実験室・研究室教育を特徴とするものであるが，それに加えて，キャンパスを飛び出し，具体的な地域課題に触れ，その対処方策を考察するという，地域に学ぶ教育システムをも整備しようとしている。地域の現場に赴き，住民や関係者の声に耳を傾け，地元企業の特徴的な妙技を目にする機会を提供し，秋田という地方社会に潜んでいる価値の発掘などを目指している。郷土ないしふるさとへの慈しみの心を育み，地域を悩ませている諸課題を析出し，地元において自分の果たしうる目標づくりや開拓する意欲などの醸成も視野に入れている。

また，教育プログラム（**図１**）としては，初年次に全員必修のベーシック科目「あきた地域学」を学び（標準コース），より深く学びたい学生向けに２～３年次には座学のあきた地域学選択科目群（６科目12単位）と「あきた地域学アドバンスト」を配置し（上級コース），さらに深く追求したい学生に対しては卒業研究や卒業論文で総仕上げをおこなう（エキスパートコース）を用意している。なお，地域の企業経営者と学生を繋ぐことを目指し，学生プレゼンテーションの審査体制を整備し，当該のコース修了認定書兼インターンシップパスの共同運用という形での定着を構想している。

２．１年次必修科目「あきた地域学」

さて，本稿において報告する「あきた地域学」（全学必修）は，次のような教育目標を掲げている。まず，授業の目標をみれば，「私たちが暮らす秋田に目を向け，秋田の歴史，現状の基礎的事項を理解し，将来に向けた課題と今後の地域のあり方に対する視座を身につける」ものである。

そして，到達目標として３点を挙げている。第一に，秋田県内の地域特性と地元の人々を理解し，地域課題を考えるためのベースとなる知識と情報収集力を身につけること，第二に，上記第一で身に付けた知識や情報を活用し，地域の活性化のために必要な方策を構築できる能力を身につけること，そして第三に，上記第二で構築した方策を自分なりの考えで説明しプレゼンテーションできる技能を身につけることである。

以下に，システム科学技術学部と生物資源科学部の取組を報告し，最後に課題を検討する。

第2節　システム科学技術学部における「あきた地域学」の取組報告

1．カリキュラムの全体構成

システム科学技術学部では，前半は外部講師を主とする座学中心，後半は実習実施と成果のまとめ・発表を中心に講義を進めた（**表1**）。

表1　講義・実習のテーマ（システム科学技術学部）

回	テーマ
第1回	ガイダンス（講義の趣旨説明）
第2回	実習オリエンテーション
第3回	秋田の経済　松淵秀和　所長（秋田経済研究所）
第4回	秋田の将来像　三浦廣巳　会頭（秋田県商工会議所）
第5回	秋田県の集落支援：由利本荘市の取組 小野一彦　副市長（由利本荘市）
第6回	秋田の社会　渡辺歩　政経部長（秋田魁新報社）
第7回	現地研修の事前準備（グループ分け，内容の検討）
第8回	現地研修の事前準備（詳細検討）
第9-10回	現地研修（A：菜の花まつり） （B：自治体及びNPO実践）
第11回	小坂町におけるまちづくり実践 近藤肇　前観光産業課長（小坂町）
第12回	ポスター制作に向けたレクチャー，製作
第13回	NHK大学セミナー秋田舞妓の取組　水野千夏　社長
第14-15回	ポスターセッション，成果講評

2．特徴①：外部講師の活用

秋田地域を理解する上で基礎的事項となる部分について第3回「秋田の経済」，第4回「秋田の将来像」，第6回「秋田の社会」，第13回「秋田舞妓の取組」において生物資源科学部と同一の講義内容とし，その分野に詳しい外部講師による講義とした。また，由利本荘市について第5回「秋田県の集落支援，由利本荘市の取組」，地域資源を活かした取組について第11回「小坂町におけるまちづくり実践」を，その事業に直接携わった行政職の外部講師による講義とした。

各分野で長年取組んだ事例に基づく内容で臨場感ある講義となり，聴講学生にとって地域理解が進んだ成果を生んだ（最終レポートより）。

3．特徴②：現地研修の実施

現地研修は，ボランティア実習の形式とし，自ら事前学習・準備を進め，実習当日は一人ひとりの学生が地域の人々と直接交流することを課した。

研修として，次の3つのコースを用意した。Aコース：菜の花祭り実習，Bコース：由利本荘市やNPO等がおこなう活動実習，Cコース：学生自らの企画である。以上の3コースによる実習の選択制とした結果，Aコース230人，Bコース12人となった。なお，Cコース選択学生はなかった。

1）Aコース：菜の花祭り実習

4学科の学生が混在することを基本に10人程度の単位で22のグループ編成をおこなった。2日間のうちのいずれか，かつ午前か午後のいずれかで実習をおこなった。作業は，「飲料等の販売」，「菜の花摘み体験の運営」，「協力金の依頼」，「BDFトラクター運行」，「着ぐるみによるPR」，「ふわふわ遊具の運営」，「案内，介助」，「場内管理」，「アンケート配付回収」とした。実習当日の残された時間は，来場者としての参加とした。

現地でのボランティア活動を通じて，鳥海高原の良さを実感するとともに，地域住民の優しさや学生に期待する眼差し，あるいは消極的だった自分が一歩前に出ることができた等，学生は多くの気づきを得ている。

2）Bコース：由利本荘市等での活動実習

もう一つのBコースでは，6つのボランティア実習を準備し，学生に選択を委ねた結果，由利本荘市主催の「町内点検」10人，若者会議主催の「まち歩き」1人，NPO主催の「ケア・カフェ」1人の実習となった。

Aコースほどの実習の枠組（中心的イベントに基づく行動計画等）がないため，市役所職員や住民・市民との打ち合わせが必要となり，却ってそのことでより緊密な交流が得られた。

また，地域の歴史や地域課題が議論の対象となるため，地域理解の深まりをポスターや最終レポートからうかがうことができた。

3）本実習に参加した学生の成長度評価

Aコース及びBコースに参加した学生が，現場に出て，現場に関係する人々と交流するなかで，どのような成長が自覚できたのであろうか。この点につき，政府で使用されている「社会人基礎力」の諸項目を活用して，当該実習の事前・事後にアンケート調査を実施した。その結果を**表2**にまとめている。

表2　学生の成長度評価

社会人基礎力能力要素	スコア		
	参加前	参加後	差
主体性	3.47	3.62	0.15
働きかけ力	3.51	3.72	0.21
実行力	3.71	3.87	0.16
課題発見	3.72	3.87	0.15
計画力	3.86	3.96	0.10
想像力	2.57	2.70	0.13
発信力	2.92	3.23	0.31
傾聴力	4.06	4.13	0.07
柔軟性	4.31	4.37	0.06
情報把握力	3.68	3.84	0.16
起立性	4.09	4.19	0.10
ストレスコントロール	3.53	3.71	0.18

集計・分析：金澤伸浩準教授
n＝266：ボランティア学生全体のデータであるが，地域学受講生が約8割を占めている。

「参加前」と「参加後」のスコアにみるように，いずれのカテゴリー（能力要素）においてもプラスとなっている点を重視したい。とりわけ，「発信力」・「働きかけ力」については明確な向上がみられる。また，「ストレスコントロール」「情報把握力」「課題発見」「実行力」「主体性」等についても向上を示す数値となっている。

4．特徴③：ワークショップの実施

実習の成果は，「ボランティア目標」，「実施内容」，「ボランティアを通じて得たこと」の項目を基本にしてグループ内で討論し，ポスターにまとめた。14回，15回の連続の講義時間帯を使い，24グループの成果を2つのセッションに分け，ショートプレゼンとポスターを囲んでの意見交換をおこなった。セッションごとに，参加学生全員の投票により優秀賞を1つ選定した。

これにより，自分たちの実習の振り返りと成果の整理にとどまらず，他グループの取組との比較において自分たちの成果の相対化も促された。

5．教育的効果に関する有効性と課題（システム科学技術学部）

座学において，魅力的な外部講師の講義内容も影響し，単なる感想にとどまるレポートではなく，自らが現地で調べ，そして出身県との比較をおこなう等して，秋田地域に対する考察が深められた。講義内容の理解の内面化が進んだと言えよう。

実習とポスター発表においては，事前準備の重要性，グループ内や来場者とのコミュニケーションの重要性の自覚，地域課題に対する理解・考察の深化が得られた。

また，すべての講義・実習を通してまとめる最終レポートの作成によって，秋田の経済，産業，社会，文化の座学学習と実習学習が結びつき，個々の学生から幾つかの気づきや今後の展望が示されて教育的な有効性が確認できた。

本科目の到達目標の一つである「地域の歴史，産業，文化の基礎的事項が説明できる」に対しては，座学と５回の個別レポートの作成により知識が内面化されており，ほぼ達成できたといえる。さらに，到達目標のもう一つである「特定の課題に対し解決の方向を自分なりの考えで説明できる」は，最終レポート作成の段階での考察を通して，程度の差はありつつも同じくおおむね達成できた。

今後の課題は，実習における学生間の負担のアンバランスの解消，グループ内での実習に取り組む姿勢やポスター製作における貢献度に対する適正な評価方法の開発，ポスター発表が円滑かつより教育効果を伴うようにするための会場設定や時間管理等の改善である。

第３節　生物資源科学部における「あきた地域学」の取組報告

１．カリキュラムの全体構成

生物資源科学部においては，システム科学技術学部と共通性を持ってカリキュラムを構成した。前半に外部講師による地域に関連する講義を配置し，後半には現地研修に関係する取組（地域情報の収集，フィールド・サーベイ）を置いて

表３　講義・実習のテーマ（生物資源科学部）

回	テーマ
第１回	ガイダンス（講義の趣旨説明）
第２回	秋田の将来像　三浦廣巳　会頭（秋田県商工会議所）
第３回	秋田の社会　渡辺歩　政治経済部長（秋田魁新報社）
第４回	秋田の経済　松渕秀和　所長（秋田経済研究所）
第５回	秋田の地域課題　地域学担当委員
第６回	美郷町の地域状況　松田知己　町長（美郷町）
第７回	三種町の地域状況　三浦正隆　町長（三種町）
第８回	現地研修のための討議　地域学担当委員
第 9-12 回	・美郷研修ラベンダー祭　美郷研修の教員団 ・三種研修じゅんさい等　三種研修の教員団
第 13 回	ワークショップ　地域学担当委員
第 14 回	NHK 大学セミナー秋田舞妓の取組　水野千夏　社長
第 15 回	プレゼン／レポート作成

いる。そして，現地情報を踏まえたワークショップによる成果づくり（活性化ビジョンとプレゼンテーション）を用意し，本科目を進めた（**表3**）。

2．特徴①：外部講師の活用

舞妓さんと講師

「あきた地域学」の研究対象である「秋田」に関する諸情報を整理して理解させるため，第一線の知識人を招き，外部講師による講義を実施した。秋田商工会議所会頭からは「秋田の将来像」（第２回）を，県内主要新聞社からは「秋田の社会」（第３回）を，そして県シンクタンクからは「秋田の経済」（第４回）を，それぞれ講義いただいた。

また，現地研修に向けて，訪問地である２つの自治体の首長を招き，美郷町と三種町の特徴や課題について学修した。さらに，第14回には，NHK秋田からの申し出を受ける形で，システム科学技術学部との合同企画として，「秋田舞妓」の起業に挑戦した女性社長の講演を置いた。

第一級の講師陣による４回にわたる講義は，秋田県内におけるリアルな実態をそれぞれの分野から的確に切りとり，受講生の地域に関する興味・関心を惹くものであった上，学生と比較的世代的に近い，若い女性の挑戦に関する講義は，程度の差はあれ，受講生に強い刺激を与えるものであった（受講レポートより）。

3．特徴②：現地研修の実施

街並み探索

生物資源科学部では，本学との連携協定を結んでいる県内の自治体のうち美郷町と三種町の２つを選んで，現地研修先とした。２地区とも土曜日の終日を費やす研修であるため，第９～12回の時間をあてがっている。両町役場の企画部署と打合せをおこないながら研修内容を定めた。

チームで資源探し

地元ガイドの説明

また，第6回と第7回の講義の折に，それぞれ首長に依頼して町の概況や課題に関する講義の提供を図った。これにより，受講生は事前の訪問先の情報を把握することができた。受講生の希望に沿いつつ按分して，それぞれの訪問地（美郷町83名，三種町80名）を決めた。

チーム毎の散策

１）美郷町における現地研修

４学科の学生が混在することを基本に，当初５～６名のグループ構成（15チーム）を考えたが，同行教員数の関係から10名程度の規模のグループ（８チーム）に編成せざるを得なかった。

美郷町では，到着時に美郷町役場の職員や地元ガイドの住民の計12名程のメンバーと学生とが挨拶を交わし，スタートした。

まずはお昼までの時間，「街並み散策」をおこなった。美郷町の中心地である六郷地区の景観や情景を体感することを目的とし，グループ毎に自由に散策しながら，当該地区の魅力的な資源である，数多く存在する清水（シズ）を最低限５か所巡り，寺町通りではお寺に関するクイズに答え，公的施設３か所（ニテコサイダー工場のある「湧子ちゃん」，町の博物館である「学友館」，湧水の里の拠点施設である「水文館」）のうち，１つを訪れ，町の情報を収集するものであり，地元ガイドから説明を受けることになった。町の観光ツールとして整備しつつあるQRコードのスマホの読み取りが学生の興味を刺激した。

昼食については，「町内に点在する10か所ほどの食事処にそれぞれのグループが立ち寄り，食する」という町役場からの提案に沿って実施した。お店や地域住民にとっては，学生来訪による賑わいを実感するとともに，学生にとっても自分好みのお店を探せることを狙いとした。

午後は，町の公民館で開催されている美郷カレッジを受講した。東京から来訪されている大学教授による「アロマセラピーと先端医療」がテーマであった。ラベンダーで知られる美郷町において「香り」への関心は町民の興味を引くものである。質問時には，本学の学生から複数の的確な質問が投げかけられ，会場を盛り上げた。

最後に，ラベンダー園に移り，町のマスコットであるミズモと一緒に摘み取り体験をおこなった。

美郷町研修への参加学生の評価を**表4**からみれば，「地域を知ることになったか？」，「学ぶべきものがあったか？」，「住民交流は有意義であったか？」との問いかけに対してそれぞれ「たいへん良い」と「まあ良い」をあわせた肯定

ラベンダー園の研修

ラベンダー摘み

ミズモと交流

体験の記録をとる

的な意見は，92.7％，92.7％，そして80.5％と，大半を占めている。

なお，否定的な回答も若干存在する。これは，各グループの規模（10名程度）が大きかったため，聞き取りや体験はある程度可能であるが，食事処や各地への訪問に手間取るという問題が発生し，一部に当初計画が遂行できなかったことに起因するものであることが，事後の学生との話し合いの中で明らかになった。

表４　研修後の学生評価（美郷町）

n＝82

項目	回答数
Q1　「地域を知る」機会となったか？	
・たいへんそうであった	45（54.9%）
・まあそうであった	31（37.8%）
・あまりそうでなかった	6（6.1%）
・まったくそうでなかった	1（1.2%）
Q2　学ぶべきものがあったか？	
・たいへんあった	30（36.6%）
・まああった	46（56.1%）
・あまりなかった	5（6.1%）
・まったくなかった	1（1.2%）
Q3　住民との交流は有意義であったか？	
・たいへん有意義であった	19（23.2%）
・まあ有意義であった	47（57.3%）
・あまり有意義でなかった	14（17.1%）
・まったく有意義でなかった	2（2.4%）

２）三種町における現地研修

三種町研修は，「じゅんさい体験」と「メロン体験」によって構成される。三種町は，日本におけるじゅんさい栽培の拠点であり，県内の主要なメロン産地であることから，選定された。三種町に到着の後，午前中にそれぞれ圃場に出かけてそれらを体験し，午後に町役場に戻り，農家及び町役場職員との交流をおこなうという行程である。

じゅんさい摘み

「じゅんさい体験」については，学生の受入規模の関係から，学生20名程度が２つのじゅんさい農家に分かれて体験することになった。「メロン体験」も同様に２つの農家を訪問し，栽培状況などの把握に努めた。

じゅんさいの摘み取り体験とは，小さな小舟をじゅんさい沼に浮かべて，水面下に育っている若芽を摘み取るものである。案内役の農家の指導を得るのであるが，学生

採れたよ！

のほとんどが初めての体験であり，不安定な小舟に乗り込むことさえ，難しい。大きな，黄色い声を上げつつ，初めての体験を楽しんでいた。

実際に，水に手を浸け，水温を感じ，水中に目を落とし，湖底から伸びるじゅんさいの茎のいくつかの枝に生じている若芽を見つけ出すことの苦労を経験する。爪先でその芽を千切るに際してもじゅんさいのヌメリが邪魔をして容易でない。高齢女性が小舟に乗って摘み取りをおこなっているじゅんさい農業の大変さと面白さを始めて実感することになる。収穫後には，じゅんさいを大きさ毎に調整し，場合によっては加工作業をおこない，パッケージングの後，出荷の運びとなる。このような全体工程をイメージできるようになる。

もう一つの「メロン体験」は，次のようであった。三種町は砂地を活用した，県下最大のメロン産地である。ただ，バブル期を最盛期として，現在は担い手農家の高齢化により，規模は減少してきている。

このような中にあって，今回の研修では，代表的な２つの農家を選定した。一つの農家は高級メロン栽培の道を選び，もう一つの農家は既存品種であるが高品質化を目指し，かつ直接販売のできる顧客確保の道を選んでいる。

高級メロン栽培を目指す農家は，品種の選定への拘りに加え，ハウス内で，圃

住民との語らい

メロン農家訪問

ハウス内の様子

体験終了後，町長説明

場に果実を触れさせない工夫（吊り下げ）を施している。そして，ゆうパックと連携して，贈答品としての販売チャネルを開拓している。高品質メロン農家では，既存の品種を使い，ハウス内の圃場に栽培する慣行的な農業であるが，絶え間なく，水の管理をおこない，圃場の土壌成分を分析し，メロンの生育環境の整備に努めているという特徴が見出される。学生によって，このような農家との対面的な話し合いは，生産者の拘りや見通し，栽培に対する誇りを感じとる好機となっていた。

表５　研修後の学生評価（三種町）

n=78

Q1　「地域を知る」機会となったか？	
・たいへんそうであった	63（80.8%）
・まあそうであった	14（17.9%）
・あまりそうでなかった	1（1.20%）
・まったくそうでなかった	0（0.0%）
Q2　学ぶべきものがあったか？	
・たいへんあった	59（75.6%）
・まああった	19（24.4%）
・あまりなかった	0（0.0%）
・まったくなかった	0（0.0%）
Q3　住民との交流は有意義であったか？	
・たいへん有意義であった	63（80.8%）
・まあ有意義であった	15（19.2%）
・あまり有意義でなかった	0（0.0%）
・まったく有意義でなかった	0（0.0%）

午前中の２つの農作物に関する訪問研修の後，役場近くの改善センターに集まって昼食をとった。地産池消をテーマとした地元母さんたちによる弁当で昼食をとった。そして，午後には町長からの現地解説を受けている。ささやかな体験を背景にして，三種町の将来展望に関するワークショップをおこなっている。

三種町研修への参加学生の評価を次の**表５**にみるように，「地域を知ることになったか？」への問いに対して，80.8%がたいへん評価できると回答している。「学ぶべきものがあったか？」に問いに対しても，75.6%の高率を示し，「住民交流は有意義であったか？」との問いに対して，80.8%の高い比率であった。また，否定的な回答はゼロに近い。このことから，三種町研修は，研修内容が適正であり，参加学生に受け入れられたと判断できよう。

４．特徴③：ワークショップの実施

生物資源科学部では，一連の講義で学修したことを踏まえつつ，現地研修での見聞を基本に置いて，それぞれの地域の抱える課題を考察するとともに，地域の魅力を世間に知らしめるべく，ポスター制作をワークショップとして実施した。

第13回の講義時間には，美郷町研修及び三種町研修の時の行動班（第1班から第8班）毎にポスターづくりワークショップをおこなった。利用可能な教室の数の問題から，一つの教室（一つの教員を配置）において2つの行動班が作業することになった。

ポスター制作の作業

全体として4つの教室を用意した。制作時間は60分と短い時間であるが，研修において体感したことを思い出し，地域の魅力を見出し，ポスターとしての作図を試みた。そして，時間内に，教室毎に2つの作品の見比べをおこない，学生評価によって，教室代表の一作品を選定した。

プレゼンテーションの様子

これらの代表作品（美郷町が2作品，三種町が2作品）を第15回に持ち寄り，4つの作品毎にプレゼンテーション時間15分のポスター発表会を実施した。ポスターの出来具合，スピーチの出来具合，地域の魅力に関する掌握度などにより，地元への報告のために，各第一位を選定した。

これにより，学生の経験した現地研修を振り返ること，諸成果をポスターの形で整理するという課題が達成された。また，他グループの作品との比較を通じて，どのようなテーマをどのような形状で他者に示すことが有効であるのか，どのようなスピーチが魅力的な響きとなるのか，などを感じることができた。

5．教育的効果に関する有効性と課題（生物資源科学部）

本科目は，受講生に暮らしの拠点である地域に目を向けるべく，具体的に秋田県ないし県内地域への興味・関心を高めることを目指したものである。講義，現地研修，ワークショップ（学生による共同作業）という3つの局面での効果は，以下の通りである。

まず講義をみれば，次のようである。地域課題に精通した外部講師を招き，秋田県の抱える現在の課題や関心を語っていただいた。「秋田の将来像」としては「環日本海としてのロシア貿易の将来性」を，「秋田の社会」に関しては「人口減少と選挙行動」を，「秋田の経済」については「県内緒経済セクターの展開過程」を主要テーマとしていただいた。本学のような理系大学ではあまり馴染みのない講義内容であるが，秋田県に焦点が絞られ，講師陣の経験に基づく語り口によって，受講後レポートにみるように，学生の知的関心を大いに刺激するものであった。

現地研修については，美郷町と三種町に分かれて具体的な地域及び地域住民との接触を図った。両首長による事前講義によって，訪問先の情報をコンパクトに把握することができ，現地訪問に際して，人口減少や高齢化に悩みつつも，それらに立ち向かい，町独自に地域活性化の取組が展開されていることを直接知る好機となった。

本科目へのワークショップの配置により，次のような効果をあげることができた。地域に関する現場情報を仲間と一緒に整理することができ，かつ思い込みや独りよがりな理解を仲間とともに修正することが可能になった。そして何よりも地域の魅力を伝えるためのポスターづくりワークショップは，収集した諸情報の整理にとどまらず，仲間との協働によって，一つの作品を作りあげる・成し遂げるという経験を提供するものであった。

最後に，毎回の講義において課した受講後レポートや現地研修レポートをみれば，個々の学生から幾つかの気づきや今後の展望が示されて，それぞれの講義は多くの学生に内面化され，各課題に対しても自分の意見を述べることができるようになってきている。充分な教育的有効性が確認できる。また，本科目の到達目標の一つである「特定の課題に対し解決の方向を自分なりの考えで説明できる」は，程度の差はありつつも同じく概ね達成できたといえる。

第4節　「あきた地域学」の教育的発展に向けて

平成29年度から開講した「あきた地域学」は，全学を対象とした必修科目であり，システム科学技術学部の学生約240名，生物資源科学部の学生約160名を対象としている。前節までの取組報告にみるように，一定の教育成果を得ることができたと評価できる。

ただ，今後の持続的な教育的発展を展望する場合，初年度運用における教訓や課題を掘り出し，その改善に向けた具体的な対策を講じなければならない。以下に，本科目の実施に際して直面した諸課題などにつき，簡単に整理しておこう。

第1に，外部講師の適正な活用についてである。基本的に，今年度の取組において外部講師は，受講生に大きな刺激を与えていることが受講後レポートにおいて明らかになった。やはり，現実社会でプロフェッショナルな仕事をされている方の実践経験や情熱は学生の心に沁みるものがある。しかし，初年次学生に対してテクニカルな用語による解説（例えば，専門的な経済用語など）が見られ，理系学生には馴染みにくい面があったことが若干ながら当該レポートから指摘されてもいた。

科目全体を見渡したとき，外部講師の回数と現地研修等とのバランスが次年度に向けた課題と考えられる。現地研修やワークショップの説明のための時間確保が容易でない点が担当教員団から指摘された。

第2に，現地研修については，本科目の重要な特徴であり，受講学生からの評価も高いものであった。今後，現地研修については，不可欠な要素として磨きをかけていきたい。

ただ，生物資源科学部の事例を例にとれば，一つの町に学生約80名を訪問させることは相当に難しい。現地での学生の制御，地元における受け入れ先の確保など，改善の課題が求められる。

美郷町のケースにおいて，学生評価・満足度（**表4**）が必ずしも高率を示していないのは，現地での学生チーム規模の大きさに起因している。例えば，昼食時の「自由なお店選び」は，学生数の多さから入店を拒否される事態を招いた。現地における学生の行動計画について再検討せねばならない。

三種町のケースをみれば，前年度までの試行と比べて，研修内容は基本的に同じものであった。これにより，学生評価（**表5**）は高率を維持したが，他方，町役場サイドにおける住民動員の負担が相当にみられた点（これは美郷町役場においても同様）が今後の課題である。

システム科学技術学部の事例をみれば，「菜の花祭り」への参加に集中している。ボランティア的な取組も，地域現地研修の重要なテーマであることは間違いないけれど，住民ないし企業との交流が安定的にできる受入先の確保も求められる。生物資源科学部と同様，学生数に見合った，現地研修の受け入れ先の確保という大きな課題が横たわっているといえよう。

第3に，ワークショップ及びまとめに関する課題である。限られた時間であったが，予定していたワークショップ及びその取りまとめ等は実施でき，学生からの評価も高いものであった。

ただ，このワークショップ等の遂行には，圧倒的に時間が限定されていた点を指摘しなければならない。授業後アンケートによる学生からの好評価も，実は担当教員による努力（僅かな時間であるにも拘らず，学生への制作意欲の喚起）に起因する側面もある。

第4に，本科目における受講学生の関与程度に関する評価をどのようになすべきかという課題である。今回は，学生評価について，ただ参加したら「合格」というようなことはせず，4つの指標（①出席，②毎回のレポート，③現地研修時レポート，④ワークショップでの貢献度）に基づき，学生の理解度を確認しながら，評価をおこなった。基本的には，このような評価に問題はないと考える。

ただ，ワークショップ等においては個人評価が難しい面もある。例えば，①研修（実習）における学生間の負担のアンバランスの解消如何，②グループ内での実習への取り組み姿勢やポスター製作における貢献度に対する適正な評価の仕方などである。その他に，ポスター発表が円滑かつより教育効果を伴うようにするための会場設定や時間管理等の改善も考えねばならない。

最後に，新設の「あきた地域学」を担当した教員を記しておきたい。学生と地域社会を繋ぐという当該の新科目は，試行錯誤の繰り返しである。専門分野の研究に従事する教員が，この新たな挑戦に積極的にかかわり，学生への教育的効果について両学部で時間をかけて検討し，計画の具体化が図られたことにより，今年度は一定の成果をみることができた。担当された教員の方々に感謝したい。

システム科学技術学部の担当教員は，須知成光 准教授（機械），間所洋和 准教授（機械），本間道則 准教授（電子），渡邉貫治 准教授（電子），山口邦

雄 教授（建築），櫻井真人 助教（建築），嶋崎真仁 准教授（経営），金澤伸浩准教授（経営）である。生物資源科学部の担当教員は，金田吉弘 教授（環境），尾崎紀昭 准教授（応用），伊藤俊彦 助教（応用），藤田直子 教授（生産），阿部誠 准教授（生産），渡部岳陽 准教授（環境），藤林恵 助教（環境），荒樋豊教授（アグリ），酒井徹 准教授（アグリ）の，計17名である。

[注]

○本章は，初出原稿（荒樋豊・山口邦雄「秋田県立大学における「あきた地域学」の挑戦―地域に根ざした大学を目指して―」『秋田県立大学WEBジャーナル』第5号，2018年3月，pp.1-13）により，構成されている。システム科学技術学部の事例を担当いただいた共同執筆者の山口邦雄先生から転載の了解をいただいたので，そのまま掲載している。

第2章
「あきた地域学アドバンスト」
COC＋事業に基づく地域に根ざした大学を目指して

はじめに

今日，時代の変化を受けて，大学改革の動きが展開している。特に近年，文部科学省から支援施策（現代GP，グローバルCOE，COC，COC＋など）が進められ，既存大学においてもそれぞれに独自色を持った魅力ある大学に変化することが求められている。

秋田県立大学では，平成27（2015）年度から，COC認定を受けて，「知の拠点（COC＋事業）」に取り組んでいる。本学では，学生の地元への興味・関心を醸成するため，「あきた地域学課程」の新設など教育カリキュラムの改善と，学生の地元への就職活動の促進のため，ジョブシャドゥイング等のインターンシップ体制などの充実を鋭意進めている。

本稿では，秋田県立大学の「あきた地域学課程」の中核に位置する「あきた地域学アドバンスト」という新設科目について検討するものである。

第1節　本学における「あきた地域学課程」

秋田県立大学は，理系大学であり，高度な科学技術教育を特徴とするものであるが，それに加えて，キャンパスを飛び出し，具体的な地域課題に触れ，その対処方策を考察するという，地域に学ぶ教育システムをも整備しようとしている。具体的には，地域の現場に赴き，住民や関係者の声に耳を傾け，地元企業の特徴的な妙技を目にする機会を提供し，秋田という地方社会に潜んでいる価値の発掘などを目指すものである。

これにより，グローバルで普遍的な，大学の提供する「知の体系」を，企業等が存立する具体的な現実社会での柔軟な応用に結び付ける現場応答力を育むとともに，郷土ないしふるさとへの慈しみの心を醸成し，地域を悩ませている諸課題を析出し，地元において自分の果たしうる目標づくりや開拓する意欲形成など，地域貢献の能力向上をも視野に入れている。

この趣旨を教育システムとして具体化するため，秋田県立大学を構成する生物資源科学部とシステム科学技術学部，２つの学部において，「あきた地域学課程」という新たな認証制度を整備している。2015（平成 27）年度から 2016（平成 28）年度にかけて制度設計をおこない，2017（平成 29）年度から，「あきた地域学」という全学必修（１年生対象）の新設科目をスタートさせている。

この新設科目を受けた後，２年次以降に，地域に関係する科目群からの必修・選択にて所定の単位をとることで，地域創生推進士（秋田県立大学）の認証を授与する教育システムである。この地域創生推進士には，標準，上級，エキスパートの３つのランクが用意されており，上級以上を目指す学生には，「あきた地域学アドバンスト」の履修が義務づけられる。

本稿で紹介する「あきた地域学アドバンスト」という科目は，システム科学技術学部においても独自に整備されているが，本稿では，生物資源科学部における取組実践に限定して報告する。

第２節 「あきた地域学アドバンスト」という科目

１．その特徴

「あきた地域学アドバンスト」では，次のような教育目標を掲げている。「私たちが暮らす秋田に目を向け，秋田の歴史，現状の基礎的事項を理解し，将来に向けた課題と今後の地域のあり方に対する視座を身につける」ことを授業目標とし，到達目標として３点を挙げている。

第一に，秋田県内の地域特性と地元の人々を理解し，地域課題を考えるためのベースとなる知識と情報収集力を身につけること，第二に，上記第一で身に付けた知識や情報を活用し，地域の活性化のために必要な方策を構築できる能力を身につけること，そして第三に，上記第二で構築した

初日の授業風景

方策を自分なりの考えで説明しプレゼンテーションできる技能を身につけることである

これを遂行するため，充実した現地研修を用意し，ワークショップ手法を最大限に活用する，ワークショップ型授業を展開する。

なお，本科目は2泊3日の現地研修を伴うことから，夏季休暇中に，2018（平成30）年9月10～15日と9月29日に集中講義の形で実施した。今回の履修学生は，生物生産科学科から3名，生物環境科学科から6名，アグリビジネス学科から6名の，計15名である。

2．その授業構成

表1にみるように，この科目の授業構成は，次のような特徴を有している。「あきた地域学アドバンスト」という科目は，2年生以上を対象とする科目であり，「あきた地域学」の発展科目であることから，「地域」への理解をより一層深めるため，専門的な色彩を強め，文字媒体での地域情報の把握にとどまらず，具

表1　「あきた地域学アドバンスト」の授業構成

	内容	担当
講義	9月10日（月）於：秋田キャンパス	
	第1回ガイダンス（授業目的，進め方など）	荒樋
	第2回訪問先に関する事前学修	金田・荒樋
	第3回現地研修の調査設計	荒樋・稲村
現地研修	9月11日（火）於：美郷町	
	第4回美郷町の概要把握	荒樋・稲村・現地講師
	第5回チーム毎の現地探索（写真撮影）	荒樋・稲村・現地講師
	9月12日（水）　於：美郷町	
	第6回現地探索：聞き取り取材（1）	荒樋・稲村
	第7回現地探索：聞き取り取材（2）	荒樋・稲村・現地講師
	9月13日（木）　於：美郷町	
	第8回現地探索：聞き取り取材（3）	荒樋・稲村
	第9回現地探索：聞き取り取材（4）	荒樋・稲村・現地講師
ワークショップ	9月14日(金)　於：秋田キャンパス	
	第10回ワークショップ（目的：プレゼン資料の作成1）	荒樋・稲村
	第11回ワークショップ（取材情報の分析・整理）	荒樋・稲村
	9月15日（土）於：秋田キャンパス	
	第12回ワークショップ（ポスター制作）	荒樋・稲村
	第13回ワークショップ（ポスターに連動したシナリオ制作）	荒樋・稲村
発表	9月29日（土）於：秋田キャンパス	
	第14回成果発表会（タウン・ミーティング）	金田・荒樋･稲村
	第15回本研修のまとめ，レポート作成	荒樋・稲村

体的な地域社会に赴き，現場実情に触れ，自分の目で確認し，住民等への聞き取り調査をおこない，さらには収集した情報から課題解決策を考案することをテーマとしている。

授業内容としては，講義，現地研修，ワークショップ，プレゼンテーションという4つの要素で構成されている。

構成要素の一つ目である講義では，現地研修の事前準備として，研修対象地の状況把握，研修の心得，研修テーマの設定などについて検討する。

二つ目の現地研修において，学生が研修テーマに即したチーム編成をなして，市役所や住民への訪問を重ねながら，地域情報の収集（聞き取りなど）をおこない，現場の声に触れる。

三つ目のワークショップにおいて，収集した地域情報を持ち帰り，課題解決策の検討やそれを表出するためのポスター制作及びプレゼン原稿の作成をおこなう。

四つ目の発表においては，研修先の地域住民の参加を募り，学生プレゼンテーション（地域の印象表出や地域課題の解決試案の提示）を実施する。

講師陣としては，生物資源科学部長の金田吉弘教授とアグリビジネス学科の荒樋豊教授に加えて，ワークショップ手法に造詣の深い稲村理紗特別講師によって担当している。また，現地指導講師として，NPO法人秋田花まるっグリーン・ツーリズム推進協議会の藤原絹子女史と柴田桂子女史が加わった。

以下に，本科目の7日間の実施状況を記す。

第3節 「あきた地域学アドバンスト」実施状況〈1日目〉

1．ガイダンス及び現地研修に向けた心構え

第1日目の1限目に，15名の履修学生に対して「あきた地域学アドバンスト」という新設科目の概要説明をおこなった。ポイントは，次の3点である。

第1に，「地域」・「ふるさと」ということを正面から考える力を培うこと，そして「地域の元気づくり」に関係する手法を身につけることが，本科目のテーマであること，第2に，キャンパス内での講義，現地研修先でのフィールド・サーベイ，収集した情報の整理のためのワークショップの実施，プレゼンテー

ション開催によって構成されること，第３に,「地域創生推進士（秋田県立大学・上級ないしエキスパート）」という認定を得るための必須科目であること，である。また，授業の進め方や評価方法についてのアナウンスをしている。

２限目には，次のような３つのテーマに即した授業をおこなった。

一つには，訪問先探索のための事前学習として，美郷町の特徴点を紹介し，学生の訪問先理解を促したことである。美郷町の世帯・人口の推移，平成の町村合併の実施状況，町の立地条件，農業・工業・商工業の今日的な実情，町の名所や観光施設の整備状況，町の祭事などにつき，統計資料などを使って学生との間で議論している。

二つには，地方社会は総じて人口減少，高齢化，地域産業の衰退という共通の問題を抱えており，この克服に向けて，住民及び町行政は地域活性化の実践を懸命に展開していることを確認するとともに，学生関与の可能性にも言及している。

後者については，住民実践において外部者の，あるいは若者の目線が比較的希薄であることが少なくないため，学生による実現可能なアイデア提示が求められるという点の説明である。「現場を見て学ぶ，先入観を捨てる，対等な関係で情報収集する」ことを心がけて，地域課題探しにチャレンジすることは意味あるものであることを学生に伝えた。

三つには，見聞きした地域の情報を整理してプレゼン資料に仕上げることを想定して，地域探索に臨まなければならない，ということである。本科目では，プレゼン資料としてポスター制作を構想している旨を紹介し，〈美郷町を元気にするポスター〉とは何なのか，を検討した。地域を特徴づける，あるいは印象に残る風景やもの・ことの発見・発掘，そして提案内容が学生の自己満足にとどまらないこと等の留意点を伝えるとともに，ポスター作成のポイントとして，ひとめ見て理解してもらうには，文字情報だけでは不十分であり，図や絵を最大限に活用した作品が効果的であること等の話し合いをおこなった。

２．現地研修のためのチームづくりと調査設計

第１日目の午後を使って，現地研修のための調査設計を，チーム単位でのワークショップを活用して実施した。以下に，ワークショップの手順に沿って活動

記録を記す。

1）ワークショップ・オリエンテーション

第一ステップとして，ワークショップのオリエンテーションの意味合いで，履修学生の心を和ませるゲームからスタートさせている。履修生15名全員が椅子のみで円形に着席。お互い顔を合わせながら「手上げ式アンケート」をおこなった。

講師から提示される2択の質問に対し，グーかパーを一斉に挙げて意思表示をするもので，選択した内容につき何名かの学生に質問をしながら，お互いの理解を促しつつリラックスした雰囲気づくり（アイスブレイク）をおこなった。参加学生については，積極的な学生と自己主張が控えめな学生半々の印象を受けた。

◎質問の内容（グーとパーで選択）

① 「秋田市出身です」・「市外出身です」

② 「秋田県出身です」・「県外出身です」

③ 「美郷町に行ったことがあります」・「美郷町に行くのは初めてです」

④ 「グループワークで話すのは得意です」・「グループワークで話すのは控えめです」

⑤ 「ワークショップに参加経験があります」・「ワークショップへの参加は初めてです」

本授業はチームによる協働作業によって進めるため，「ワークショップ」の意味や意義についてスライドで確認した。

ワークショップとは，主体的に参加したメンバーが協働体験を通じて多様な視点や考え方に触れ，相互に刺激を受け，創造的なアイデアや気づきを生み出していく「場」のことを指し，日本語では「工房」とも訳される。

「工房」の対にある「工場」は，事前に造られるものが決まっており，同じものをいかに迅速に正確に作るかが重要であるが，「工房」はその場に集まった人や材料によって試行錯誤の中からその都度違った作品が生み出される。本授業でも，誰とチームになるか，現地調査でどのような情報を収集できるか，その組み合わせによって，生み出されるアイデアも多様なものになる。

ワークショップは一人ひとりの主体的な参加と，対話における対等性を前提にしているため，心得として以下の３項目を提示した。

①　思ったこと，感じたことを遠慮しないで素直に表現する。

②　自分と違う意見にも耳を傾け，発言の背景に思いを巡らせる。

③　チームで挑むことを大切にする。

単純な人の集まりを意味する「グループ」とは違い，「チーム」は目的を共有し，達成のために力を合わせて動く集団を指すものであり，授業を通じてチームワークを育んでもらいたいとの旨を説明した。

２）自己紹介ゲーム

第二ステップとして，「４つの窓」の手法による自己紹介をおこなった。各自にクリップボードに挟んだ A4 版の白紙と太字の水性マーカーを配布する。用紙の縦と横の中央に十字に線を引いて４つに区切り，各マスに以下の項目についてマーカーで簡潔に書き，自己紹介シートを作成した。

自己紹介シートの項目

１．名前と読んでほしいあだ名

２．所属

３．特技や好きなこと

４．この夏印象的だった出来事

作成した自己紹介シートを持って各自席を立ち，面識の薄い人と３人組をつくり，シートを相手にみせて２分間で読み上げながら交代で自己紹介をするものである。メンバーを変えて２セット実施した。お互いの人となりが垣間見えたことで，場の雰囲気が少しほぐれた。

３）インタビューゲーム

第三ステップとして，インタビューゲームを実施した。明日以降の現地研修において，「質問する」という練習は不可欠な要素である。

ワークショップの風景

2人組をつくり，ワークシートを使ったインタビューゲームを開始した。相手の特技や趣味，今回の授業に期待していること，現在関心があることなどについて10分間交代でインタビューをおこない，聞き出した要点のメモを元に相手の紹介文を20分間で作成，読み上げて全体に発表するというものである。奇数人数であったため，1名の学生は講師とペアを組んでおこなった。

インタビューゲームを通じて，授業に参加しているメンバー同士の理解を深め，チーム分けの際の参考情報を探るとともに，今後のワークショップや現地調査で地域の方々に聞き取りをおこなうにあたって必要な,「話す」「聴く」「たずねる」「書き出す」というトレーニングも兼ねた。また，インタビューゲームをおこなう際，以下の心得を提示した。

◎インタビューゲームの心得

・インタビューをする側は…

1．相手が話しやすい質問をする。

2．相手の個性や良い所を引き出す。

3．じっくりと相手の発言に耳を傾ける。

・インタビューを受ける側は…

1．飾らず率直に話す。

2．答えたくないことは答えなくて良い。

3．話したいことがあれば積極的に話す。

各自紹介文を作成後，全員で椅子のみで円形に着席し，作成した文章を読み上げて，ペアになった学生を紹介した。紹介文から学生の個性が見え，学生同士も講師の学生に対する理解も進んだ。また，インタビューシートは，授業終了後に回収し人数分印刷し，翌日美郷町に移動するバス内で配布し，移動中に

じっくりと目を通す時間を設けた。

4）研修チームの編成

第四ステップとして，「チーム分け」をおこなった。以下の３つのテーマをホワイトボードに板書して提示。各自四角い付せんに自分の名前を書いて，希望のテーマに添付しグループ分けをおこなった。

各チームのテーマは，以下の通り。

①　農業…美郷町の農業を強化する（稲と複合経営の展開，生薬栽培の可能性）

②　まちづくり…美郷町のまちづくりを進める（「六郷のまちなかプロジェクト」，六郷の商工業の展開，「古い街」の資源活用）

③　観光…美郷町の特徴を活かす（清水の観光開発化，交流人口拡大のための情報発信）

各グループ５名定員のなか，「まちづくり」チームは男３名女２名で確定したが，「農業」チームは男３名，「観光」チームは男４名女３名の計７名と偏りが出た。「観光」はテーマの取り掛かりやすさと，普段から親しくしている学生が複数人まとまり希望者が多くなった。

チーム規模の均等化のため，講師から「話し合いで２名が農業チームに移動すること」「普段とは違う顔ぶれでチームを組んだほうが，新しい気づきやアイデアが生まれやすい」と声がけをしたが決着せず，最終的にじゃんけんで負けた２名の女子が農業チームに移動をした。移動した２名の女子は不服そうであったが，ワークショップや現地調査が進むにつれ良い変化が見られたので後述する。チーム編成後，自薦他薦で各チームのリーダーを決定した。

5）聞き取り調査票の作成

第五ステップとして，具体的な現地調査設計に進む。チームごとに，研修第１日目の午後に予定されている「景色写真撮影」につき，訪れたい場所を話し合い，研修第２～３日目に予定されている聞き取り調査対象者への質問事項について検討した。

農業チームにおいては，町役場の農政課のほかに町役場から紹介を受けた専業農家FY氏，生薬農家KM氏とTS氏への質問項目を作成した。

まちづくりチームでは，町役場商工観光交流課（交流班）と地元コミュニティ新聞のSM氏，「夜市」の運営者UK氏，介護福祉センターのTG氏，商店のKS氏とKM氏，みさとJAZZオーケストラのSH氏への質問を構想した。

観光チームでは，町役場商工観光交流課（観光班）に加え，六郷まちづくり（株）のOS氏，町観光協会のKK氏，清水案内人のSK氏の質問を用意した。

チームごとに，訪れたい場所や知りたいことを，各自四角い付箋1枚に1つの項目を10分間で複数枚書き出し，テーブルの上に広げた模造紙に1枚ずつ読み上げて添付。似たような内容の付箋をまとめてグループ化し，チーム内で共有した。

第4節 「あきた地域学アドバンスト」実施状況〈2日目〉

集中講義の2日目は，現地研修への移動から始まった。朝，秋田県立大学秋田キャンパスから美郷町の宿泊施設ワクアスに移動した。そして，午前11時から宿泊施設の会議室を使って，役場職員との顔合わせ，現地研修の心得などを確認する「はじまりの会」を開催している。

1．現地研修の開始（はじまりの会）

本研修の趣旨を再度確認した後，学生は一人ずつ名前と所属の学科を述べ，自己紹介をした。美郷町の現地調査には，5名で構成する農業チーム・まちづくりチーム・観光チームに，それぞれ現地指導講師1名と院生のティーチングアシスタントないしピュアチューター1名を配している。加えて，テーマの案内役として役場職員1名を各チームに配した。

午後からのテーマである現地の特徴的な事物・景色撮影について，現地を散策しながら景色写真の撮影の意義や散策の視点や方法について配布資料に基づいて説明をおこなった。

例えば，地域の自然環境はどのようなものか，暮らしにどう影響しているか，田畑では何が植えられているか，どんな植物や生き物が生息しているか。建築物や外壁，看板や標柱，通り全体の印象はどのようなものか。施設や店舗，公園等の公共の場はどのようなものがあるか，など。

◎散策の意義

1．テーマを意識した散策には新しい発見がある。
2．複数人で散策すると，自分にはない視点や興味・関心からの気づきがある。
3．五感（視覚，聴覚，嗅覚，味覚，触覚）を使って散策することで地域を立体的に把握することができる。

◎「地域の宝物」を探す視点

…「地域の宝物」とは，地域づくりの種となる地域資源のこと。すでに輝いているものや磨くと光るもの，その地域固有の有形無形のものを指す。

◎散策の方法

1．散策して見つけたものや気づいたことを，各自メモをとりながら歩く。
2．インタビューできそうな人がいたら話を聞いてみる。
3．目にとまった場所の写真を，各自のスマートフォンやデジタルカメラで撮影する。
4．個人行動ではなく，チームを意識して散策する。

◎散策の際のエチケット

1．安全に配慮する。
2．通行人のじゃまにならないようにする。
3．私有地に無断で入らない。
4．出会った地域の人に挨拶をする。
5．インタビューをする際は，授業の目的を先に伝える。

地域の資源は住む人にとっては身近すぎて，美しさや面白さなどの価値を感じにくくなっている場合もある。学生の新鮮な目で地域を見て，資源の再発見をして欲しい旨の解説をおこなった。

2．地域景観などの写真撮影

上のような現地での打ち合わせの後，最初のフィールドワークは，チームのテーマに沿って，美郷町内各地での現地散策である。

農業チームは，農業状況を掴むため，車を使って町内全域の散策を試みた。町を代表するラベンダー公園を経由して，大台野からの町の全景を望んだ。一面に広がる水田の風景に感嘆するとともに，水田単作からの脱却という今日的なテーマへの関心を高めることにもなった。また，千畑地区にある松・杉並木も見学した。

観光チームは，六郷地区を中心に，観光資源の存在状況を確認した。美郷町は，奥羽山脈からの浸透水に恵まれ，水田農業の拠点であるとともに，湧水の里としても有名である。

美郷町を象徴するこの水に関して，酒造蔵の仕込み水，六郷地区を中心に数多く存在する清水（シズ）を調べ歩いた。奥羽山脈に浸透した湧水の清らかさに感嘆した。その他，お寺の里としても知られていることから，いくつかの寺院を訪問し，境内の幽玄な雰囲気を味わってもみた。

そして，まちづくりチームは，観光チームと重なりながら，六郷地区のまちづくり状況の把握を目指した。観光拠点になっているニテコ名水庵，手作り工房「湧子ちゃ

美郷町で有名な松・杉並木の道

お酒づくりの仕込み水

ん」，美郷町歴史民俗資料館等も訪ねている。

六郷地区の清水（シズ）

3．地域探索の振り返り

研修の最初の日は，16時30分を目途に散策を終え，宿泊所であるワクアスの会議室に集合した。チームごとに集まり，調査ノートを元にして，チーム散策を振り返った。

机を中心にチームメンバーが集まり，各自A4の用紙に，散策での個々の気づきをマーカーで箇条書きに記した。そして，チーム内で読み上げてメンバーでの共有を図った。また，明日の聞き取り調査での質問事項について再検討をおこなった。

第5節　「あきた地域学アドバンスト」実施状況〈3日目〉

この日から，町役場や関係機関，さらには住民への本格的な聞き取り調査を開始している。まず，3つのチームが町役場の会議室に集合し，その後，テーマに沿った情報収集をおこなった。

以下に，代表して，観光チームの聞き取りの様子を記してみる。

1．聞き取り状況：観光チームの場合

観光チームでは，観光商工交流課観光班の班長から美郷町の観光振興の課題について説明と，学生からの質問への回答を得た。概要を以下に記す。

「清水の郷」美郷町は，「いやしの町　にぎわいの郷　豊かさを実感できるまち」をスローガンに，町内の126ヶ所に湧いている清水を観光資源の主にしている。市民ボランティアによる散策ガイド，民間による観光拠点施設や景観整備，清水を活用した商品開発，ゆるキャラ「ミズモ」によるPRなど，官民をあげて清水による観光振興を展開している。

冬場の催しとしては，小正月行事「六郷のカマクラ」があり，国指定重要無形民俗文化財に指定され，「竹うち」行事として広く知られている。

6月中旬～7月中旬にかけて，ラベンダー園で「ラベンダーまつり」が開催される。通常の紫色のラベンダーの他，園で発見されたホワイトラベンダーが「美郷雪華」として品種登録。美郷町がオリジナル品種を保有することになり，美郷雪華のルームフレグランスや酵母を使った日本酒等の商品が開発されている，等の情報を得ることができた。

六郷まちづくり株式会社での聞き取りでは，この組織が，1999（平成11）年に設立され，同年にTMO（タウンマネージメント機関）認定。「六郷商業者タウンマネージメント構想」を策定し，「手作り工房湧子ちゃん」，「名水市場湧太郎」を運営していることを学んだ。

「手作り工房湧子ちゃん」では，清水を使ったニテコサイダーや豆腐，おからドーナツを販売し，好評を得ている。「名水市場湧太郎」は，1897（明治30）年に建築された旧「國之譽」の酒造を改修した多目的施設である。

続いて，「手作り工房湧子ちゃん」に移動。ニテコサイダー製造管理主任のAN氏の案内で工場見学をおこなった後，現在開発中のサイダーを試飲。また，新商品の小粒タイプのおからドーナツも試食させていただいた。

町の方々と学生とのやりとりで特徴的であったのは，寺院はタイ人に人気があるので，SNS（ソーシャルネットワークサービス）を活用してPRしてはどうか，サイダー以外にも，水そのものの美味しさを実感してもらうため，美郷の米と水をセットにして販売してはどうか，などの提案があった。

聞き取り調査では，学生一人ひとりが質問をし，発言をして，熱心にメモを取る意欲的な姿がみられた。その後，美郷町観光情報センター等の聞き取り調査に臨んだ。

類似の形で，農業チーム，まちづくりチームも予定された調査対象者を訪問した。多様な情報の収集に努めた。

2．聞き取り調査の振り返りと報告リハーサル

午前・午後にわたる現地での訪問調査を終え，各チームは16時30分を目途にワクアスに集合した。施設内会議室に，チームごとに集まり，聞き取り調査

の振り返りをおこなった。

各自調査での聞き取り内容や気づきをA4の用紙にマーカーで箇条書きにし，用紙をメンバーに見せながら読み上げ情報を共有した。

シャッターに描かれたデザインをチェック

さらに，夕食後，再び会議室に集合し，聞き取り調査の振り返りでA4の用紙に各自が書き出した内容をもとに，講師を報告する地域住民に見立てて，各チームからタウン・ミーティング時の最終発表に向けて，中間的な報告のリハーサルををおこなった。

野外での聞き取り風景

3つのチームから，それなりに興味深いアイデアが提示された。ただ，この中間的な発表の段階であるが，誰から聞いた情報であるのか，得た情報が確かなものであるのかなど，検討せねばならない点・明確にすべき点を厳密に考える必要があることを共有した。

「まちづくり」チームは，「まちづくり」という言葉が広範囲にわたるため，聞き取り内容の絞り込みに苦戦している様子がうかがえた。「観光」チームでは，新たな情報発信ツールに特化することの限界性が，地元住民への納得が得られるのかといった不安の声が聞かれた。

この振り返りの総括として，提案しようとするアイデア（ポスターや発表原稿）が，学生の自己満足で終わっては，タウン・ミーティングのような形での住民への発表に耐えられない旨の説明をおこなった。

第6節　「あきた地域学アドバンスト」実施状況〈4日目〉

午前中は，昨日に続き，現地の聞き取り対象者を訪問し，チーム毎にそれぞれの調査を遂行した。

1. 現地調査で得た情報の整理

訪問先での聞き取り風景

昼食後に，各チームが美郷町役場に集合した。役場会議室において，チームごとに，3日間の現地調査で得た情報の整理を試みた。

付箋を使った情報集約の手法を用い，以下の行程で情報を整理，共有した。各チームとメンバーに3色の付箋を複数枚配布した。

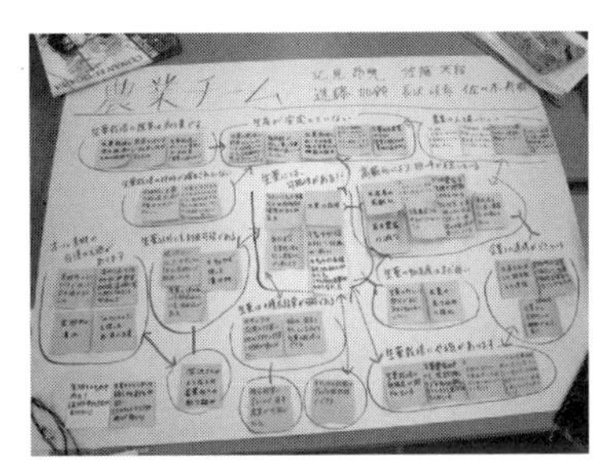

聞き取り情報の整理

ピンク色の付箋には「見つけた地域の資源や良いと感じたこと」，水色の付箋には「課題に感じたことや改善が必要と感じたこと」，黄色の付箋には「更なる情報収集が必要なこと」について，1枚につき一つの項目を15分間で書き出し，付箋を読み上げてチーム内で共有しながら，模造紙にまとめた。

単純な項目ごとの分類ではなく，付箋に書かれた内容を吟味し，意味合いの繋がりを見つけて統合文（見出し）をつける「集類」と呼ばれる思考方法によってまとめた。そして，付箋ごとの関係性を矢印でつなぎ，収集した多様な情報を構造化した。情報の整理後，各グループに引率した講師からコメントやアドバイスをもらい，今後の提案策に向けて構想を練った。

2. チーム活動の様子

現地研修三日目の学生たちの様子につき，特徴的な点を記しておく。

終日にわたる現地調査への慣れのなさもあって，2日目と比較し，疲労で作業効率が落ちている学生も数名みられた。

一方では，従来からの仲間同士で構成されたチームでは，聞き取りやまとめを特定メンバーに任せてしまう甘えが出た学生もいた。

他方で，希望外のテーマに割り振りされ普段の仲間ではない面々とチームになった所では，テーマへの接近を唯一の絆としたことで良い緊張感が生まれるのであろうか。授業当初から比較して参加の意欲が向上している学生の姿がみられた。

午後3時に，お世話になった美郷町役場を立ち，秋田キャンパスへの帰路についた。

第7節　「あきた地域学アドバンスト」実施状況〈5日目〉

当該集中講義の5日目，この日は，秋田キャンパスを会場にして，午前中に現地研修の振り返りをおこないつつ，プレゼンテーションのためのポスター制作を開始した。

1．現地研修の振り返り

1限目は，秋田キャンパスでの講義から開始された。比較的長期の現地研修もあって，学生による関心のブレが想定できたことから，本講義の趣旨を確認することから始まった。本集中講義の第1日目に学生に説明した内容を再度繰り返した。すなわち「地域学アドバンスト」の教育的テーマは「地域を理解する」ことであり，1日目の現地調査の心得として示したのは「①自分の目で見て学ぶ。②先入観を捨てる。③対等の聞き取りをする。」というものである。

現地調査では，単に聞き取り調査一辺倒にならないように，獲得した多様な情報をできるだけ速やかに整理し，キーワードのグループ化に努めてきた。結果として，各チームにおいてテーマに対するイメージの拡張と訴求すべき事柄について絞り込めてきた。

よって，本日と明日の2日間で，各自・各チームが「どのように地域を理解したか」を集約し，1枚のポスターに仕上げるという作業に取り組むことになる。9月29日に予定されている美郷町の住民の皆さんを招いておこなわれる「タウン・ミーティング」において，制作したポスターを用いてチームの提案を学生が発表せねばならない。

発表の原稿作成とリハーサルは，明日の午後に予定する。人は，論理だけでも感情だけでも納得ができない。ポスターという「絵」「キャッチコピー」と，発表原稿による「文字」の両輪で訴求を図る。美郷町の方々の心をつかみ，元気づける提案になるよう，一人ひとりの感性の発揮に努める。これが目指す目標である。

収集情報の整理の様子

制作にあたって，常識的規範に従うことと，制作物・作品には，社会的責任を伴うことを意識することが求められる。また，出会った地元の方々は聞き取り調査の実験のようなサンプルではない。ポスターの表現や提案内容が相手の尊厳を傷つけることの無いよう，敬意を持って制作にあたること等を，担当講師は学生への指導ポイントとして指摘した。

ポスター制作に当たって，何か見本になるようなものが必要ではないかと考え，サンプルとして，某大学の学生チームが制作したポスター２枚を紹介した。

まず，「どのように地域を理解したか？」の集約である。とくに，「どのように」の中身を明確にせねばならない。そこで，具体的に，チームでの作業を促すため，メンバーに対して「君はテーマに沿って美郷町をどのように捉えたのか」という問いかけを機軸としたグループインタビューの手法により，情報の分析と絞り込みをおこなった。

部屋の壁に模造紙を貼り，模造紙の前に椅子のみで扇形に着席。インタビューを受ける人１名，発言の要点を模造紙にマーカーで板書する人１名を選出し，他３名はインタビュアーとして，「どのように地域を理解したか？」をテーマに10分間のインタビューを実施している。現地調査で得た情報から各自が感じた資源や課題，資源を活かしたまちの未来像や，課題が深刻化したまちの未来像などを話題とした。10分間で，話し手と板書を交代し，全員がすべての役を担った。

全員のインタビュー終了後，板書された情報の中から一人３か所，重要と思う項目にカラーのマーカーで線を引き，提案内容の絞り込みをおこなった。

グループインタビューでは，各自が積極的に自分の考えを自分の言葉で述べ，互いの発言に耳を傾けながら建設的な対話をする姿がみられた。授業初回では消極的に見えた学生も臆せず口頭で自分の想いを話しており，短期間ではあるがワークショップや現地調査での聞き取りによるトレーニング効果が実感できた。

２．提案策の企画及びポスター制作

次に，提案策の企画とポスター制作である。研修先でのグループインタビューで絞り込んだ内容を元にしつつ，学生個々人のアイデアを活用しながら，提案策の企画を煮詰めた。口頭や付箋を使った意見交換を経て，模造紙に，①提案策のタイトル，②提案に至った背景，③提案策の概要，④提案策の担い手，⑤提案に係る予算，⑥提案の詳細について簡潔な文章でまとめた。

その後，ポスター制作に入る。各チーム企画案の作成後，ポスター制作を開始した。使用した道具は，模造紙，水性太字カラーマーカー，色鉛筆である。休憩は進捗状況に合わせチームごとに適宜とるように説明した。

１枚のポスターを５人で制作するにあたり，書き出しまでに想定以上の時間を要してしまった。授業初回の自己紹介で絵が得意だと話していた学生は，こだわりから描き進めることができず，翌日に持ち越したケースもみられた。

また，ポスターに即したシナリオ（発表原稿）づくりも，案外難しいものであることを学生は理解することになった。次年度に向けた課題の一つとして，ポスター制作への誘導の方策を詰める必要を感じている。

第８節　「あきた地域学アドバンスト」実施状況〈６日目〉

昨日に引き続き，チームごとにポスターの制作に集中した。今回の制作したポスターは，９月29日のタウン・ミーティングで発表するほか，美郷町のご厚意で10月28日に開催される「美郷フェスタ2018」の会場にブースを設けて展示されることが決まっている。ポスター制作を担う学生にはプレッシャーがかかっていた。しかし，他方で目標が決まった以上，「住民の方々へのしっかりした成果を出さねばならない」と自らを鼓舞する姿もみられた。

担当講師からは，次のような指示が出された。すなわち，「上手にみえなくとも手書きで作成することにより，作品に「味」や「温かみが出ること」，「キャッ

チコピーを入れること」,「美郷町であると一目でわかる絵や表現を入れること」,「離れて見ても文字が読めるよう，できるだけ太い線を使って描くこと」などが補足的に説明された。

２つのチームでは，キャッチコピーのフォントを整えるため，パソコンルームで大きな文字で打ったフォントを印刷し，それを元にキャッチコピーを書き入れるといった几帳面な作業がみられ，さらにポスター制作の時間を要することになった。

悪戦苦闘をしつつも，それぞれに作品が完成した。次頁以降に各チームの作品を掲載する。ポスター完成後，発表原稿の作成に移った。

発表原稿の要点を記した模造紙をポスターと並列して展示する予定で作業を進めていたが，時間がおしたため文字原稿のみの作成に変更した。原稿の整備が７～８割程度になった時点で，チームごとに発表のリハーサルを実施した。制限時間の10分間を計って，プレゼンテーションをおこなった。

担当講師から，不足している視点や改善点などのアドバイスを受けながら，学生はそれらへの対応に努めた。特に，本番では，メンバー全員で発表をおこなうこと，なるべく原稿を見ないで話すこととの補足があった。

第９節　タウン・ミーティング（成果発表会）〈７日目〉

本科目「あきた地域学アドバンスト」の総まとめの意味をもたせて，９月29日(土)にタウン・ミーティング（成果発表会）を開催した。会場は秋田キャンパスである。研修時に聞き取り対象者になっていただいた地域住民６名と役場職員５名の参加を得た。これら美郷町の方々に対して，学生が今回の研修で学んだ成果を発表するものである。

タウン・ミーティングの開催

以下に，各チームの発表内容の概略を記す。

1．観光チームの発表内容

観光チームの発表タイトルは,「世界に広がれ　美郷町」である。提案内容は,SNS（ソーシャルネットワークサービス）の１種であるインスタグラムを活用し，美郷町が持つ，今ある観光資源の魅力を新しい方法で発信するというものである。

すでに美郷町でもフェイスブックやTwitterのアカウントを作成し，実際に町の宣伝活動をされているが，インスタグラムはおこなっていない。SNSの中で最近勢いがあるのはインスタグラムである。インスタグラムは，写真や動画での発信力が強い。それに加えて，我々がこの新しい宣伝方法の提案を構想したポイントは，経費をかけなくても済むという点である。

今回の研修，美郷町訪問によって，我々は美郷町の魅力を知った。その魅力は地元の人にとっては「あたりまえ」になりがちだが，観光客にとっては，仲間に伝えたい発見の連続でもあるということから，美郷町への訪問者の方々に，見るもの，聞くもの，味わうもの等を発信してもらうという方法があるのではな

観光チームの作品

いかと考えるに至った。ラベンダー園，奥羽山脈，「天筆」という行事，諏訪神社，清水（シズ），「おからドーナツ」や「もちっとボール」，「仁手古サイダー」，「ミズモ」など，我々には魅力的な存在であった。

それでは，新企画として，具体的に何をするのか説明していきたい。最初に美郷町の役場の商工観光交流課の力を借りて，美郷町のインスタグラムを開設してもらう。そこで，ラベンダー園などのイベントの告知や，観光スポットの紹介，特産品のアピールやミズモの日常などの情報を発信してもらう。

次に，美郷町を訪れた観光客の方々に，美郷町の魅力（画像や動画など）をインスタグラムで発信してもらい，ハッシュタグを付けてもらう。ハッシュタグの設定により，同じキーワードでの投稿をすぐに検索できたり，趣味の似たユーザー同士で投稿を共有できたりもする。このような協力をいただいた方に対して，町からの特典を付けることも必要かもしれない。ただ，経費は発生するため，役場などでの検討を要する。

最後に，地元の高校生に授業の一環として，美郷町の魅力の発見・再発見をしてもらいながら，自ら地域をインスタグラムでPRしてもらうという取組も，町役場の働きかけによって可能なのではないだろうか。地域のことについて知ってもらうことは，直接的でないにせよ，若者の流出にも歯止めをかける可能性があるように感じ，本案を提案する。

これらの案のデメリットとして挙げられるのが発信した情報がインスタグラムをやっている人中心にしか伝わらず，高齢者などにまで情報が行き届かないという点である。しかし，このデメリットがあるにもかかわらず，この案を提案した理由は，パンフレットや新聞などの従来の宣伝方法での成果は見込めず，新たな挑戦が必要であると考えたからである。

2．まちづくりチームの発表内容

まちづくりチームは，「住みよいまちづくり」をテーマにした。現在，町役場を中心に「まちなかエリア活性化構想」が進められている。これは，六郷地区での「にぎわい」創出を目的とするものである。

私たちは，この構想の重要性を認めつつも，違った観点から自分達らしい「まちづくり」を考えてみた。今から新しい商品やモノを作るのではなく，今あるものを活用した形で，外部との交流に力点を置くというものである。

ポスターでは，美郷町の理想と現実を「絵」にしてみた。若い人達の県外や県の中心部への流出，高齢化の深まりという状況の中で，町に活気が失われてきている現状がある。しかし，研修のとき我々の感じた美郷町は，〈時の流れを感じにくいほどゆったりしていること〉，〈火災や水害などに強い点〉，〈人が住みやすい場所であるということ〉であった。

まちづくりチームの作品

そこで美郷町の良いところをもっとPRしていくこと，またPRをしても住む場所や訪れるお店がないと，美郷町に来られた人達は困惑するであろう。そこで，現在使用されていない空き家などを活用して，訪問者の受け入れを可能にする空間整備をおこなう必要がある，と考えた。

これらを誰がおこなうのかという問題がある。町の住民全員が担うことができれば良いが，町の人全員の協力を取り付けることは難しく，中にはまちづくりを前向きに考えていない人もいるかも知れない。そこで，提携先の自治体・企業・団体と協力しながら，まずは美郷町役場が主導していく必要がある。

あるものの活用と美郷町PRという観点から，いくつかの提案をする。

第一は,「建築物の明確化」である。歩いてくる人に見えやすい場所に店を設置する,加えて建物の看板の色を増やし,分かりやすさを出すというものである。レトロな町並みという現状を踏まえつつ,何の建物か分かりやすくなることから,訪問者が増えるのではないかと考えた。

第二に,「空き家のリノベーション」である。美郷町内にある空き家のすべてを新しいお店や住居にしてみるということ。このリノベーション計画については既に町内では動いているようだ。

第三に,「美郷ジャズオーケストラの前面化」である。美郷町をPRするのは,内部からの発信だけではなく,外部に出て美郷町を宣伝する必要があるとの観点に立てば,町外での演奏をしている美郷ジャズオーケストラは適任である。美郷ジャズオーケストラの方々にPRしていただくために,町や地域住民から移動費や活動費を補助金として支援して,美郷ジャズオーケストラを前面的に出させれば良いのではないかと考えた。

第四に,「町ゼミの範囲の拡大」である。町ゼミという町民主催の取組がある。普段は体験することができないことや専門的な知識を町のお店の人が教えてくれるゼミのことであり,住民有志で実施されている。これをより情報発信力のあるものにするため,我々は次の提案をする。会場を美郷町体育館にして,5～8店舗ほど集まって町ゼミを開催するという企画である。この取組が町の外の人に知れわたり,徐々に町外からの受講者(来訪者)が増えてくれば,大曲のイオンや秋田駅周辺を会場にする。このような住民の学びの場が,実は美郷町の魅力を発信する機会になると考えた。以上が,まちづくりチームの報告である。

3. 農業チームの発表内容

農業チームの発表内容は,「生薬栽培の強化」ということである。美郷町の農業をみれば,大規模稲作経営,稲作と枝豆等の野菜作の複合経営など,自慢できる農業がたくさんあるが,将来の可能性の観点から,「生薬栽培」に注目する。

聞き取り調査によれば,国産生薬に対する需要見込みがあること,遊休農地の利活用,そして龍角散等の生薬会社とのつながりから,導入は図られているとのこと。

生薬栽培にはメリットとデメリットがある。メリットとしては，作付面積あたりの収入が良いこと，売り先が決まっていること，病虫害被害が少ないことなどであり，逆に，デメリットの面をみれば，機械化が難しいこと，栽培技術がまだ確立されていないことが指摘できるが，デメリットへの対策はすでに始まっている。

我々学生には考えもしなかった生薬であるけれど，「見る，触る，話を聞く」といった今回の研修を通し，生薬栽培へのイメージが膨らみ，親しみを感じるようになるという経験を実際にした。この経験は，生薬を町の特産品として確立し，地域に根付かせるためにも役立つと考えた。具体的には，「生薬」という名前だけではなく，効能や形態など「生薬」そのものについて住民の多くの方々に詳しくなってもらうことは第一歩ではないか，と考えた。

そこで，私たちは美郷町の生薬栽培を支えるために，２つの提案をしたい。

まず１つ目は，生薬のビデオを作ることである。「SHOUYAKU SHOW」という題名のビデオの主演は，美郷町のイメージキャラクターであるミズモとす

農業チームの作品

る。内容としては，龍角散の創製者である藤井玄淵さんが，タイムスリップして，ミズモと出会うところから始まる。喉が渇いていた藤井さんにニテコサイダーをあげてお話ししていたミズモは，龍角散の原材料である生薬を作る場所を日本で探しているということを聞く。そこで，美郷町を盛り上げたいミズモは，この町での生薬栽培をイメージし，提案する。「では，頼みました！」ということで，美郷町での生薬栽培が開始されるというお話である。

２つ目の提案は「生薬を地元住民に広める」ことである。「町で生薬を押していることは理解しているものの，生薬そのものについては深く知らない」という住民がいることを今回の研修で知った。また，町では生薬の勉強会を開催しているが，栽培を目指す農家に向けてのもので，一般住民への周知は不十分な状況にある。

そこで，住民に対して生薬に親しみを感じてもらう企画があれば良いのではないかと考えた。小学校のふるさと学習の一環に位置づけることもイメージでき，美郷フェスタの中で「生薬に関するブース」を設置し，生薬料理を提供するなども考えられる。

これらの活動を通して，「美郷町に生薬あり」と地域住民に思わせることができるだろう。そうなると，「うちでも生薬栽培してみよう」と考える農家が増えるという循環が構想できる。

最後に，美郷町の生薬栽培の象徴として，ポスターを作成した。国民的番組である「笑点」のオマージュである。アイデアの発端は，班員が「しょうやく」を「せいやく」と誤読していたのである。笑点で使われている言葉遊びを楽しく伝えれば，正しく読めるようになるのではないか，と考えた。生薬の「苦い」・「馴染みがない」といった若者の負のイメージを払拭するため，明るい色を多用し，親戚の孫が書いたような，親近感のあるポスターを目指して制作した。

４．学生発表への質疑応答

町役場や地域の方々から学んだ情報の整理であったが，ポスターに仕上げることによって，作品として学生の考えを伝えることが可能になった。参加いただいた美郷町の方々には学生の感性に直接触れる機会となり，学生にとっては自分たちのチームの作品を発表する真剣勝負の場になった。これら３つの発表のあと，参加者による質疑がおこなわれた。懸命な学生の発表を受けて，参加者からは，チームそれぞれに対して積極的な発言が続き，盛会裏に成果報告会を終えることができた。

成果報告の様子

このプレゼンテーションが終了した後，各チームに関与した参加者の方々が，発表の学生のところに駆け寄り，「よくやった！」「たいしたものだ！」と，肩をたたいて激励する姿もみられた。

第10節　受講生の感想

上のように，平成30年度実施した「あきた地域学アドバンスト」の一連の取組内容をみてきた。この科目を受講した学生は，教育内容をどのように捉えたのであろうか。この点を確認しておきたい。履修生の受講後レポートからみる。紙面の都合から，学生レポート15点のうち，特徴的な5点を要約の形で紹介する。

1．学生の感想

1）Aさん：住民への周知の仕方としてのポスター

私は，この講義を受講して，自分ひとりでは得ることのできない意見・考えを知ることができました。私のチームは，美郷町農業の強化を考えました。役場での話しあいで，生薬栽培に注目することにし，直接農家訪問をして，課題や可能性に関する聞き取り調査をしました。

宿泊所に戻って，メモを見返している時点では得られた情報が頭の中で点在していたのですが，チームでのワークショップのなかで，赤・青・黄色の付箋を使って，良いところ，改善点，さらに知りたいことなどに整理しているとき，点在していた一つひとつの情報が結びつき，自分の理解が深まる実感を得ることができました。

私は，意外な切り口を提案することが得意ですが，そのアイデアの内容を具体的に詰めていくことが苦手です。そこで，発表シナリオは仲間に任せて，自分はイメージをそのまま絵にできるポスター作成を担いました。

私たちの提案の基本スタンスは，「生薬」を町民の方々に広く知ってもらうことでした。ただ，この「知ってもらう」というのはブランドのように知名度を上げることではなく，美郷町の多くの人々に生薬への興味を持ってもらうことが地域に根付かせる大切な方法であると考えました。そのため，ポスターづくりに集中しました。

（生物生産学科女子）

2）Bさん：質問する勇気を獲得

この集中講義では，住民へのインタビューやチームでの発表があると聞き，誰かの話を聞いたり，質問したりするのが苦手な私は，とても不安でした。ですが，ワークショップで自己紹介やインタビューゲームをして，どのように質問すれば良いのか，どうコミュニケーションをとるのかが少し分かるようになりました。

実際に，私は「まちづくり」チームの一員として質問することになりました。事前にいくつかの質問項目を用意し，「しっかりお話を聞かねばならない」を自分に言い聞かせてインタビューをしていたら，自然と次から次への質問が出てきました。「これを聞いたらいけないのでは…」「私が聞き逃したのかも…」とネガティブな私の心配が私の質問を邪魔していたのですが，今回，「質問してみないと相手の考えが分からない」し，聞き逃したのだとしても「確認の意味でもう一度聞くことは恥ずかしくない」と思えるようになったのです。

私たちの提案した案は，若者向けのまちづくり案であったと思います。ですが，美郷町も高齢者の割合がとても高くなっていますので，高齢者を主人公としたまちづくり案を考える必要があることに，後になって気づきました。

（アグリビジネス学科女子）

3）Cくん：役割を与えてくれたチームに感謝

僕は，人との付き合いが不得意です。会話をとっさに考えるのが苦手で，あがり症で，異性と話すことも難しい。こんな自分について，社会に出てから生きられるのか，不安に感じています。今回，僕が「あきた地域学アドバンスト」を受講したのは，そんな自分を改善するためでした。チームでの会話，発表や討論などの技術は，社会生活を営む上で不可欠な要素であるからです。

最初に教室に集まったとき，僕の属する学科の学生がほとんどいないことに気づきました。案の定，ワークショップで自己紹介をするとき，声が出なくなり，チーム決めのときもよく分からないことを口走っていました。しかし，チームの仲間が僕のあがり症を理解してくれて，美郷町研修を遂行することができました。とりまとめのワークショップでも，チームの仲間に得意分野のあることが分かりました。僕は，比較的興味のあったインスタグラムの説明を分担しました。

僕は，この授業に参加して，自分の未熟なところやつめの甘さを思い知りました。その反面，仲間を信じて，自分にできないことは仲間に任せ，他の人がやらないことを自分が担うようにすれば，上手くゆくということに気づきました。ワークショップのチームに感謝しています。

（生物生産学科男子）

4）Dさん：長期研修によって地域理解が促進

「あきた地域学アドバンスト」を通して，私自身が成長できたことが3点あります。

一つ目は，グループ活動の中で自分の良さを出していくことです。5人で一つのものを作り上げて，最終的なゴールである発表に向かうという，今回のような講義を受講したのは初めてでした。地域の方々の期待に応えられるのかという不安もありましたが，チーム内に質問が上手な人，絵が上手な人，字が上手な人，時に和ませてくれる人が居てくれることが分かり，1週間みっちりと同じメンバーで活動することによる，短所長所の発見やその中での長所伸ばしが，ポスターづくりに効果的であることを知れたことです。

二つ目は，美郷の素敵さを感じられたことです。私のチームは生薬を調査しました。「生薬って何だ」というところからスタートしましたが，研修終了頃には「生薬ってすごい，生薬には可能性がある，知らない人に早く伝えたい」と感じるようになりました。実際に，帰省した折，親や弟にも「生薬のすごさ」

を熱弁してしまいました。また，他のチームの発表を聞いても，地域にはさまざまな宝があることを知ることができました。

三つ目は，今後の学習への意欲が生まれたことです。１年次の「あきた地域学」では１日だけの現地研修ということもあり，それで終わりという感じでした。しかし，今回，３日間の研修ということで，心配もありましたが，結果として地域を深く理解できたように思います。住民の方々と深くお話をさせていただくことができました。美郷町を再度訪問したいという気持ちにもなりましたし，他の町ではどのような特産物があり，それらを住民の方々がどのように守っているのかということを学んでみたいと思っています。今まで生まれなかった，継続して学習してみたいという意欲を自分の中に実感しています。

（アグリビジネス学科女子）

５）Ｅさん：提案することの難しさ，しかし大切なこと

今回の講義を通して，美郷町という地域への理解を深めることができた。今回のように，実際に調べて，歩いて，見て，触れて，食べてという五感を使った体験は初めてであった。

私は「観光チーム」であったが，一つひとつ現地の人と話をし，自分たちで見て，メンバーが持つ意見を共有できたことで，ポスター制作に生かせたのではないかと思う。自分の意見を積極的に言い，相手の意見にも耳を傾けるというチーム単位のポスター制作という過程が，自分の人生にとってとてもよい経験となったと感じる。

私は，「地域」とはそこに住む人達や風景，資源のすべてが地域の一部であり，魅力であると考える。集客目的のイベントや施設を整備することではなく，住民を中心にいろんなことが一緒に変化していくことで，地域は変わり，異なる特徴になると思う。住民の気持ちを変化させ，新しい提案をすることはたいへん難しいことであるけれど，意味あることであると感じることができた。

（生物生産学科女子）

２．受講後の学生アンケートの結果

最後に，15 名の履修生に対して，授業後に学生アンケートを実施している

ので，その結果をみておきたい。

質問文は，A：「本講義は，「地域」というものを改めて考える機会になったと思う」，B：「本講義のようなキャンパスを離れた勉強は，新しい何かを気付かせてくれた」，C：「地域住民や関係者の方々との交流や対話は，自分にとって有意義であった」，D：「本講義を通して，地域活性化の必要性を感じ取ることができた」，E：「地域の元気づくりに貢献したいと考えるようになった」，F：「本講義が採用した「チームでの協働学習」は，意味あることであった」の6つである。それぞれに，「とてもそう思う」・「まあそう思う」・「あまりそう思わない」・「まったく思わない」・「わからない」の程度差の回答を求めている。

表2　受講後の学生アンケート結果

(n=15)

	とてもそう		まあそう		あまり		まったく		わからない	
A：「地域」を考える機会になった	14	93%	1	7%	−		−		−	
B：新しい何かを気づかせてくれた	11	73%	4	27%	−		−		−	
C：住民交流は有意義であった	14	93%	1	7%	−		−		−	
D：地域活性化の必要を感じられた	11	73%	4	27%	−		−		−	
E：地域の元気づくりに貢献したい	8	53%	7	47%	−		−		−	
F：「チーム協働学習」は意味があった	13	87%	1	7%	−		−		1	7%

結果は，**表2**に示すとおり，いずれの問いに対しても肯定的な回答がみられる。特に，A：「「地域」というものを改めて考える機会になった」，C：「地域住民や関係者の方々との交流や対話は，有意義であった」，F：「「チームでの協働学習」は，意味あることであった」の3つの設問への回答をみれば，「とてもそう思う」が90％前後と高率を示しており，本科目設計段階で構想した教育的効果は，おおむね達成されている。

第11節　「あきた地域学アドバンスト」の教育的効果と課題

1．その教育的効果

上記の活動記録や学生の感想などをみれば，初めて実施した「あきた地域学アドバンスト」は，おおむね想定通りに実行され，以下のような教育的な効果を得ることができたと考えられる。

ちなみに，地域学への窓口という位置づけである「あきた地域学」は，地域情報の体系的な把握と日帰りの現地訪問による「地域」の体感を目標とするものであるのに対して，「あきた地域学アドバンスト」は次のような教育的意味を持っている。すなわち，個別の地域社会に入り込み，住民とのコミュニケーションを通じて多様な地域情報の意味や重さを感じ取り，ワークショップ型授業によって具体的な解決策の提案を企図する，いわばあきた地域学の専門科目として位置し，現地探索への参画・聞き取りスキルの向上・ワークショップ手法の研鑽・プレゼンテーションのスキルアップの習得を目指すなど，「あきた地域学」以上の深みに触れることを目標としている。

４つの構成要素である①美郷町訪問のための事前学修，②２泊３日の現地研修（具体的な地域情報の収集と住民との交流），③地域情報を踏まえたワークショップとしての作品づくり，そして④成果発表会（プレゼンテーション）が，一つの科目の中で完結した。ここから導き出せる主な教育的効果として次の諸点を指摘する。

第一に，多くの市町村自治体の共通関心である「自治体レベルでの地域づくり」をテーマとしたことから，学生の「地域」への関心も高まった点である。すなわち，今日の市町村自治体は，なぜ地域づくり（地域振興，地域活性化）に取り組んでいるのか，その問題の背景には若者ないし若い世代の人口流出という問題が潜んでいることを知る機会となった。これは，先の構成要素のうち，①と②（事前学修と現地研修）によって，役場職員等との話し合いの機会が確保でき，彼らの語りに隠されたふるさとへの想いや地域活性化への情熱を知ることができ，地域づくりに対する学生の興味・関心が醸成されたといえよう。

第二に，ひとつ「地域づくり」といっても，農業面からのアプローチもあれば，観光面や住民の結束といった面からのアプローチもあることを今回の研修で学修した。さらに，深い情報収集と分析に基づかない解決策は陳腐なものにすぎないこと，そして地域住民の意見も多様に存在していてその集約は容易でないこと等，難しい課題があるにも拘わらず住民は自身のふるさとの衰退を危惧し，懸命なチャレンジを展開していることを知ることができたのである。構成要素の②と③と④（現地研修とワークショップとプレゼンテーション）において，この点を確認することができる。

現地研修では，多面的なアプローチを想定した３つの地域づくりテーマを設定したこと，そして研修期間中の夕食後の３チーム間の情報共有の時間設定が利いている。また，ワークショップでは，３つのチーム内及び間で，各テーマに即した課題群の把握と，住民目線に配慮した象徴的構図づくりを通して，訴求スキルを身につけることが可能となった。プレゼンテーションでは，抑揚のあるスピーチ，他チーム発表の傍聴による比較の目，住民からの質問に対する応答力を習得することができた。

第三に，本科目の全体的な遂行に関与した立場から，すなわち４つの構成要素全体を通して，学生の授業への参加意欲が高いことを指摘しておきたい。学生の何人かに尋ねてみると，日頃から地域づくりに関心を寄せていると話す者も多く，理系の大学にもかかわらず，１年次の「あきた地域学」をはじめ学内外において地域へのまなざしが向けられていることが推測される。

授業初回時には，大人しい印象を受けた学生らであったが，本科目遂行の中で学生の成長がみられた。地域住民や役場職員との交流・対話において従来のキャンパスでの講義とは違うコミュニケーションの必要性を自覚化するとともに，ワークショップのなかで，話すという行為だけでなく書く行為をも通じて，自らの考えを表出することがトレーニングになり，またチーム内での頻繁な討議を重ねることによって，本科目の中盤からは口頭での意見交換にも臆せず参加できるようになっていたことが指摘できる。

２．その課題と対応策

本科目の継続的な運用にあたり，課題となる点も少なくない。そのいくつかを指摘しておきたい。

第一に，本科目は大学内部で完結するものではなく，研修先地域自治体との連携によって質保証がおこなえるという特性についてである。現在，「あきた地域学アドバンスト」の提携先として，美郷町と三種町の協力を得ている。今年度は美郷町研修を実施し，次年度は三種町研修となる。この繰り返しにより，現地における学修の場の継続性を担保している。

とはいえ，市町村役場の負担は少なくない。複数回にわたる事前打ち合わせでの研修計画の策定作業，現地研修（３日間研修）での現地案内などに大きく関与してもらっている。企画財政課を中心に多くの役場職員の支援・協力を得ている。継続的な協力関係を維持するためには，現在取り結んでいる秋田県立大学と美郷町及び三種町との包括的連携協定の内実の，なお一層の強化を図ることが重要になる。

第二に，ワークショップに関係した課題である。まずチームの規模の面をみる。今回のワークショップでは，5名というグループ人数は適正と感じられる。6名以上になるとチームが2つに分かれる等，チーム内責任が分散される傾向がある。意見の多様性を保ちながらまとまりのあるチーム活動になるためには，1グループ4～5名が良い。

チームのメンバー構成については，チーム編成等のところで記したように，普段から親しい仲間同士で集まってしまうと，新たな視点が生まれにくく馴れ合いが生じる場合がある。普段とは違う顔ぶれや異なる学科でチームを組んだ方が，初めはよそよそしさがあるが，良い緊張感を持って協働作業に臨め，違う視点からの刺激や学びが生まれやすく，作品制作にも良い影響を及ぼす，と考えられる。

しかしながら，本科目は選択科目であることから，次年度の履修者数を想定することは難しい。大人数になった場合，適正規模の維持は同伴スタッフの増員要請を引き起こしかねない。ワークショップにおけるチーム編成について，改めて検討する必要が生じる。

第三に，ポスター制作における時間確保の問題である。今回のケースでは，ポスター制作に想定以上の時間を要した。この問題の背景には，手書きポスター制作が今の学生に向いているのか否かという問題と，学生による作業時間を充分に見通しているか否かという問題の2点が含まれている。

前者についていえば，普段スマートフォンやパソコンなど，IT機器での文字化やプレゼンテーションに馴染みのある学生にとって，手書き表現というアナログな作業は想定以上に難しさが伴ったようである。ポスターの制作方法については，5日目の冒頭でサンプルを掲示し，口頭で説明をおこなったが，制作イメージが充分に伝わりきれていなかった面も垣間見られた。授業の初回の段階で，ポスターのイメージを強く提示し，ポスターに載せる必要項目について紙で配布するなど早い段階での情報提供が必要だったかも知れない。

数名の学生から，発表時にスライドや動画を使用できないか打診があった。今回は，最終回のタウン・ミーティングでのポスター発表や，翌月に開催される美郷町フェスタでの活用（ポスターセッション）を視野に置いていたため，手書きポスターに限定せざるを得なかった。しかし，提案内容によってはポスターよりもスライドや動画を用いた方が効果的に伝わるケースもある。今後，この点の検討が必要であるかも知れない。

ただ，電子機器活用に移行した場合，アナログが持つ利点，すなわちメンバー間で身体が触れ合いながら，模造紙を前に制作作業することによる協働性や共感性が希薄化する可能性，作品の多様な場所での展示可能性がそがれるという点も指摘できよう。

後者について，作業時間の見直しの問題を考えておきたい。今回，５日目と６日目に，ポスター制作の時間を確保していた。しかし，現地研修で得た情報や発表内容の確定などの企画案構想に，その２日間のうちの多くの時間を割いてしまった。現地研修の各段階でチーム毎の振り返りをしているのであるから，秋田キャンパスでのワークショップにおいて企画案構想に要する作業時間の見直し・縮減によって，ポスター制作の時間を確保するという工夫も改めて検討せねばならない。

第四に，指導スタッフの体制整備の課題である。今回，現地研修の充実した遂行を目指して，２人を現地指導講師として迎えた。県内の地域づくりを支援するNPO法人の専門家である。学生の各チームに張り付いていただき，住民等への聞き取り調査に際して，適宜指導を得ることができた。ただ，今後，履修者数の変動を視野に置くならば，どのような人的配置が不可欠であり適正であるのかについて答えを探らねばならない。しばらく経験を積むなかで最善のあり方を探していきたい。

また，これに関連して，支援スタッフとして，TA（ティーチングアシスタント：院生）やPT（ピュアチューター：先輩学部生）を配している。これの貢献度についても，今後経験を重ねるなかで適正化を考える必要があろう。

第五に，２泊３日という現地研修の時間量の適正化の問題である。今回のケースでは，現地研修の後半から学生の疲労と若干の能率低下がみられた。現地研修の各時間にかなりゆとりを持った構成になるように事前に計画していたのであるが，そのゆとりが逆に時間を余らせる結果になり，何をして良いのかわからず無駄な時間になるという問題を生んだ面もあった。

チーム毎に同伴している担当教員が，その余った時間をうまく活用するということも検討せねばならないが，もう少し広い視野から現地研修の日数を２日間に収める，または３日間の現地調査後に１日休息日を設けるなど，スケジュール改善に向けた対策も考える必要があろう。

いずれにせよ，今回初めて実施した「あきた地域学アドバンスト」について，上にみたような教育的効果のなお一層の向上に向けて改善を図るとともに，課題として浮かび上がってきた諸問題の克服を試みなければならない。さまざまな検討や工夫を重ねながら，この新設科目の，想定している教育目標に近づけていきたい。

最後に，本論考は執筆者２名の共同に拠るものであるが，主な執筆分担を示しておきたい。１．２．９．10．11．は荒樋が主に担い，３．４．５．６．７．８．は稲村が主に担当し，荒樋が補筆した。

［注］

○本章は，初出原稿（荒樋豊・稲村理紗「秋田県立大学における「あきた地域学アドバンスト」の実践―COC＋事業に基づく地域に根ざした大学を目指して―」『秋田県立大学WEBジャーナル』第６号，2019年３月，pp.19-39）により，構成されている。共同執筆者の稲村理紗氏から転載の了解をいただいたので，そのまま掲載している。

❖【コーヒーブレイク　⑥】
六次産業化という動き

「攻めの農業」への転換が打ち出され，六次産業化の促進が声高に叫ばれている。ファンド形成による財源的な支援も動いている。秋田においても六次産業化に後れはとれぬとばかりに頑張っている。しかし，筆者にはその有効性が今一つ理解できない。

六次産業化という取組は，大きく二分できよう。一つは，経営体内部に加工部門等を新たに整える，いわゆる農家や農業法人による多角化経営である。もう一つは，農家と加工業や販売業らが連携して新たな商品を開発・販売を目指す，いわゆる農商工連携的な実践である。気になるのは後者である。異業種連携がどのように農家に利益をもたらすのか不透明なのである。

例えば，農産物を供給し，加工機械を使って製造し，販売ノウハウを活かして販売が図られたとする。そして，一定の売り上げが生まれた。連携の契約次第であるが，農産物供給が他の２者より有利に利益配分される根拠はないことから，３等分した。この農家の取り分は，従来の出荷よりも果たして有利なのか。さらに，農商工という３者が絡む場合，相当の売上げを想定せざるをえず，いわばヒット商品の創造が至上命題となる。どの業界にあっても，ヒット商品を出すのは容易でない。この難題を農家に押し付けたものが六次産業化なのかも知れない。

【ビューポイント ⑥】
食と農

[1] 要説

「食と農」というテーマは，現代という時代状況のなかで出現した課題群である。戦後の高度経済成長を経て日本は世界有数の経済大国になった。これに伴い，戦後の食糧難といわれる状況は一変し，1970年代に入り日本人の周りには食べ物が有り余るようになってきた。世界の各地から集められたさまざまな食材が広範に小売の店舗にならび，家庭の食事さえ洋風化あるいは多国籍化され，望めばどのような料理でも味わえる状況が出現したのである。「食」の豊かさを謳歌する時代といえる。

しかしながら，こうした豊かさの陰で，「食」をめぐる貧しさの問題が現代社会を深く穿っている点に注目しなければならない。この貧困の様相をいくつか挙げれば，第一に，「食」の豊かさがかえって人々の健康問題を惹起させる点である。欧米的な食への急激な接近やファストフードの隆盛は，従来までの摂取エネルギー比を崩し肥満や生活習慣病の増加となり，人々の健康を阻害してきている。第二に，人気を集めるレストラン等の外食・食品産業等に見え隠れする食品の大量廃棄という事実であり，食資源の浪費の上に成立するという現実である。第三に，家庭における「食」のあり方も指摘されよう。「孤食」や「朝食抜き児童」の増加など家族内ライフスタイルの個別化に伴う問題であり，これは家族内コミュニケーションの機会喪失，調理技術の世代的継承の中断，地域的・伝統的な食文化の衰退をも意味するものである。

さて，この「食」をめぐる新たな貧困は，その原材料を生産する「農」のあり方から大きな影響を受けている。生産の効率性と選択的拡大を目指した戦後の日本農業はさまざまな経緯を経ながら，一方でコメなど一部農産物の過剰を，他方で小麦や飼料作物などにみる不足をもたらし，さらには担い手の減少や高齢化のなかで，国民の食料ニーズを賄うべく外国農産物の輸入拡大を図ってきた。日本農業のパイの縮減と偏在性が，食料自給率の低下を招いたのである。

このような深刻な問題を抱える「食と農」という舞台の上で，2000年代には農産物食品をめぐる事件・事故の続発という事態にわれわれは見舞われた。O-157やBSE等による食中毒事件，頻繁な食品偽装問題，さらに外国産食品の有害化学物質の混入等の問題が連続的に生じ，国民の食の安全への関心は否応なく高まることになった。これに対応すべく，政府は食品安全基準の見直しやトレーサビリティ（生産履歴）の強化など食品の安全性を守る諸施策を講じるとともに，人々の「食」のあり方を問い直す食育基本法が2005年に制定され，2009年には消費者庁も新設された。

ところで，「食」と「農」をめぐる今日的な問題状況に対して，これまでの農村社会学・地域社会学は何がしかの地域性に制限されて，必ずしも充分な接近が図られているとはいえない。しかしながら，農業のグローバル化が叫ばれる今日，そして都市・農村の枠を越えて「食」への関心が高まっている今，「食と農」を統一的に捉える理論的な枠組みの構築，日本人の食生活のあり方やそれを規定する日本農業のあるべき姿を展望する視角の整備が強く求められている。

［2］関連事項

「食」の歪み，「農」の偏在性に対して，安全・安心な農業の再建や食のあり方を追究する取組が顕在化してきている。その一つは産直や地産地消等の動きであり，もう一つはスローフードの運動である。

日本各地で展開している産直活動の多くは，市場を介さない，新たなフードシステムとしての，農村サイドからの提案である。これは，丹精込めて生産した「旬」の農産物を新鮮なままに消費者に届けるものであり，生産者と消費者との相互の交流と働きかけによる「農」の価値の共有を目指す動きと捉えることができる。

また，市民サイドからの「食」の安全・安心への接近の一つにスローフード運動がある。世界に広く行き渡っているジャンクフードやファストフードへの疑義・不安や「食」の簡便化への警鐘として，カルロ・ペトリーニによって国際スローフード協会が1989年に立ち上げられている。ファストフードにみる「食」の均質化に抗して，農産物を育む地域的な個性を守るため，消滅の危惧される農産食品等や農業の担い手への支援プロジェクトを進めている。

［3］参考文献

①高橋正郎編（1994）『わが国のフードシステムと農業』農林統計協会。農業経済環境の変化に対応して，川上から川下までの諸業界を含めた「食」の全体を捉える「フードシステム」という新しい概念を提示した実証的研究書である。

②原田津（1997）『食の原理　農の原理』農山漁村文化協会。農業ジャーナリストである筆者が，「食べること」「食べ物をつくること」の意味や仕組みについて分かりやすく記した評論集である。

③島村菜津（2000）『スローフードな人生！　イタリアの食卓から始まる』新潮社。スローフードの思想やスローフード協会の設立などを簡潔に紹介しており，イタリアにおける食への関心を知ることができる。

④ジョージ　リッツア・丸山哲央編著（2003）『マクドナルド化と日本』ミネルヴァ書房。M．ウェバーの合理化論を踏まえて，マクドナルドのようなファストフード産業の隆盛の内に潜む社会の合理化過程を分析した研究書である。

【ビューポイント ⑦】
農業・農村問題

［1］要説

広い意味で農業・農村問題といえば，農業・農村に生じる社会問題の総体を指す。ただ，農業経済学や農村社会学分野で議論されてきた農業問題とは，おもに資本主義のもとで滞留する小農経営に生じる社会問題を対象とし，農村問題とはそれにかかわる農村地域的な社会問題を意味している。

まず農業問題についてみれば，資本主義の成立展開のなかで，農業部門において農民層分解が進み，資本家的経営が創出される一方で，家族経営的な小農経営が同時に滞留する。そして，自然の制約，限られた土地という農業の特性のため，独占資本主義段階では工業部門の発展に比して相対的に発展の伸びの遅れがちな農業部門では，農民層分解が滞り，多くの小農経営は過重な労働をおこないながらも低位な生活水準の下に置かれる事態が続く。これが社会問題としての農業問題である。小農間に社会的不満がつのるような農業問題の深刻化に対して，社会的安定を図るため，体制によって農産物価格の管理等の農業保護政策がとられる。しかし，近年の経済のグローバル化の下で，多国間貿易の自由化を促す動きが強まり，食料安全保障として保持すべき農業像があいまい化し，農業の意義が薄れる傾向がみられる。特にリーマンショック以降の世界的な景気の停滞を背景に，日本では農産物市場の開放を迫るTPP（環太平洋戦略的経済連携協定）への参加如何の議論が盛んになり，日本農業の先行きが不透明化してきている。

もう一つの農村問題についてみれば，産業化の進んだ全体社会のなかで，農業が他の産業セクターに比して相対的に不利な条件に置かれることに起因する，小農民によって構成される農村社会の貧困問題といえる。昭和戦前期までのそれは，地主制下での小作農民の貧困問題や低位な生産力と過剰人口，あるいは家格等の階層差を背景にした農村社会の貧困問題として，取り上げられてきた。しかし，農地改革などの戦後改革を経た高度経済成長の段階では，農村問題の様相は大きく変化する。都市への農村からの人口流出が進み，農家兼業化が広範に進展し，出稼ぎ問題，農業の担い手不足，嫁不足等の社会問題が発生するとともに，一方で農村地域そのものの再生産を困難にする過疎化問題や高齢化問題が惹き起こされ，他方で混住化問題が生じている。さらに，都市的生活様式の浸透と農業生産機能の衰微のなかで，従来強く結ばれていた社会的紐帯が緩み，農村地域文化が衰退の危機に瀕している。特に，1990年以降，中山間地帯を中心にしながら「限界集落」の議論がみられるとともに，グリーン・ツーリズム等の都市・農村交流や地域資源の利活用による地域振興策等の政策的な対応が検討されてきている。

［2］関連事項

戦後の経済成長によって，都市的生活様式が農村社会にも広範に広がり，都市化が進んできた。このなかで，中山間地域ないし遠隔地の農村にみる過疎化状況，都市近郊農村社会にみる混住化状況が現れる。

農村社会における過疎問題は，急激な人口減少によって，一定の人口の下に維持されてきた農村社会の社会的枠組みが再生産困難となり，従前のような農村生活が維持できない状況を指している。過疎化によって，伝統的な「むら」の構造は大きく変化し，特に入会地の管理不全化，生活環境保全における相互扶助の衰退，生活補完的な助けあい関係の衰退，生活文化や伝統的地域文化の弱化，農地管理や水利等の農業生産システムの保全への障害，農業における担い手形成のポテンシャルの低下などを引き起こしている。

他方，農村社会の混住化問題とは，新たな住民が農村に流入することによって，既存の社会的秩序や規範および土地利用秩序が撹乱されることを指している。1960年代からの大都市周辺農村への急激な人口流入は，民間デベロッパーによる小規模団地の乱開発や各種の開発とあいまって，土地利用をめぐる新旧住民間の齟齬・対立や農地の蚕食現象（スプロール化）などを惹き起こした。

［3］参考文献

①安達生恒（1981）『過疎地再生の道』日本経済評論社。過疎農山村の詳細な実証分析に裏打ちされた過疎問題構造の研究書である。過疎農村での暮らしを精密に描き，過疎問題の発生のメカニズム，生活レベルでの問題の所在およびその深刻さを訴えるとともにその克服に向けた政策提言をおこなっている。過疎研究の代表的な業績である。
②長谷川昭彦（1986）『農村の家族と地域社会』御茶の水書房。農村社会学が蓄積してきたイエムラ論を踏まえながら，戦後農村社会変動の分析に家族・地域社会概念の新たな位置づけを提示している。
③磯辺俊彦編（1993）『危機における家族農業経営』日本経済評論社。戦前戦後から現段階に至るまでの農業問題の多様性を踏まえながら，全体社会経済に占める農業セクターの急激な縮小という今日段階における家族農業経営の構造問題と展開論理を多面的に分析した研究書である。

社会実験としての農村コミュニティづくりに活用した資金など一覧

地方社会に蔓延する少子・高齢化の深まりという事態は，由々しき今日的な問題である。それぞれの地域に即した多様な農業や諸産業と彩り豊かな地域文化との担い手を同時に失うことを意味するからである。とりわけ，条件不利な農村地域は深刻である。広く国土と国民の適正な保全という観点からも，この問題への対処・克服方策の解明・提示は極めて重要な，果たすべきテーマである。

これに応えるべく，全国各地において農村コミュニティの再生，農村活性化への挑戦は多様な形で展開されている。無償の愛・ふるさとへの想いがそれらの活動を支えている。しかし，順調に成果を生み出しているケースは必ずしも多くない。とりわけ，地域住民の「活動疲れ」によって頓挫する事例は枚挙にいとまがない。それらの多くの場合，ボランティア的な関与・参画の限界性が隠れているように思う。「最初の頃は仲間も手伝ってくれたし，自分自身，新しい取組みということもあって面白かった。しかし，今は仲間も減り，労力負担を感じるようになっている」，「成果が明確に見えないので，意欲もおとろえてしまった」などの声が聞こえてくる。

また，住民主体の地域づくりについて言えば，挑戦以前の問題，すなわち「どうすれば良いのかわからない」・「誰かがやってくれるだろう」・「自分の出番はまだ先」などの形で，実践を先のばしにしているケースも少なくない。

地域に暮らす人々が自らのふるさとの元気づくりに参加し，活躍するためには，関与しやすい環境を整えることが重要である。机上で構想するだけでなく，一度，実際にやってみて，何が課題なのか，どうすれば自らが設定した目標に近づけることができるのかを体感することが早道である。そのため，全住民・全資源の活用による全面的展開の前に，「本番前に，実験をしてみる」という部分的な実践によって可能性を測ることは意味あるものである。地域づくりの実践を社会実験と捉えてみるのが良い。

地域住民の関与・参画を促すには，活動予算の確保が前提的な条件となる。この条件を整えるため，筆者は秋田に赴任してから，次ページ以降に掲載している「表　農村コミュニティづくりに活用した資金一覧」のような活動資金の確保をおこなってきた。特に，秋田農村を歩き始めて数年を経過したころ，住民の方々と連携した取組を遂行し，確かな成果を得るためには，この前提的な経済的条件の整備が重要であると確信するようになった。

ちなみに，本書に掲載した諸事例は，一定の財源（以下の諸事業の取り込み）を背景にして，地域づくりという社会実験に参画する住民自身が「学びの場」を形成し，今後の展開のためのポテンシャリティを醸成したものである。そして，ボランティア的な関与・参画の重要性に配慮しつつも，財源を必要とする取組への適正な事業予算の活用を図り，地域住民の負担の軽減を狙ったものである。

表　農村コミュニティづくりに活用した資金一覧

〈2004年度〉

(1) 2004年1月　秋田県立大学（学長予算）
「スローフード海外調査：イタリアのスローフード運動・スローフード協会及び食科学大学の活動状況・イタリア国内のスローフード運動の浸透状況に関する調査」

(2) 2004年7月～2007年3月　文部科学省
○事業名：「現代的教育ニーズ取組支援プログラム（現代GP）」
○実施タイトル：農村地域の活性化プロジェクト（農村再生プロデュース）
○実施場所：能代市

〈2006年度〉

(3) 2006年4月～2008年3月　秋田県
○事業名：「環境資源のワーズユースによる地域コミュニティの再生と持続可能な地域づくりに関する調査研究」
○実施タイトル：環境共生に配慮した体験型ツーリズム開発の可能性調査：訪問される魅力的な農村づくりへの取り組み
○実施場所：能代市

(4) 2006年4月～2007年3月　秋田県立大学（シーズ研究）
○事業名：「秋田農村の伝統料理・伝統的食資源の発掘とスローフード基準適用による商品化開発の可能性に関する調査研究」
○実施タイトル：秋田の食プロジェクト
○実施場所：由利本荘市，秋田市，大館市，鹿角市など

〈2007年度〉

(5) 2007年7月～2008年3月　三種町

○事業名：「集落機能再編促進事業」

○実施タイトル：三種町沢目地区の農村文化再生

○実施場所：三種町

(6) 2007年7月～2010年3月　文部科学省

○事業名：「現代的教育ニーズ取組支援プログラム（現代GP）」

○実施タイトル：大学と地域が育む「ふるさとキャリア」：新しい職業教育分野の創成に向けて

○実施場所：秋田県全域

〈2008年度〉

(7) 2008年7月～2009年3月　国土交通省

○事業名：「新たな公によるコミュニティ創生支援事業」

○実施タイトル：伝統行事再興と田舎の味ショップが導く「帰りたくなるふるさと」づくり

○実施場所：三種町

(8) 2008年7月～2009年3月　秋田県

○事業名：「農山村活力向上モデル事業」

○実施タイトル：郷土にある資源の再認識とそれを活用した地域再生運動

○実施場所：三種町

(9) 2008年7月～2010年3月　秋田県

○事業名：「秋田発・双方向子ども交流に関する調査研究事業」

○実施タイトル：秋田発・双方向子ども交流プロジェクト

○実施場所：秋田県全域

※本事業に基づく「秋田発・子ども双方向交流プロジェクト推進協議会「子どもの輝き応援団」」の活動に対して，2010年3月に「第7回オーライ！ニッポン大賞」を受賞した。（オーライ！ニッポン会議（都市と農山漁村の共生・対流推進会議））

〈2009年度〉

(10) 2009年4月～2011年3月　秋田県

○事業名：「ふるさと雇用再生臨時対策基金事業」

○実施タイトル：農業による遊休地などの利活用とコミュニティビジネス創出事業

○実施場所：三種町

(11) 2009年6月～2010年3月，秋田県

○事業名：「秋田県農山村活力向上モデル事業」

○実施タイトル：地域住民と外部協力者との協働による房住山と上岩川地域の魅力づくり

○実施場所：三種町

※本事業の成果（三種町上岩川地域の取組）につき，農林水産省「豊かなむらづくり優良事例推薦事業」の対象となり，2011年度東北農政局賞を受賞した。

〈2010年度〉

(12) 2010年５月～2011年３月　秋田県

○事業名：「地域活力創造プラン支援事業」

○実施タイトル：「里山に山羊のいる風景の再生」

○実施場所：三種町

(13) 2010年６月～2011年３月　総務省

○事業名：「過疎地域等自立活性化推進交付金事業」

○実施タイトル：市民・生産者連携による地域特産品を活かした仙北型スモールビジネスの創造

○実施場所：仙北市

(14) 2010年６月～2011年３月　農林水産省

○事業名：「賑わいある美しい農山漁村づくり推進事業」

○実施タイトル：都市の商店主や大学生との交流から生まれる農村滞在の魅力開発―仙北型グリーン・ツーリズムの確立を目指して―

○実施場所：仙北市

(15) 2010年６月～2011年３月　農林水産省

○事業名：「広域連携共生・対流等推進交付金広域プロジェクト」

○実施タイトル：遠く離れても心は一つ仙北プロジェクト

○実施場所：仙北市

(16) 2010年６月～2011年３月　厚生労働省

○事業名：「地域雇用創造事業」

○実施タイトル：魅力的な地域特産品の発掘・洗練化を背景とした２つの販売方法（対面販売とEビジネス）の開発

○実施場所：仙北市

(17) 2010年７月～2013年３月　文部科学省

○事業名：「現代的教育ニーズ取組支援プログラム（現代GP）」

○実施タイトル：ふるさとが育てる学生就業力の涵養―「ふるさとキャリア」の発展による新たな就業力の涵養―

○実施場所：秋田県全域

〈2011年度〉

(18) 2011年５月～2012年３月　農林水産省

○事業名：「食と地域の交流促進対策交付金事業」

○実施タイトル：農を核とした交流から生まれるアグリセラピー

○実施場所：三種町

(19) 2011年５月～2012年３月　ドコモ補助金

○事業名：「ドコモ地域振興事業」

○実施タイトル：若者と職場の橋渡し：職場との馴染みプロセスの構築：不登校・引きこもり若者の就労支援

○実施場所：三種町

(20) 2011年４月～2014年３月　秋田県

○事業名：「食農観ビジネス等推進重点支援地域形成事業」

○事業タイトル：秋田じゅんさいがリードする新しい田舎ビジネスの創造：じゅんさい10億円＋αを目指した複合的挑戦
○実施場所：三種町

〈2012年度〉

(21) 2012年4月～2014年3月　トヨタ財団
○事業名：「地域社会プログラム」
○実施タイトル：世界自然遺産白神山地と世界ジオパークを目指す男鹿半島の恵みを活かして湘南の藤沢市民との協働による絆を深める
○実施場所：藤里町

(22) 2012年4月～2013年3月　総務省
○事業名：「過疎集落自立再生緊急対策事業」
○実施タイトル：〈絆と健康と農業〉を柱とした高齢者協働の里山づくり
○実施場所：三種町

〈2013年度〉

(23) 2013年4月～2015年3月　農林水産省
○事業名：「都市農村共生・対流総合対策交付金事業」
○実施タイトル：高齢者コミュニティ・サロンの形成とそれを核とした異業種交流による賑わいづくり
○実施場所：八郎潟町

(24) 2013年4月～2018年3月　農林水産省
○事業名：「食のモデル地域構築計画及び食のモデル地域育成事業」
○実施タイトル：「国産ジュンサイを守り，日本国民に届ける」三種プロジェクト
○実施場所：三種町

〈2014年度〉

(25) 2014年4月～2017年3月　文部科学省
○事業名：「科学研究費助成事業（学術研究助成基金助成金）基盤（C)」
○実施タイトル：超高齢化農村コミュニティの再生―住民意欲醸成手法の開発―
○実施場所：三種町

(26) 2014年4月～2015年3月　秋田県
○事業名：「元気なふるさと秋田づくり活動支援事業」
○実施タイトル：思ひ出の盆踊り―高齢者と学生との出会い・心の支えあい
○実施場所：八郎潟町

〈2015年度〉

(27) 2015年5月～2016年3月　総務省
○事業名：「過疎地域等集落ネットワーク圏形成支援事業」
○実施タイトル：高齢者協働による山里創生：がっこ茶屋を拠点としたグリーン・ツーリズム開発
○実施場所：横手市

(28) 2015年4月～2017年3月　秋田県

○事業名：「提案型地域産業パワーアップ事業」
○実施タイトル：三種町におけるじゅんさい振興
○実施場所：三種町

(29) 2015年7月～2019年3月　文部科学省
○事業名：「地（知）の拠点大学による地方創生推進事業：COCプラス事業」
○実施タイトル：超高齢・人口減社会における若者の地元定着の促進と若者の育成―6大学連携による「秋田おらほ学」の展開と若者定着新システムの形成
○実施場所：秋田県全域

(30) 2015年7月～2016年3月　内閣府
○事業名：「地方創生緊急対策交付金事業」
○実施タイトル：三種町まち・ひと・しごと創生会議
○実施場所：三種町

〈2016年度〉

(31) 2016年7月～2017年3月　三種町
○事業名：「みたね観光DMO計画の策定事業」
○実施タイトル：みたね観光DMO計画
○実施場所：三種町

(32) 2016年7月～2018年3月　内閣府
○事業名：「地方創生緊急対策交付金事業」
○実施タイトル：三種町版DMO計画策定及び特産品販売に関する研究調査
○実施場所：三種町

(33) 2016年7月～2018年3月　内閣府
○事業名：「地方創生加速化交付金事業」
○実施タイトル：地域会社「ぷるるん」が担う観光情報の発信とふるさと資源の販売と観光促進
○実施場所：三種町

〈2018年度〉

(34) 2018年7月～2020年3月　農林水産省
○事業名：「農山漁村振興交付金（地域活性化）事業」
○実施タイトル：四ツ小屋地域における元気づくり計画策定及び四ツ小屋ファーマーズマーケット・四ツ小屋交流
○実施場所：秋田市

この「表　農村コミュニティづくりに活用した資金一覧」のうち，本書の諸事例に適用したものを番号で示せば，次の通りである。第Ⅰ編の事例は，(2) と (3) の事業を使っている。第Ⅱ編は，(9) を活用した。第Ⅲ編における第1章のケースは (11) と (22) と (25) を活用し，第2章は (27) の事業をあてはめ，第3章は (20) と (24) と (33) によって支えられた。そして，第Ⅳ編は (29) の事業導入を図ったものである。

あとがき

本書は，筆者が秋田県で学び，農村研究に従事した活動をまとめたものである。今，振り返ってみると，秋田に移住して，17年が経過している。故山崎光博先生（明治大学）の紹介で，彼の後任として秋田県立大学短期大学部に赴任することになった。その後，平成18年の組織改編により，秋田県立大学アグリビジネス学科に移行している。山崎先生とは前の職場である（社）農村生活総合研究センターにおいて様々な共同研究に携わっていた。とりわけ，グリーン・ツーリズム研究の重要性を教えていただき，研究者として育てていただいた人物であり，多くの人々から信頼される優れた研究者であった。彼が東京の職場から秋田県立大学短期大学部に移って，教育・研究活動を展開したのは数年の期間であったが，秋田の地で，確かな教育活動をおこなうとともに，研究分野では地域の方々からの信頼を受け，県と連動した「秋田花まるっグリーン・ツーリズム推進協議会」などの組織を立ち上げていた。

筆者は，故長谷川昭彦先生（明治大学）のご指導を賜り，農村社会学の研究を続けていた。当時の農村社会学は，構造分析という手法で日本農村の歴史的変動を解明することが一つのテーマであった。研究者は個々の農業集落に入り込み，地域性に配慮しつつ，農家・農業者を取り巻く経済的・社会的状況の解析をおこない，歴史的な歩みを踏まえた農村展開（日本資本主義の展開との関連）を明らかにすることが大きな関心事であった。

筆者の属していた（社）農村生活総合研究センターは，戦後日本農政において進められた農業改良助長法に基づく協同農業普及事業（都道府県との協同）の一環で各地に整備された農業改良普及所の農業改良普及員（生活）に対して，先端的な研究情報の翻訳や解説などを提供する機関であった。主な研究テーマとして農村女性の地位向上が掲げられ，単なる実態の分析にとどまらず，現代社会における対処の方法，いわば戦略構築に関心が置かれていた。東京にいて全国の農村生活情報を掌握することができるとともに，適宜現地農村の調査訪問も可能であった。全国規模の農業・農村・農業者の研究を進めるには極めて優れた研究所であった。筆者は，その研究所において戦略構築の重要性を教えられたように思う。

その恵まれた研究環境の中に在籍しているにもかかわらず，筆者は崩れゆく研究対象を評論することに違和感があったことも確かである。筆者自らが京都府福知山市という農村地域の出身であることも重なって，過疎化が深まり廃れゆく農村を元気づける戦略づくりに関与したい気持ちが生まれていた。農村の現場にどっぷり入り込んで，地域に暮らす人々と一緒になって，農村振興・活性化や農村生活改善に関与する研究生活を観念的に夢見ていた。

秋田への赴任は筆者にとって好機であった。ただ，移住当初，山崎先生の後任として，何ができるのか悩み，戸惑ったことを思い出す。力量からみても，そもそもまったく肩代わりすることはできない。肩肘を張っても仕方ない，自分にできることを誠実に果そうと思い直したものであった。筆者にできることといえば，農村を歩き，住民の方々と語らうことくらいである。ただ，全国規模の各種の研究会や学会に参加していることから，最新情報を学び，農村の人々に伝えることはできるかも知れない。このような想いで，秋田農村への訪問を始めたのであった。

○地域住民と学生・教員の協働による農村コミュニティづくり

そんな折，文部科学省の研究事業の一つである「現代 GP」への申請の機会を得た。前年の夏頃から交流を始めていた能代市常盤地区を研究対象とした。「農村再生プロデュース」という研究企画を作成するにあたって，専門として研究を続けていた農村計画・活性化論の具体的適用と，研究所暮らし一辺倒であった筆者にとって初めての経験となる学生教育とを結びつけることに重点を置いた。

筆者の農村計画・活性化論の特徴は，経済的活性化と精神的活性化の２つの取組の同時並行的適用である。経済面からの刺激をみると，既存農業の見直しとしてのコメの付加価値づけ（天日乾燥，直接販売や輸出），新規農産物・農業技術の導入による新しい農業（ダチョウや花卉）への挑戦であり，他方の「精神的」というのは，住民の元気づくり活動を指し，子ども達とお母さんを対象としたワークショップや住民に開かれた各種学習会の実施によって，ふるさとの価値を再確認する取組である。

地域づくりは具体的な農村という地で展開する。農村社会という舞台は学びの宝庫である。農村には文化と歴史が賦存し，手付かずの自然と人の手の入った自然が共存し，農業のリアリティが眼前に広がり，そこには人生の先輩であるとともに，生活の知恵を身に着けた人々の暮らしがある。それゆえ，学生と住民との接触という取組は，教育的に意義あるものと捉えてみた。農学という学問は応用科学であり，農学に携わる教員にも栽培・飼育等の生産技術の現場普及を志向する研究者は少なくない。そして，地域住民，学生，そして教員の３者間にそれぞれ「教わり・学び・気づき・知る」という関係が生まれ，農村の元気づくりを果たし，豊かな学びを得るという新たな教育システムの構築を目指したのである。

ただ，実際にこのような活動に取り組んでみて，数多くの課題があることを確認することにもなった。地域住民に対しては，責任を持った始動がどこまでできるのか，取組実践のプロセスに関する住民合意が可能なのか，何をもって結果であると位置づけるのかなど，困難な課題があることを知った。学生に対しては，キャンパスを離れた地での諸活動であり，学部内でのカリキュラムの中で地域づくりに割ける時間的な余裕があるのかなどが指摘できる。そして，教員に対しては，学生と住民との間の限定的なコミュニケーションを解消するためには，教員負担が強烈なものにならざるを得ない点が存在している。

とはいえ，今日，大学に求められている教育システムの確かな見直しという点でも，衰退の甚だしい農業・農村の克服という点でも，研究成果の地域への還元普及という点でも，3者の協働による農村の地域づくりは，挑戦しなければならない，そして克服しなければならない，価値ある新たなテーマであり続けている。

この社会実験を進める中で数多くの人々と交流することができ，協力を受けることができた。数多くのそのような方々のうち，特にお力をいただいた方々のお名前を掲げることで，感謝に代えたい。

本プロジェクトが複数教員の連携による学際的な取組であったことから，秋田県立大学短期大学部の，畜産栄養学を専攻する濱野美夫先生（現北里大学獣医学部），花卉園芸学を専門とする神田啓臣先生（現秋田県立大学）のお二人からは，教員による新領域開拓への挑戦という意味で，絶大な協力をいただいた。活動地域についてみれば，能代市役所の職員であった，常盤出身の佐々木松夫さんには社会実験遂行のパートナー役を担っていただいた。地域の男性陣として石川博孝さん，渡辺博さん，大倉昭堂さん，大倉均さん，大倉吉郎さん，地域の女性陣として大倉いち子さん，佐々木茂子さん，野村マスさん，佐藤薫さん，佐藤和美さんらから多分のお力添えをいただいた。また，市民団体の能登祐子さんと平山はるみさんから協力をいただいている。

加えて，常盤地区における短大生の実践活動にいち早く注目し，1年間の継続的な取材を経て，「おんな6人　やるべ！　むらおこし」というドキュメンタリー番組に仕上げていただいた，当時，AKT 秋田テレビのディレクターであった石川淳さんに感謝申し上げる。

○農村は子ども達への教育的機能を持っている

二番目の実践をみる。改めて農村社会の存在意義を考えてみると，国民への食料供給という極めて重要な役割を担っていることは当然として，そのほかにも多様な大切な役割があるのではないだろうか。幸いにして，筆者は子ども達の都市農村の双方向交流をテーマにした秋田県の新たな取組に参画することができ，今日段階の農村社会の役割を考える機会を得た。子ども達（イメージしているのは小学生の中・高学年）の人格形成などにおよぼす農村の教育的影響はどのようなものなのかという点である。

この「子ども双方向交流」という県単独事業は，国の進める「農山漁村子ども交流プロジェクト」の更なる進化を目指したものである。ちなみに，国の交流プロジェクトは，荒れる小・中学校の教室にみるような学校への関心が希薄化する子ども達への対処の一つであった山村留学の成果に基づいた事業であり，農村という現実が持つ教育的な機能が子ども達の成長に寄与しうるという視点から，現代という時代の初等教育の改善を企図する先鋭的な取組であった。文部科学省と農林水産省と総務省が手を組んでいる点でも特徴的である。しかし，当時の政権交代の影響を受けて，国の事業は事業途中の段階で変質（特に財源面で）を強いられることになった。このような厳しい時代状況であったが，秋田県単独事業「子ども双方向交流」は揺るぐことなく，事業遂行することができたのである。

筆者は企画者の一人として，双方向交流の実践に参加させていただいた。グリーン・ツーリズム開発にかかわっていたことから，都会の子ども達が農村を訪問し，農業的な色彩を有するさまざまな活動を体験することで，心の健康を取り戻すことは知っていた。この実践に参画して感じることは，農家民宿などでの農村のお母さんやお父さんとの直接的な交流・コミュニケーションが，各種農業・農村体験をより豊かなものにするということである。

また，東京の教員などで構成される引率者や東京で帰りを待つ保護者が，秋田訪問の体験を経た子どもの表情の中に大きな変化を感じ取っていた点も注目されよう。秋田の子ども達の都市訪問は，目新しい都市的ハード施設が圧倒的に大きな影響を与えるとはいえ，訪問先への途上での都市と農村の子ども達同士の会話や訪問先での人的なもてなしの中に親近感を感じ取っている姿も象徴的であった。

この社会実験の遂行に当たっても多くの方々の協力をいただいた。当時，秋田県総務企画部総合政策課（組織改編により，企画振興部地域活力創造課）に在籍されていた，事業の実質的リーダーであった舛谷雅広さん（現秋田県農村整備課長）と泉谷衆さん（現仙北市農山村体験デザイン室課長），そして加藤和彦さん，大隅（曽我）恵理子さん，萩野（田口）菜穂子さんらとの間で折々におこなった真剣な議論は，筆者を新しい研究領域に導いてくれた。また，本事業のパートナー役を担ってくださった劇団わらび座の大和田しずえさんに感謝申し上げたい。

○補助事業を活用した地域づくりへの参画から，自らの実行力を高める

三番目の活動領域，東京時代から育んできた農村計画・活性化技術の活用領域である。大学院時代にご指導をいただいた故安達生恒先生(社会農学研究所)，農村生活総合研究センター時代に研究対象に対峙する学的姿勢というものを鍛えていただいた故宇佐美繁先生（宇都宮大学）と故磯辺俊彦先生（千葉大学・東京農業大学），そして農業・農村をめぐる人々の生活技術と暮らしへの敬意を教えていただいた中島紀一先生（茨城大学）。これらの先生方には研究関心に若干の違いがあるとはいえ，農村に暮らす人々に寄り添う研究を大切にされている点に共通性があり特徴的であるように思う。

地域の人々の想いにできるだけ近づき，彼ら・彼女らのニーズを日常的な生

活の深みから理解し，暮らしの知恵を学ぶというスタンスは共通するものであった。関与する研究者が研究対象にお返しするものは，学会などでの最新情報・全国的な情報を翻訳し，わかりやすく伝え，研究者と住民が一緒になって学びあえる「場」を作り上げることであろう。このような認識が筆者の秋田での取組を支えてきた。そのため，農村の元気づくり活動に関しては，住民からのニーズに沿った研究コンサルテーションが含まれている。

農村の方々からは，「自分の暮らす集落・地域を元気にしたい」や「ふるさとの人口は減るばかり。何とかしたいのだが…」という声が少なくない。しかし，「それなら，ふるさとの再生にみんなで取り組みましょう」と言っても，現実は簡単に動くものではない。地域住民の多くが協力しあい，地域づくりに寄与するためには，一定の条件を整備する必要があるのである。もう一つ，「そもそも地域づくり，例えば衰退する街や地域の活性化には，か弱い住民の力よりも，巨額の資本を投下して新たな街を創造するほうが効率的なのではないか。行政やゼネコンなどの専門機関に任せたほうが早い」という住民の考え方である。

前者については，次のように捉え，農村集落における元気づくり活動に反映させようと努めてきた。「専門家などの他者が作成する〈計画〉は，どこか納得できないものがある」，「隣近所の親しい仲間とはいえ，仕事を休んでまで協力してくれと頼む訳にはいかない」，「そもそも活動を展開する財源をどうするのか。ボランティアだけでは限界がある」など，住民が直面する諸課題を解決せねばならない。

そこで，取り組んだのが，国などからの補助金や交付金の獲得・活用である。地域づくり活動の経済基盤を整え，住民との頻繁な対話・交流によって自作の計画書を作成し，住民と一緒になって地域づくりを展開するというものであった。住民からの協力があるとはいえ，これらの予算の獲得や行動計画の策定の主導権はおのずと研究者が担わざるを得ない。研究者の負担は大きい。しかし，負担以上に価値ある効果を得ることができると考えている。すなわち，この社会実験（「一緒にやってみよう」という実践活動）への参画を通して，地域住民自らが「企画立案→計画策定→各種実践→評価→再チャレンジ」のサイクルを体感・体得し，住民主体の実行力（企画立案力，計画策定力，コーディネート力，事業遂行力など）を育み醸成することができる。そして，ふるさとの元気づくり活動という継続的実践の手がかりを得ることになる。

後者については，答えを持ち合わせていなかった。確かに，都市計画のような形で，新たな街を形成することは，日本の各地でこれまでもおこなわれてきたし，一定の成果を上げてもいる。しかし，資本投資を前提とした街づくりというものは，農村という，いわば条件不利な地を対象にするケースは多くなく，これまで育まれてきた地域文化も無視されがちであり，衰退傾向を深める地域農業への配慮もあまりされないだろう。何よりも地域住民の意見や想い，そして合意形成よりも，目指すべき経済効率に沿った資金投資が優先され，住民主体という根本的な要素が軽視されるもののようである。財源や技術などの面で限界があるかも知れないが，自らのふるさとの再生は自らの知恵と協力の力で遂行するというのが筋であろう。

このような考えを背景に置きながら，研究コンサルテーションという名において秋田県下の十数ケ所の農村地域や地域農業を対象にして元気づくり活動を進めてきている。本書第Ⅲ編に掲げた三種町上岩川地域や横手市山内三又集落の地域づくり，そして三種町のじゅんさい振興のパンフ制作は，その一例である。

これら三つの取組についても，数多くの地域住民の方々の協力をいただいた。上岩川地域の場合，地域のまとめ役である岡正英さんと奥様の紀子さん，近藤豊機さん，工藤由勝さん，畠山正徳さん，木田章さんのお力添えを得ている。地鶏ビジネスを支える高齢者の方々，そして「日本一小さい朝市」やおばあちゃん喫茶「里」を担う地域の女性陣，高山ユキ子さん，近藤文子さん，畠山烈子さん，福岡フサさん，近藤タキさん，渡辺マキ子さんらとの気さくなお付き合いは今も続いている。

三又集落では，三又麓友会のリーダーであった故高橋登さんと，横手市山内支所の木村節子さんらとアクションプランの相談を重ねた。そのメンバーの高橋幸村さん，高橋久雄さん，石澤新吉さん，石澤一郎さん，高橋暁さん，そして自治会長の石澤達雄さんらの協力を得ることができた。地域づくりの重要な主人公である地域の女性たち，高橋篤子さん（農家民宿・三又長右ェ門），石澤ツキ子さん，高橋チエさんの貢献に感謝したい。

じゅんさい振興の取組は，地方創生事業の三種町への導入と関連づけて，特徴的な農業としての振興を図るものである。特に，継続的な交流を続けていた，町役場商工観光交流課の課長であった伊藤祐光さんから強力なサポートをいただいた。移住して三種町で農村レストランを営業されている山本智さん，NPO 法人一里塚の清水昭憲さんらの協力にも感謝したい。

〇新たな地方大学を目指して，地域づくり手法の大学教育への導入

四番目に，秋田県立大学において展開している「あきた地域学」の構築は，筆者の求めた仕事の一つである。農村における地域づくり・地域の元気づくりは，行政や民間ディベロッパーに依存しても，充分な成果を得ることはできない。多くの組織・団体の関与や支援を必要とするものではあるが，農村集落は数多く，すべてに対応することは難しい。そのような中で，本書の第Ⅰ編に示したように，地域住民と地方大学の学生と教員による 3 者連携の取組が一つのあり方として強く求められているのだという考えが筆者にはある。ただ，途上の域を出ない。例えば学生をとりあげてみても，農村の元気づくりに興味を示す者は必ずしも多くないし，多くの時間を要するという負担感もある。地域を教育素材とみなすことの是非，住民動員の責任の所在など，詰めなければならないことは多い。学問としても未成熟・発展途上という面があることも否めない。

そこで，地域づくりへの全面的関与という大仰な接近ではなくても，地方社会が抱える地域的課題に関する基礎的情報の学生への提供に限定しても良いのかも知れない。学生が学ぶ場所，秋田という地方の地で，地域社会がどのような状況に置かれ，どのような仕事が営まれ，どのような地域資源が賦存し，そこに暮らす住民がどのような生活を紡いでいるのかを知ってもらう契機になるのであれば，学的意義は充分であろう。このような想いから，新入生に向けた必修の導入科目として「あきた地域学」の開発をおこなった。

地域への貢献に意欲を燃やす学生のニーズに対応して，関連科目を組み立てながら，「あきた地域学課程」を平成 27 年度から制度設計をおこない，平成 29 年度からスタートさせている。そして，2 ～ 4 年生を対象とした，専門科目「あきた地域学アドバンスト」を平成 30 年度からスタートさせた。科目としての特徴や詳細な学習内容は第Ⅳ編に記している。この新設の「あきた地域学課程」は，一定の要件（「地域」に関係する諸学問・知識や技術の履修）をクリアー

することで，「地域創生推進士（秋田県立大学）」の認証（標準，上級，エキスパート）を授与する教育システムである。

なお，現実の地方社会への学生の関心を促す「あきた地域学」など新たな教育システムの創造という取組は，実は，学生をめぐる入口対策にすぎないことも認識せねばならない。入口対策があるのであれば，おのずと出口対策の整備が不可欠である。この出口対策を考えなかった訳ではない。「ふるさとキャリア」を身に着けた，地元への興味を持つ・地元就職を志向する学生の地方定着を促すための工夫が，出口対策として求められている。例えば，学生就業力の涵養を進め，地元就職に向けた大学（学生）と企業（人事担当）とのプラットフォームを作り上げることも必要であろう。これに向けて地元企業の社長らと学生との多様な交流促進にもチャレンジしてきているが，今の段階では本書に掲載できる程の成果を導き出せていない。今後の課題である。

これらの実践は，従来の大学教育が抱えていた課題を問い，新たな大学教育像の構築を志向する文部科学省の「地（知）の拠点大学による地方創生推進事業（COC+）」を活用したものである。秋田県立大学だけでなく，秋田大学と秋田工業高等専門学校と連携し，3 大学共同の取組として進め，今後は県内のすべての大学とつながる予定である。

ただ，一つの新領域（新しい教育課程）を大学内に創出・整備するということは容易なものではない。大学内でのリーダーシップが問われる。秋田県立大学の金田吉弘生物資源科学部長と松本真一システム科学技術学部長の情熱的なリーダーシップの下，山口邦雄システム科学技術学部教授，高橋晃さん（前教務チームリーダー），増山裕さん（現教務チームリーダー），吉澤結子先生（秋田県立大学副学長）らの圧倒的な協力や理事会からの絶大なサポートがなかったなら，実現することはなかったであろう。「あきた地域学」の創出と遂行に関与された数多くの先生方に感謝を申しあげたい。また，カウンターパートを担っていただいた美郷町の松田知己町長，三種町の田川政幸現町長と三浦正隆前町長，そして秋田商工会議所の三浦廣巳会頭，秋田舞妓の永野千夏社長からの絶大なサポートにお礼申しあげる。このような大学教育の新システムの整備によって，今後，元気を失いつつある「ふるさと」・地方社会に目を向けて，地域社会の活性化や地方創生に寄与し，貢献する・できる学生や仲間を増やしたいものである。

○秋田での研究・社会貢献活動を支えていただいた仲間たち

本書の作成を通して，秋田を舞台とした教育・研究活動を振り返ることができた。平成15年から令和元年までの17年間の，筆者の部分的な記録ともいえる。秋田という地は，筆者にとって心地良い，第二のふるさとである。このような，いろいろな取組を遂行することができたのは，秋田の仲間がその折々に支えてくれたからに他ならない。

第一の協力者は，まちづくりのプランナーである今野公誠さん（マージメディアシステム社長）である。筆者の取り組む事業の多くに参画し，パートナーのような役割を担って下さり，ときには自らの本業を抑制までして，絶大な協力・貢献をいただいた。また，農協のあり方や食生活への深い見識をお持ちの泉牧子さんから，折々に有益なアドバイスをいただいた。

この二人とは，平成22年度に仙北市に新設された総合産業研究所の特別公務員（筆者は兼務）として，1年という短期間であったが，仙北市役所で一緒に働くことができた。地域住民にもっともかかわりの深い地方自治体というものを内部からみつめることができ，その課題群や可能性を考える好機となった。そのとき，本書には掲載できなかったが，「遠く離れても心は一つプロジェクト」を立ち上げ，ビジネスを介した都市農村交流の観点から，「東京の酒屋さんに秋田の野菜を置く」という奇抜な取組もおこなったものである。

仙北市とは縁が深く，市長の門脇光浩さんと奥様の砂絵美さんとも親しくさせていただいた。グリーン・ツーリズムの先駆けである市内の西木グリーン・ツーリズム研究会の門脇昭子さん（農家民宿・星雪館），佐藤貞子さん，佐々木弘子さん（農家民宿・くりの木），佐藤郁子さん（農家民宿・一の重），佐々木茂徳さん，佐藤由井さん（農家民宿・里の灯），澤山節子さん（農家民宿・一助），藤井直市さん，高橋桂子さん（農家民宿・のどか）らからご高配をいただいた。

山崎先生が立ち上げられた「秋田花まるっ　グリーン・ツーリズム推進協議会」（グリーン・ツーリズム活動の中核組織）では，彼の後任としてアドバイザーを務めさせていただいたのであるが，この組織の歴代理事長である藤井けい子さん（農家民宿・泰山堂），石垣一子さん（陽気な母さんの店），浅野育子さん（農家レストラン・ゆう菜家），そして現理事長の門脇富士美さん（農家民宿・星雪館）とは親しくお付き合いをいただいている。さらには，事務局長の藤原絹子さんと研究スタッフの柴田桂子さんとの創造的な話し合いによって，彼女らからグリーン・ツーリズムの展開に関する有益な示唆を得ている。この組織のアドバイザーであった寺田要子先生にもお世話になった。主要メンバーの山田博康さん（阿仁の森 ぶなホテル），佐藤祐子さん（農家民宿・重松の家），本多淳子さん（農家民宿・花みずき），田村誠市さん（中仙さくらファーム），佐々木義実さん（秋田百笑村），山本一太さん（秋田コスモトラベル社長），そして土井敏秀さん（海辺のおうち青の砂）から，地域に暮らすことの喜びや誇りを教わったように感じている。

農村社会学における新領域の開拓を目指す筆者にアカデミックな視角から大きな刺激を与えて下さったのは，明治大学の大森正之先生（環境経済学），工学院大学の東正則先生（農村建築学），そして農研機構農村工学研究部門の重岡徹先生（農村社会学・地域防災学）である。専門を異にするこの３名は，１年に１度，秋田で出会い，それぞれの研究を徹底的に批判しあう仲間である。

加えて，筆者のメインの学会となった日本農村生活学会や日本村落研究学会の多くのメンバーからは，論文抜き刷りなどの交換の中で日々学的刺激をいただいた。また，地域社会学会の会長を務められた橋本和孝先生（関東学院大学）や日本村落研究学会の前会長である徳野貞夫先生（前熊本大学），そして日本農村社会学という学問の発展を支えられてきた高橋明善先生(元東京農工大学)からは，広く深い学問的見地からのアドバイスをいただき，永くお付き合いをさせていただいている。秋田の地で知りあった秋田県立大学の谷口吉光先生(環境社会学)，渡辺千明先生（木質工法・地域防災），内山応信先生（体育学・健康科学），石山真季先生（建築計画学）からも鮮烈な学的刺激をいただき続けている。

さらに，地方大学の果たすべき地域貢献という世界の広がりをご教示いただいた柚原義久先生（前秋田県立大学副理事長）と小林俊一先生（前秋田県立大学学長・理事長），そして様々な秋田地場企業の社長さんらとの橋渡しをしていただいた関昌威さん（前秋田ゼロックス社長）には，筆者の取組について温かなまなざしを向けて見守っていただき，励まし続けていただいたことにお礼を申し上げたい。

私事になるが家族にも触れておく。仕事を優先しがちな筆者の姿勢を理解し，家族を支えてくれている妻の陽子の協力がなければ，本書に辿り着くことはできなかった。また，小学校の低学年での秋田移住，「土・日は，お父さんのお仕事の日」というような環境を強いることになり，寂しいこともあったろうに，素直で優しい人に育ってくれた長女の志津世，長男の克彦に感謝したい。

最後になるが，本書の出版に圧倒的なお力沿いをいただいた筑波書房の鶴見治彦社長に深く感謝いたします。社長様とは，若い時からのお付き合いに甘えて，身体の衰えのみえる前までにとの小生の想いもあって，あまりに性急に制作依頼をしたにもかかわらず，快く引き受けて下さり，素敵な書籍に仕上げていただきました。

令和２年４月３日　　　春風そよふく秋田の地にて，

荒樋　　豊

著者略歴

荒樋　豊（あらひ ゆたか）

1955年　京都府福知山市生まれ
1980年　明治大学農学部農業経済学科卒業
1982年　ウィスコンシン大学農学・生命科学大学院留学
1983年　明治大学大学院農学研究科（修士課程）修了
1983～2002年　㈳農村生活総合研究センター研究員・主任研究員
1994年　明治大学大学院農学研究科（博士課程）単位取得満期退学
1999年　博士（農学）（東京農工大学連合大学院）
2003～2007年　秋田県立大学短期大学部教授
2003～現在　秋田花まるっグリーン・ツーリズム推進協議会アドバイザー
2010年　仙北市総合産業研究所所長
2006～現在　秋田県立大学生物資源科学部アグリビジネス学科教授

主な著書

- 長谷川昭彦･重岡徹･荒樋豊･竹本田持･藤澤和著『過疎地域の景観と集団』，日本経済評論社，1996年
- 山崎光博・荒樋豊編著『祭で輝く地域をつくる』，農山漁村文化協会，1998年
- 荒樋豊著『農村変動と地域活性化』，創造書房，2004年
- 長谷川昭彦･重岡徹･荒樋豊著『農村ふるさとの再生』，日本経済評論社，2004年

主な論文など

- 荒樋豊「農村地域における中高齢還流者の地域社会活動に関する研究」，『農村計画学会誌』第6巻第1号，1987年
- 荒樋豊「農家女性が担う農産加工活動の特徴と展望」，『農村生活総合研究』第8号，1995年
- 荒樋豊「中山間地帯における集落機能の再編成」，『農村生活研究』第41巻第 1号，1996年
- Yutaka ARAHI “RURAL TOURISM IN JAPAN：The Regeneration of Rural Communities”, FFTC（Food Fertilizer Technology Center）Extension Bulletin 457：Republic of China on Taiwan，1998年
- 荒樋豊「「農業小学校」のとりくみと課題」，『農業と経済』，2002年
- 荒樋豊「過疎問題と混住化問題」，『戦後日本の食料・農業・農村 第11巻 農村社会史』，農林統計協会，2005年
- 荒樋豊「農村社会の展開と地域づくり」，大久保武･中西典子編『地域社会へのまなざし』，文化書房博文社，2006年
- 荒樋豊「定年帰農と新たな農村コミュニティの形成」，鳥越皓之･日本村落社会研究学会編『むらの社会を研究する』，農山漁村文化協会，2008年
- 荒樋豊「日本におけるグリーン・ツーリズムの展開」，『村落社会研究（年報- 43)』，農山漁村文化協会，2008年
- 荒樋豊「農村再生プロデュース」，中島紀一編『地域と響き合う農業教育の新展開』，筑波書房，2008年
- 荒樋豊「農村集落の衰退と農村機能」，㈶農村開発企画委員会編『農村集落における集落機能の実態等に関する調査・分析』，2009年
- 荒樋豊「グリーン・ツーリズムへの展開と田舎暮らしへの動き」，全中・㈳全国農協観光協会編『グリーン・ツーリズムから田舎暮らしへの展開』，2010年
- 荒樋豊「地域社会の解体と再生」，橋本和孝編『縁の社会学』，ハーベスト社，2013年

社会実験としての農村コミュニティづくり

住民・学生・大学教育との３者統合を目指して

2020 年 6 月 7 日　第 1 版第 1 刷発行

著　者◆荒樋　豊
発行人◆鶴見 治彦
発行所◆筑波書房
東京都新宿区神楽坂 2-19 銀鈴会館 〒162-0825
☎ 03-3267-8599
郵便振替 00150-3-39715
http://www.tsukuba-shobo.co.jp

定価はカバーに表示してあります。
印刷・製本＝平河工業社
ISBN978-4-8119-0575-4　C3061